网络工程专业“十二五”规划教材

地面数字电视与移动多媒体广播

韦博荣　朴大志　张乃谦　编著
李　栋　主审

中国传媒大学出版社

目 录

前 言

数字电视广播具有传输效率高、接收图像和伴音的质量好、可灵活开展各种业务等优点，已在国内外广泛应用，并将逐步完全替代模拟电视广播。按传输信道分类，数字电视传输系统包括有线、卫星和地面传输系统。地面传输系统由于其可实现移动接收和便携式接收、可使用单频网完成覆盖等优点，而具有不可替代的地位。移动多媒体广播同样是在地面无线信道传输，原则上它可以使用数字电视地面广播传输系统传输；但由于多媒体业务的特点，包括我国在内的一些国家和地区采用了不同于地面传输的传输系统。

本书讨论地面数字电视和移动多媒体广播传输的发送端系统，说明地面无线信道的特性，阐述系统使用的主要技术，并介绍我国和国际上普遍应用的地面数字电视和移动多媒体广播传输系统。全书共 8 章。第 1 章主要介绍地面数字电视和移动多媒体广播系统，包括视频信号的数字化和码率压缩技术，此外还介绍了数字接口。第 2 章详细说明地面无线传输信道的特性，并给出了常用的信道模型。第 3 章阐述数字传输系统中使用的纠错编码技术、调制技术和交织技术。第 4～6 章介绍国际上已应用的 8－VSB 和 DVB－T 系统、我国地面数字电视广播传输系统和多媒体广播系统 CMMB。第 7 章介绍欧洲第二代地面数字电视传输系统标准，读者可从中了解地面无线传输技术的发展状况。第 8 章介绍地面无线传输系统单频组网技术和频率规划。

本书第 1、3、4、5、7 章由韦博荣编写，第 2、8 章由朴大志编写，第 6 章由张乃谦编写。

本书除了可作为网络工程、通信工程专业的主干课程教材外，还可供其他相关专业的高年级本科生和硕士生选用，也可供广播电视、通信、信息行业的技术人员进行继续教育和岗位培训时参考。

韦博荣

2014年12月29日

第一章 概 述

地面数字电视广播和移动多媒体广播是数字电视系统的一个组成部分，是一种传输系统。本章概述数字电视的发展及其优点、视频信号的数字化和码率压缩技术。

1.1 数字电视及其发展

数字电视广播是继模拟电视之后的新一代电视广播系统，它在节目制作、存储、播出和传输的全过程中采用二进制数字(0 和 1)表示图像和伴音信号，其接收端采用数字接收技术还原并呈现图像和伴音(通常用机顶盒接收并转换为模拟的图像和伴音信号)。

随着通信技术、数字信号处理技术和集成电路技术的发展，自 20 世纪 80 年代开始，数字电视系统的研究、标准制定和设备研发进展迅速，并表现出愈发强大的优势。数字电视系统的研究主要集中于三个方面：视频信号的数字化(演播室数字视频参数)、信源编码(实现其记录和传输所需的码率压缩技术)和信道编码(在各种信道中传输时所用的编码和调制方式及参数)。数字电视的发展还与 HDTV(高清晰度电视)制式的研究和开发关系密切。日本于 1972 年向 CCIR(国际无线电咨询委员会)提出的 HDTV 制式是 1125 行的模拟传输系统，称为多重亚取样编码(MUSE)系统。1986 年日本开始在卫星频道播出 HDTV，其视频带宽为 8.1MHz，载波调制方式为频率调制。欧洲研发的 HD－MAC(高清晰度复用模拟分量)系统也属于模拟系统，由于数字电视的发展，欧洲最终放弃了模拟 HDTV 系统。美国称高清晰度电视为 ATV(Advanced Television，高级电视)，FCC(美国联邦通信委员会)规定 ATV 必须在 6MHz 带宽的频道内播出。1987 年成立的 ACATS(高级电视业务顾问委员会)最终选择了数字电视方案。码率压缩技术的发展使得数字电视可在 6MHz/8MHz 的电视频道内播出 HDTV 节目，很好地满足了 HDTV 的需求。

20 世纪 80 年代 CCIR 发布的 CCIR601 号建议(现称为 Rec. ITU－R BT. 601)针对 SDTV(标准清晰度电视)规定了演播室数字视频参数，对于模拟的 PAL 制和 NTSC 制视频信号的数字化规定了统一的取样率、取样方式和编码方式。此建议极大地推动了数字电视的发展。对于 HDTV,ITU－R(国际电信联盟无线电通信部门)BT. 709－3 号建议给出了用于 HDTV 节目制作及交换的参数值。

在图像码率压缩的研究方面:1984 年 CCITT(国际电报电话咨询委员会,1993 年改名为国际电信联盟电信标准化部门,简称 ITU－T)组织了一个专家组研究主要针对会议电视和可视电话的数字视频压缩方案,1985 年起该专家组提出 H. 261 标准。为适应 525/30 和 625/25 两种系统,该标准规定了共用的 CIF(通用中间格式):每秒 30 幅图像,每幅图像 288 行逐行扫描,每行亮度信号有效样值数为 352;色差信号水平分辨率为 176 像素,垂直分辨率为 144 像素。为适应低分辨率应用的需求,该标准还规定了 1/4CIF,即 QCIF:每幅图像 144 行,每行亮度信号有效样值数为 176;色差信号分辨率相应减半。在 H. 261 的基础上先后发展出 H. 262、H. 263 和 H. 264 等标准。1986 年 ISO(国际标准化组织)和 CCITT 联合建立 JPEG(Joint Photographic Expert Group,联合图片专家组),研究静止图像的压缩。它于 1992 年提出 JPEG 静止图像视频编码标准,它所给出的算法可用于运动图像的帧内编码。1988 年 ISO 和 IEC(国际电工委员会)成立 MPEG(Moving Pictures Expert Group,运动图像专家组),它是 ISO/IEC 联合技术委员会下属的一个工作组,致力于运动图像及相应音频的码率压缩标准的研究和制定。1991 年,MPEG 提出 ISO11172 标准,即 MPEG－1 标准。它是针对逐行扫描的,所处理的数字视频格式称为 SIF(Source Input Format,源输入格式),输入的视频信号经预处理转换为 SIF。对于 PAL 制信号,此格式为 352 像素/行,288 行/帧,25 帧/秒;对于 NTSC 制信号,此格式为 352 像素/行,240 行/帧,30 帧/秒。压缩后的输出码率规定在 1. 5Mb/s 以下。该标准主要用于在小型光盘上存储数字影像,显示的图像质量和 VHS 相当。为达到广播级的图像质量,1994 年 MPEG 公布了 MPEG－2,即 ISO13818。它处理的输入视频格式有 4 种,对应 4 个不同的级(Level),包括对应 MPEG－1 的 SIF、CCIR601 规定的格式和数字 HDTV 等。它不仅适用于逐行扫描,也包含隔行扫描。MPEG－2 规定了不同码率压缩程度的 5 种处理方法,称为类(Profile),对于同一种输入格式可获得不同的输出码率。由于 MPEG－2 视频压缩标准在应用中极强的适应性和其所用压缩技术的有效性(至少在当时是先进的),它被国际上一致认同并广泛应用。MPEG－2 系统部分规定视频、音频和数据基本码流组合成节目码流(用于误码率低的场合)和 TS(Transport Stream,传送码流,用于误码率较高的场合,如数字电视传输系统),对视频码流、节目码流和传送码流的结构和节目专用信息作出了规定。此外,MPEG－1 和 MPEG－2 都给出了音频编码标准。MPEG－2 的发布极大地促进了数字电视广播的发展。后来,MPEG 又提出了 MPEG－4,它是针对被称为 Object(音视频对象)的音视频数据格式编码的标准,被应用于移动多媒体广播中。

在传输标准的研究和制定方面，美国结合 HDTV 的研究成果，继 GI(美国通用仪器公司)1990 年提出数字 HDTV 系统 DigiCipher 之后又提出 3 个数字 HDTV 系统方案，在方案提交方建立了方案实验系统后，由 ATTC(高级电视测试中心)进行了测试。测试结果表明数字系统性能明显优于被测模拟系统方案，但 4 个数字系统总体水平相当。1993 年 FCC 决定成立 GA(Grand Alliance,"大联盟")联合开发新的数字 HDTV 系统。1995 年，ATTC 对 GA 系统进行了实验室测试和现场测试。ACATS 向 FCC 提交了数字电视标准建议，其中增加了 SDTV 格式。1996 年，FCC 通过 ATSC(高级电视系统委员会)数字电视系统作为国家标准。ATSC 传输系统是单载波系统，采用残留边带(VSB)方式，标准包含地面数字电视和有线数字电视。此标准包含 AC—3 多声道音频编码标准。加拿大、墨西哥和韩国等也采用 ATSC 标准。ATSC 地面数字电视广播信号不能移动接收。为开展移动多媒体广播业务，2009 年 ATSC 提出向后兼容原有数字电视传输系统的 ATSC 移动数字电视标准 ATSC M/H。20 世纪 90 年代初，欧洲在联邦德国政府的建议下成立了数字电视推动小组，1993 年启动 DVB(Digital Video Broadcasting，数字视频广播)项目，按不同的传输信道分别制定了卫星数字电视传输标准 DVB—S、有线数字电视传输标准 DVB—C 和地面数字电视传输标准 DVB—T。根据信道特性，它们采用不同的帧结构、信道编码和调制。后来为开展手机电视业务，DVB 又提出了 DVB—H 标准。随着技术的发展，2008 年前后 DVB 先后提出第二代数字电视传输标准 DVB—S2、DVB—C2 和 DVB—T2。日本的地面数字电视传输标准称为 ISDB—T，它相比 DVB—T 采用了频谱分段技术，方便于不同传输码率要求的业务在同一频道传输。

为组织和协调数字电视的研究和开发，20 世纪 90 年代，我国政府成立了数字电视研究开发及产业化领导小组，下设数字电视协调小组。1994 年，我国成立了 HDTV 总体组研发数字电视系统。1999 年，原广播电影电视总局(以下简称广电总局)成立了数字电视标准工作组，研究和制定相关标准。在演播室标准方面，我国 SDTV 采用 CCIR601 号建议规定的视频参数，制定了 GY/T155—2000 SDTV 节目制作及交换用视频参数值等标准。视频编码系统采用 MPEG—2 标准，有线数字电视传输系统采用 DVB—C 标准。关于地面数字电视传输系统，2002 年国家标准化管理委员会委托全国广播电视标准化技术委员会向全国征集具有我国自主知识产权的地面数字电视传输系统方案。2001 年，经数字电视协调小组批准，标准测试组和监理组对征集到的 5 套方案系统(由清华大学、成都电子科技大学、广播科学研究院、浙江大学和西安电子科技大学提交)进行了测试。2003 年，测试组和监理组又对采用多载波方式的清华大学 DMB—T(地面数字多媒体/电视广播系统)和采用单载波方式的上海交通大学等的 ADTB—T(高级数字电视广播系统)进行了评估测试。2003 年底，由国家发展和改革委员会组织，成立了中国数字电视标准联合工作组，联合开发融合的地面数字电视传输系统。2006 年初成立的数字电视地面传输标准特别工作组,负责标准的起草、意见征求和修改等工作。测试组和监理组对特别工作组提交的系统进行了测试,2006 年 8 月,国家标准化管理委员会批准发布强制性国家标准 GB20600－2006《数字电视地面广播传输系统帧结构、信道编码和调制》(以下简称 GB20600－2006)。该标准包含多载波和单载波两种工作方式,与 DVB－T 不同,多载波工作方式采用 TDS－OFDM(时域同步的正交频分复用),从而实现与单载波方式的兼容。2006 年,广电总局制定并发布了行业标准 GY/T220.1－2006《移动多媒体广播　第 1 部分:广播信道帧结构、信道编码和调制》(以下简称 GY/T220.1－2006)。

1.2　数字电视传输的优点

相对于模拟电视,数字电视传输具有以下优点:

①图像和伴音质量高。由于图像和伴音用数字 0 和 1 表示,只要接收端正确还原它们,就能得到与发送端相同的质量,不存在失真及噪声和干扰导致的损伤。接收质量与视频和音频信号数字化所用量化级数和压缩编码有关,相关标准的规定均能保证良好的质量。信道中的噪声和干扰将导致误码,为保证接收质量,要求接收端输出码流的 BER (Bit Error Ratio,误比特率)低于规定的数值。如果高于规定值,则认为接收失败。ATSC 规定的 BER 为 3×10^{-6};DVB 的要求更高,规定为 10^{-11},称为 QEF(Quasi－Error－Free,准无错),它表示每小时出现的未被纠正的错误事件少于 1 个。经纠错解码后的码流可以再次传输,并保证质量,不像模拟电视接力传输那样噪声积累且失真加剧。

②传输效率高。由于采用了高效的码率压缩及信道编码和调制技术,地面数字电视传输在一个模拟电视 VHF/UHF 频道(8MHz 带宽)内可传输 4～6 套 SDTV 电视节目或一套 HDTV 电视节目。随着上述技术的发展,传输效率将进一步提高。

③频率资源使用率高。上述传输效率高的特点有效提高了频道利用率。由于其强大的抗干扰能力,地面数字电视广播可以启用模拟电视广播禁用的频道,还可建设单频网实现广播信号覆盖,大大节省了频率资源。

④可移动接收地面信道传输的数字电视广播信号,实现移动多媒体广播。

⑤便于开展其他业务及与电信网和计算机网的融合。数字电视广播可方便地加入其他业务的信号码流,以开展应急广播、数据广播等业务。目前,有线数字电视广播已开展了节目点播业务。数字传输是广播网与电信网和计算机网融合的基础。

1.3　视频信号的数字化

数字电视广播传输的音频、视频模拟信号经取样、量化和编码转换为二进制数据。视频信号数字化可以对分量信号(R、G、B 或亮度 Y 和两个色差信号 B－Y、R－Y)或复合信号进行,分别称为分量编码和复合编码。由于分量编码具有与模拟电视制式无关、便于制式转换，以及不存在亮色相互串扰等优点，已被普遍应用。本节介绍视频信号的分量(Y、B－Y 和 R－Y)编码参数。

对于 SDTV，国际上都采用 Rec. ITU－R BT. 601 建议的视频分量编码参数，对于 625 行 50 场和 525 行 60 场制式规定了同样的取样频率和取样结构。下面以 4∶2∶2 格式(每行的 B－Y 或 R－Y 样点数是 Y 样点数的 1/2)为例进行说明。亮度信号取样频率为 13.5MHz，每个色差信号的取样频率为 6.75MHz，它们都是上述两种模拟制式下行频的整数倍。取样结构为正交结构，样点位置按行、场和帧重复，每行中 B－Y 和 R－Y 的样点与 Y 的奇数号(第 1，第 3，第 5，…)样点位置相同。两种制式下每个数字有效行的样点数统一为 720(Y)和 360(B－Y 或 R－Y)。样值编码方式规定为均匀量化的 PCM(脉冲编码调制)，每样值 8 比特(演播室可选用 10 比特)，共 256 个量化级(0－255)。模拟亮度信号电平与量化级的对应关系如下：黑电平对应于量化级 16，峰值白电平对应于量化级 235，共分配给亮度信号 220 个量化级。模拟色差信号电平与量化级的对应关系为：共分配给色差信号 225 个量化级，模拟信号零电平对应于量化级 128。由以上参数，整个一行(含行逆程)的亮度信号样点数为 864(625 行 50 场)或 858(525 行 60 场)，模拟与数字的定时关系为：数字有效行结束处到模拟行同步信号前沿有 12 个(625 行 50 场)或 16 个(525 行 60 场)亮度信号取样周期。

我国 HDTV 的视频编码参数由行业标准 GY/T155－2000 规定：幅型比为 16∶9，每行有效像素数为 1920，每帧有效行数为 1080。规定了两种扫描格式：1125 行/50 场格式(每帧总行数为 1125，帧频为 25Hz，隔行扫描)和 1125 行/24 帧格式(每帧总行数为 1125，帧频为 24Hz，逐行扫描)。对这两种格式规定了相同的取样频率：亮度信号取样频率为 74.25MHz，色差信号取样频率为 37.125MHz。因此，整个一行(含行逆程)的亮度信号样点数为 2640(1125 行/50 场)或 2750(1125 行/24 帧)。取样结构、样值编码方式和量化级与模拟信号电平的对应关系与 SDTV 相同。

1.4 视频码率压缩技术

视频编码得到的数字视频的数据流码率太高，对于 SDTV 4∶2∶2 分量编码，粗算其数据流码率为 2×8×13.5＝216Mb/s，必须采用码率压缩方法对其进行压缩，才能在信道中传输。对于运动图像，码率压缩技术主要有帧内编码和帧间编码，前者去除图像在二维空间上的冗余，后者去除运动图像时间上的冗余。在编码过程中，还根据人眼视觉特性进行有损压缩，并根据统计特性进行熵编码。

1.4.1 图像类型与数据结构

MPEG 定义了三种图像类型，对不同类型的图像采用不同的压缩处理方法。这三种图像类型为 I 图(帧内图)、P 图(预测图)和 B 图(双向预测图)。I 图采用最简单的方法编码,它完全描述一幅图像而无需参考任何其他图像,其压缩率有限。P 图基于前面的 I 图或 P 图进行前向预测,提供中等的压缩率。B 图基于前面最近的 I 图或 P 图和后面最近的 I 图或 P 图进行双向预测,有最大的压缩率。

由上述三种类型的图像组成的一个组合称为 GOP(图像组)。接收机为了对 B 图进行解码,必须先得到其前后的参考图,对所有用作 B 图预测参考的图都应在该图之前编码并传送。因此,图像的传送顺序不同于它们的显示顺序。

MPEG 为表示编码数据,规定了一个层次结构。图像序列为最高层,在 MPEG－2 中,它可以是逐行或隔行扫描的。一个图像序列中相继的若干个图像构成一个 GOP,在 MPEG－2 中,它是可选的。图像组的下一层为图像,在 MPEG－2 中,它可以是帧或场格式的。一个图像的数据包括亮度和两个色差信号数据,按照亮度和色差信号的取样结构,有 4∶2∶0(4∶1∶1,MPEG－1 采用)、4∶2∶2(MPEG－2 选用)和 4∶4∶4(MPEG－2 选用)。图像数据分成宏块条,是同步单元。宏块条中的宏块包括一个 16×16 像素单元的亮度数据和相应的色差数据。宏块是运动补偿处理单元。最下层是块,它是一个 8×8 的亮度数据阵列或色度数据阵列。图 1.1 所示为不同取样结构下一个宏块所包含的块。

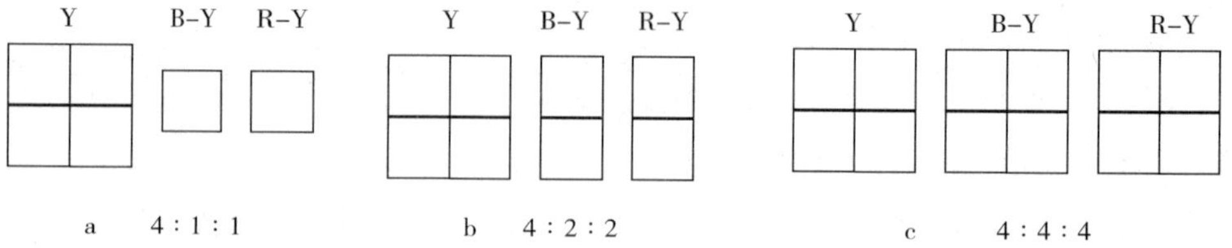

图 1.1　宏块结构

1.4.2　帧内编码

类似于 JPEG 静止图像压缩的算法,I 图帧内编码过程主要有三步:DCT(离散余弦变换)、DCT 系数量化和熵编码。

DCT 类似于傅立叶变换,将时域数据转换为频域系数。离散余弦变换对 8×8 的数据块进行。由于块中数据的相关性,其频率分量集中在直流和低频部分,8×8DCT 系数阵列中左上角的少数系数值较大,其余系数为 0 或较小。利用这一特性,可以通过对 DCT 系数的量化和编码,压缩数据率。

对 DCT 系数进行量化,量化输出为 DCT 系数除以量化步长并对商取整数得到的值。量化器输出值相比未量化系数可使用较少的比特表示,从而导致码率的下降。量化步长根据人眼的视觉特性给出,高频分量的系数采用更大的量化步长,它对降低码率的贡献更大。

DCT 系数构成一个二维数组,为了编码和传输,需经扫描转换为一维的数据流。由于量化后大多数非零系数集中于系数阵列的左上角，采用图 1.2 所示的之字形扫描方式，使大多数非零系数集中于系数阵列对应码流段的前部，从而有效地进行编码。

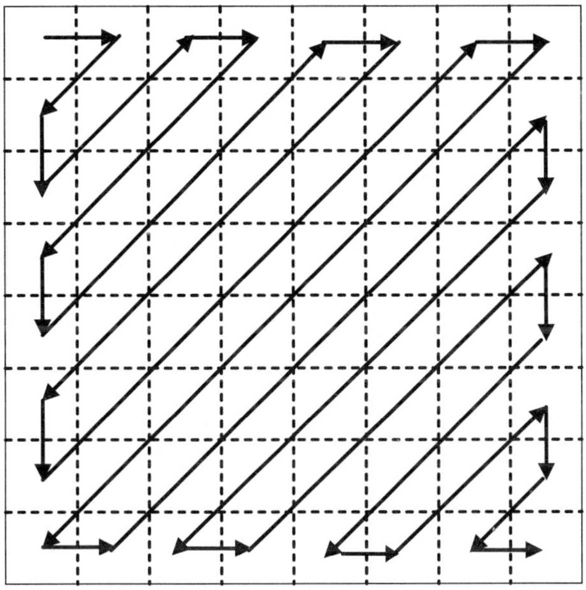

图 1.2 一个块的之字形扫描

量化后的直流系数独立编码，因为对于同一信号(例如亮度信号)的块而言，它与相邻图像块有很强的相关性，故采用差分编码，对其与相邻图像块直流系数的差值进行编码。对于交流系数，进行游程编码和 Huffman 编码。扫描得到的数据流首先被表示成“游程长度，非零系数值”数据对的序列，其中游程长度为相应非零系数与前一非零系数之间零系数的数量。例如，未编码的交流系数数据流−1,0,−1,−4,2,0,2,−3,1,1,0,0,−1,1,−1,0,0,0,1,…被表示成(0,−1),(1,−1),(0,−4),(0,2),(1,2),(0,−3),(0,1),(0,1),(2,−1),(0,1),(0,−1),(3,1),…。如果在某个非零系数之后，码流中不再有非零系数值，用 EOB(结束符)结束。然后，对“游程长度，非零系数值”数据对进行 Huffman 编码。它用短码表示出现概率高的数据对，用长码表示出现概率低的数据对，因而降低了长时间统计的平均码长。

1.4.3 帧间编码

P 图和 B 图采用帧间预测编码。为充分发挥预测编码降低码率的作用，MPEG 以宏块为单元进行运动估计和补偿。运动估计通过搜索，在参考帧中找出与被编码宏块最佳匹配的宏块，求出它们之间的位置偏移作为运动矢量。在搜索中，通常以最小均方误差或最小平均绝对误差作为最佳匹配准则。运动补偿的任务是根据运动矢量得到参考宏块。编码器求出被编码图像块与参考图像块的差，作为预测误差进行 DCT、量化和可变长度编码。如果找不出匹配的参考宏块，则对此宏块中的图像块按帧内编码方法进行编码。图 1.3 所示为预测编码方框图。应用解码的图像数据作为参考图像，以避免 DCT 系数量化引起的预测误差。

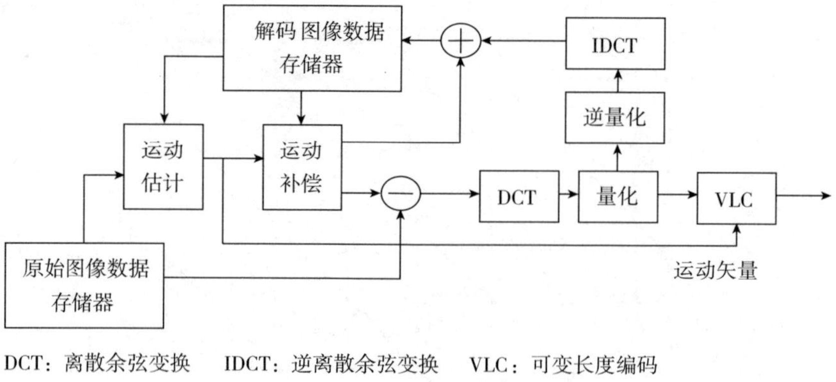

图 1.3 预测编码方框图

1.5 MPEG-2 系统传送层

MPEG—2 标准系统部分规定的系统结构如图 1.4 所示。压缩后的视频和音频数据称为 ES(Elementary Stream，基本码流)，它们分别打包成 PES(Packetized Elementary Stream，打包的基本码流)。PES 的包长度可变，通常一个视频包含一帧图像的传送数据。一套节目的视频和音频打包的基本码流复用为两种码流：PS(Program Stream，节目码流)和 TS(Transport Stream，传送码流)，PS 适用于传输误码很少出现的场合(如节目存储中)，TS 适用于数字电视传输。TS 是打包码流，包长固定为 188 字节，其中第一个字节为同步字节(47H)。

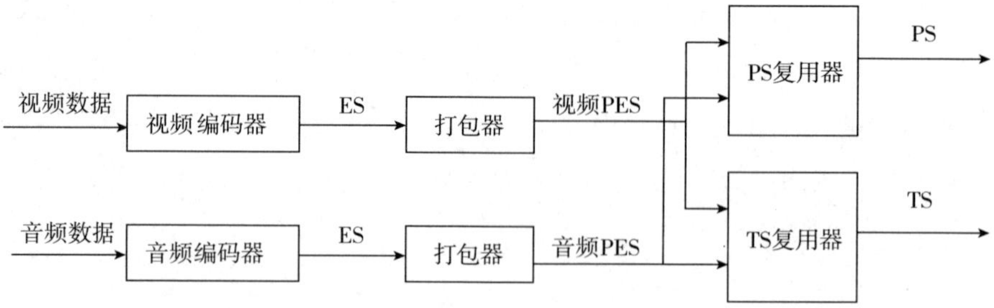

图 1.4 MPEG—2 系统结构

TS 码流允许其中包含具有不同时间基准的 PES，具有两层复用结构：同一节目的视频和音频 PES 先进行节目复用，不同节目的 TS 再进行传送复用，得到的 TS 送入传输系统。

1.6　MPEG-2 数据信号接口

本节介绍用于发送或接收 MPEG－2 传送码流的接口。常用的接口有两种：SPI (Synchronous Parallel Interface，同步并行接口)和 ASI(Asynchronous Serial Interface，异步串行接口)。SPI 主要用于近距离或中等距离设备间的传输，ASI 的传输距离则较远。

1.6.1　SPI

SPI 是可变数据率的并行传输接口，数据传输同步于 MPEG－2 传送码流的字节时钟。接口采用 25 针的 D 型接插件，设备上用阴性的。共使用 11 对连接线传输信号：8 对连接线传输数据信号，数据 7 是字节的最高有效位；1 对连接线传输时钟信号，所有的信号与时钟同步；1 对连接线传输 PSYNC(同步信号)，它在传输 TS 的同步字节时为逻辑"1"信号，表示一个包的开始，用于接收设备进行数据同步；1 对连接线传输 DVALID(确认信号)，它为逻辑"1"信号时传输的数据有效。图 1.5 所示为 SPI 系统连接。图 1.6 所示为线路驱动器和线路接收机的连接，其中对于逻辑"1"信号，线路驱动器端点 A 相对于端点 B 为正；对于逻辑"0"信号，线路驱动器端点 A 相对于端点 B 为负。表 1.1 所示为接插件针序号与连接线的对应关系。

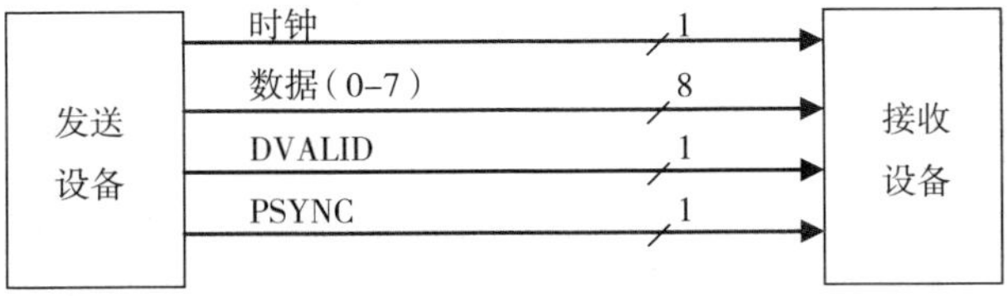

图 1.5　同步并行接口系统连接简图

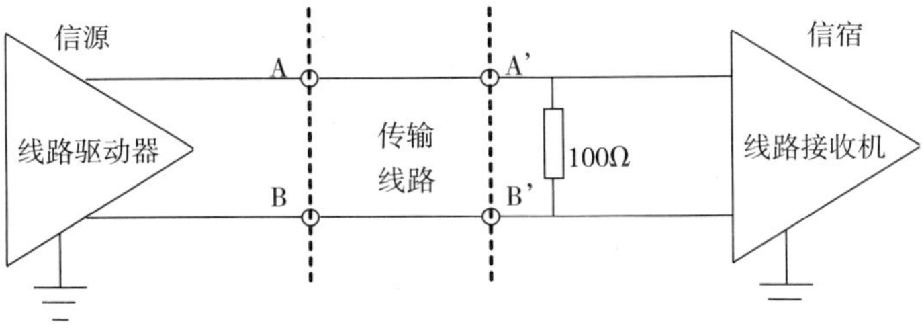

图 1.6　线路驱动器和线路接收机的连接

表 1.1　接插件上针的安排

针序号	信号	针序号	信号	针序号	信号
1	时钟 A	10	数据 0A	19	数据 4B
2	系统接地	11	DVALID A	20	数据 3B
3	数据 7A(最高有效位)	12	PSYNC A	21	数据 2B
4	数据 6A	13	电缆屏蔽层	22	数据 1B
5	数据 5A	14	时钟 B	23	数据 0B
6	数据 4A	15	系统接地	24	DVALID B
7	数据 3A	16	数据 7B	25	PSYNC B
8	数据 2A	17	数据 6B		
9	数据 1A	18	数据 5B		

SPI 中所有信号均为 NRZ(非归零)形式。为适应某些应用,除了传送包长为 188 字节的 MPEG—2 传送包以外,相应接口标准要求 SPI 还能传输包长为 204 字节的传送包。204 字节的包有两种形式:一种是在 188 字节后加 16 个假字节;另一种是在 188 字节之后另外加 16 个有效字节。188 字节包和两种形式的 204 字节包的传输格式如图 1.7 所示。在传输 204 字节包中的 16 个假字节时,DVALID 为逻辑“0”;传输有效字节时,它为逻辑“1”。

时钟为方波信号,0 到 1 转换的时刻为接收端读取数据的时刻。时钟频率取决于传输速率,应不大于 13.5MHz。

为保证传输的可靠性,线路驱动器和线路接收机应具备一定的电气特性。对于线路驱动器,输出阻抗:最大 100Ω;共模电压:1.125V～1.375V;信号幅度:247mV～454mV;上升和下降时间(20%幅度点与 80%幅度点之间的时间,在 100Ω 电阻负载上测量):小于时钟周期的 1/7,上升时间与下降时间之差不大于时钟周期的 1/20。对于线路接收机,输入阻抗:90Ω～132Ω;最大输入信号:2.0V(峰—峰值);最小输入信号:100mV(峰—峰值)。

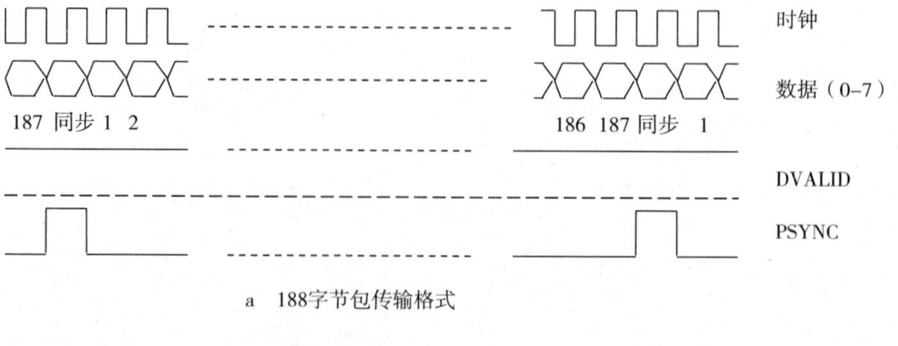

a　188字节包传输格式

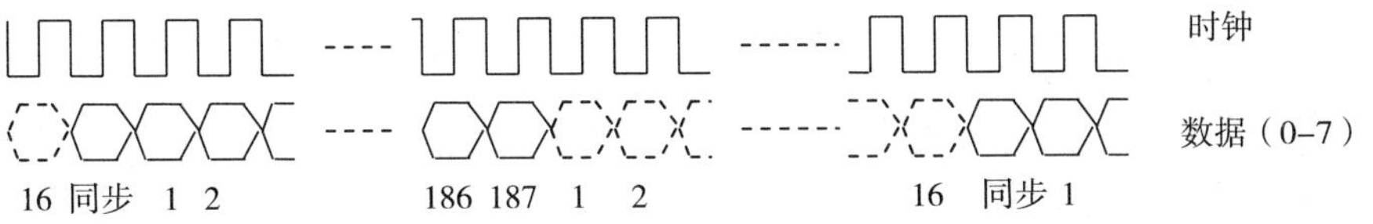

b 204字节包(188个数据字节和16个假字节)传输格式

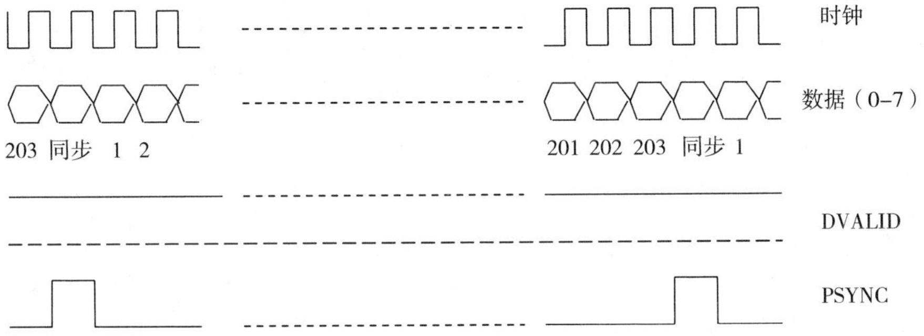

c 204字节包(188个数据字节和16个外加字节)传输格式

图 1.7 字节包传输格式

1.6.2 ASI

ASI 以恒定的传输速率串行传输不同数据速率的 MPEG—2 传送包。它基于分层结构，系统分为 3 层：层 2、层 1 和层 0。层 2 由 MPEG－2 标准定义，即传送包同步的 MPEG—2TS(传送流)。层 1 和层 0 基于 ANSI(美国国家标准协会)标准 X3TII/级 FC—1和 FC—0 的一个子集，但传输率由 265.625Mb/s 改为 270.000Mb/s。它采用恒定的传输速率使得接收机时钟固定，接收机使用锁相环电路恢复原始的时钟频率。ASI 有两类：基于同轴电缆传输的 ASI—C 和基于光纤传输的 ASI—O，它们仅在物理层(层 0)不同，图 1.8 所示为它们的传输链路。首先，输入包中各字节进行 8 比特/10 比特编码，一个字节用一个 10 比特的码字表示。10 比特的码字通过并/串转换器，输出 270Mb/s 恒定速率的比特流。如果在并/串转换器需要一个新的输入码字时数据源尚未准备好，则插入一个同步字，同步字在接收后被丢弃。使用同轴电缆传输时，串行比特流一般经缓冲/驱动电路和耦合网络输出到同轴连接器；通过同轴电缆到达接收机的信号经连接器、耦合网络和放大/缓冲器到达时钟和数据恢复电路。在光纤传输情况下，串行比特流输入驱动电路，它激励 LED 发射器，发射器通过一个机械的连接器耦合到光纤中；光信号通过接收机中一个光敏检测器转换为电信号，到达时钟/数据恢复电路。时钟/数据恢复电路和串/并转换器的输出数据经 8 比特/10 比特解码转换为原始传送的 8 比特字节。

为了恢复字节的排序，解码器首先搜索同步字。同步字是不同于所有对应于传送字节码字的一个独特的 10 比特字。找到了同步字，就可以确定数据字节序列的边界，从而保证解码器输出字节的正确排序。

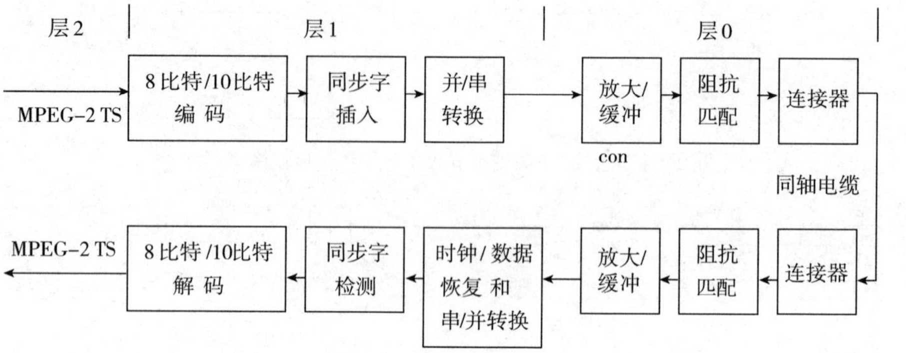

a ASI-C传输链路

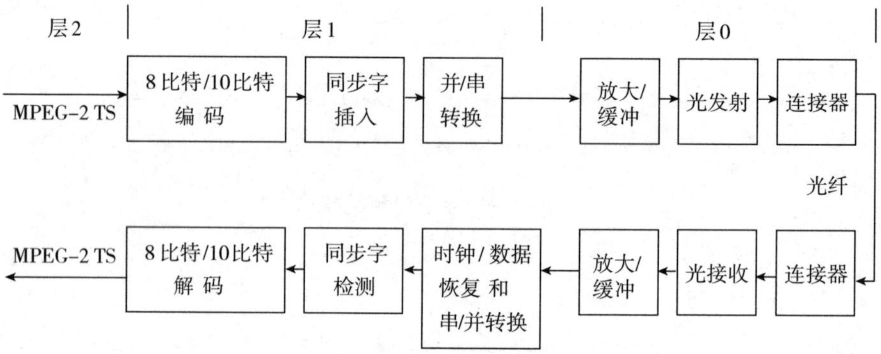

b ASI-O传输链路

图 1.8 异步串行传输链路

发射机进行并/串转换时，采用一个固定频率的振荡器建立 270Mb/s 的传输速率，并由它导出相位锁定的字节时钟，用于字节的并行移动。接收机通常使用锁相环振荡器，依据输入数据流的比特转换恢复串行传输时钟，由它导出相位锁定的字节时钟。

在接收机对接收到的字节排序之前，需要建立比特同步。从接收到有效输入到接收机同步于比特流并给出符合误码率要求的有效数据的时间为比特同步时间，它应该不大于 1ms。

此外，它使用的同轴电缆特性阻抗应为 75Ω，需采用 BNC 型连接器，其应用频率应达到 850MHz。

ASI 传输协议采用 8 比特/10 比特编码，它映射每个数据字节到一个 10 比特的码字。此编码使得游程长度(连续的 0 或连续的 1 的数目)小于 4 比特，并使信号的直流分量偏移最小。对应同一数据字节有两个码字，根据前面码字 0 和 1 的 RD(Running Disparity，运行差异)选用这两个码字。如果前面 0 多于 1，则选用两个码字中 1 多于 0 的码

(3)散射(Scattering)

散射发生在电磁波在传播中遇到大量尺寸远小于波长的物体,比如粗糙表面、雾和灯柱等。

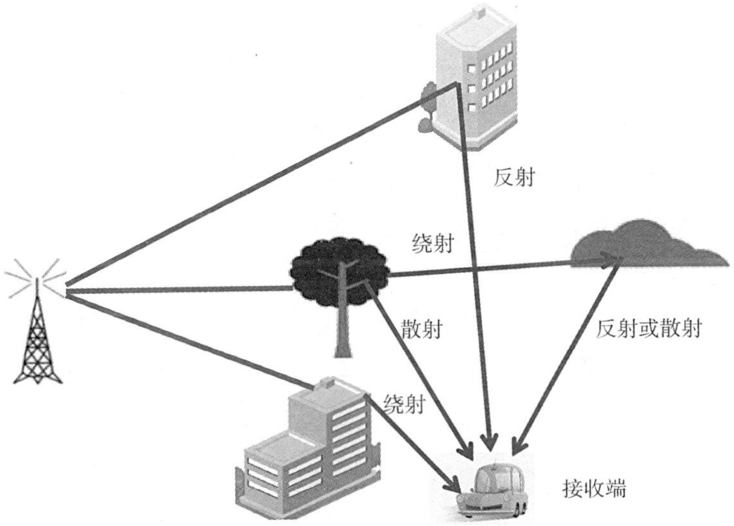

图 2.1 无线信道中的多径传播和三种主要传播机制示意图

由于电波传播的反射、散射和衍射等效应,到达接收端的信号除了直达信号以外,还有来自四面八方的多径信号。此外由于接收端或信道中散射体的运动,这些多径信号对信道的影响具有无法准确预测的时变性。因此准确地估计地面数字电视和多媒体广播系统的信道传输特性并对其进行建模,对相关的系统设计、性能比较、评估和优化等都是至关重要的。此外,通过对信道特性的深入研究和认识,在现代无线传输系统设计中,可以通过一些先进的技术如分集和多输入多输出(MIMO)等对信道的衰落效应进行处理,使系统的有效性和可靠性都获得大幅度提升,因此,对无线信道传输特性的准确理解也是突破现有系统性能极限的基础。

无线传输系统的信道特性可以主要概括为传播损耗、阴影效应和多径传播。图 2.2 所示为在传播损耗、阴影和多径效应共同作用下接收信号功率随距离变化的一种典型结

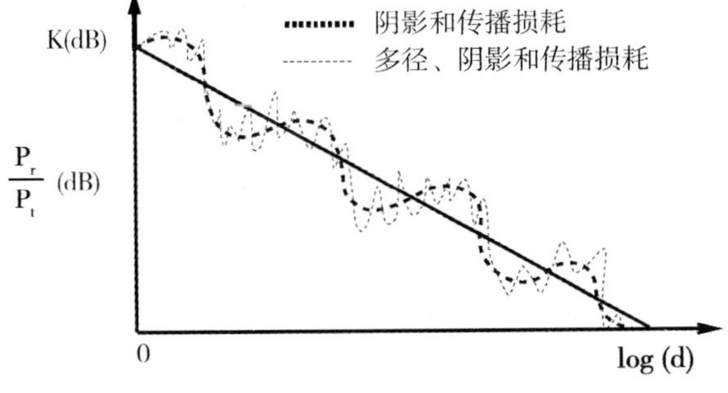

图 2.2 无线信道中传播损耗、阴影和多径效应对接收功率的影响

果。图中 P_t 是发射功率，P_r 是接收功率，d 是发射端与接收端之间的距离。一般来讲，在某个具体的信道中，传播损耗、阴影和多径效应并不是独立存在的，可能会相互耦合，并且与具体的传输环境密切相关。本章将对传播损耗和阴影效应进行简要介绍，对多径效应进行详细介绍，因为多径效应是宽带无线传输系统需要解决的主要问题，对系统设计中调制方式的选择、信道估计和均衡等算法的选择都具有重要影响。

衰落（Fading）一词一般被用于描述接收信号包络的起伏，然而当谈到这些起伏的时候必须要考虑观测的空间范围。在无线传输系统中，接收信号在很短的距离内（几个波长以内）快速、剧烈的起伏，一般称为小尺度（Small Scale）衰落或多径（Multipath）衰落。另一种是在较长的距离内进行观测（100 m～1000 m），接收信号相对较慢、较平缓地变化，从平均角度，一般称为大尺度（Large Scale）衰落或传播损耗（Path Loss）。

小尺度衰落由不同多径的相长相消作用引起，表现为在短距离内接收信号功率的剧烈变化，比如在接收机移动半个波长的范围内，这种变化可能会达到 40 dB（例如，频率为 1 GHz 时，移动 15 cm）。而对接收信号在几十米到几百米范围内进行平均，就得到大尺度衰落的结果。

2.2 大尺度衰落

大尺度衰落一般也称为传播损耗，是指信号功率从发射端到接收端所产生的衰减。大尺度传播模型的主要作用是对信道的传播损耗进行建模，从而对接收信号的功率进行预测。传播损耗主要由辐射功率在空间的扩散作用和信道中的传播作用两方面引起。在某个工作频率，传播损耗一般被描述为发射端与接收端之间距离的确定性函数，主要受到天线增益和传播环境的影响。为了获得大尺度传播模型，首先需要考虑自由空间中电磁波的传播。

2.2.1 自由空间模型

自由空间是指各向同性、无吸收、电导率为零的均匀介质所存在的空间，也就是发射端与接收端之间没有任何遮挡、没有多径传播的空间。自由空间传播模型用于对这种信道中传播损耗的预测，也是一种最简单、最基础的传播损耗模型。自由空间传播与真空中传播一样，只有扩散损耗的直线传播，因此，自由空间是某些实际空间的一种科学的抽象。在这种信道中，可以获得对电波传播的精确解析。当发射端与接收端之间存在一条清晰的 LOS 路径时，用这种模型进行建模也比较准确。另外，这种模型也适用于卫星信道、微波视距信道等。

当电磁波在自由空间传播时，其路径可认为是连接收发端的一条直线。在这种模型中，经过接收天线后的信号功率可以表示为：

$$P_r(d) = P_t G_t G_r (\lambda/4\pi d)^2 \tag{2.1}$$

式(2.1)来源于菲涅尔传输方程(Friis Transmission Equation)，其中 P_t 是发射机功率，$P_r(d)$ 是距离 d 处的接收功率，d 是发射端与接收端之间的距离，G_t 和 G_r 是发射和接收天线增益，λ 是自由空间中电波的波长。式(2.1)的物理意义显而易见：自由空间中电波传播在各个方向上是相同的，可认为是直径不断增大的球面，由于能量守恒，在任意直径的球面上的能量是相同的，由于球面的面积不断增大，导致单位面积球面上的能量不断减小。面积与直径的平方成正比，相应地，单位面积上的能量则与直径的平方成反比。因此，从式(2.1)中可以看到，自由空间中接收信号的功率随距离平方衰减。

传播损耗 PL 指传播过程中信号功率的衰减，定义为 P_t 和 P_r 的比值，一般用 dB 表示：

$$PL(\text{dB}) = 10\lg(P_t/P_r) \tag{2.2}$$

把式(2.2)代入式(2.1)，并令 $G_t = G_r = 1$(全向、无增益天线)，可以得到自由空间的传播损耗：

$$PL(\text{dB}) = 10\lg[(4\pi d)^2/\lambda^2] = 92.4 + 20\lg f(\text{GHz}) + 20\lg d(\text{km})(\text{dB}) \tag{2.3}$$

由式(2.3)可见，自由空间中的传播损耗是工作频率和发射端与接收端之间距离的函数，随着频率和距离的增加而变大。

自由空间模型的物理意义较为简单、清晰，但用来描述实际环境中的传播损耗还是存在很大误差。在实际的传输环境中，电磁波的传播一般是一个复杂的物理过程(如图 2.1 所示)。三种主要传播机制可能会同时存在，很难从理论上对它进行完全精确的描述。因此，大尺度传播损耗模型一般是通过大量实验得到的经验公式，也有研究者采用分析的方法，通过对环境统计特性的描述，利用射线跟踪法获得。

2.2.2　经验公式

在大尺度模型中，接收信号功率最常用的经验公式为：

$$P_r = P_0 (d_0/d)^n \tag{2.4}$$

则传播损耗 PL 可以表示为：

$$PL(d)\text{dB} = \overline{PL}(d_0) + 10n\lg(d/d_0) \tag{2.5}$$

其中 P_0 是在参考距离 d_0 处的接收功率，n 是传播损耗指数(Path Loss Exponent)，$\overline{PL}(d_0)$ 是在 d_0 处传播损耗的平均值。

由式(2.5)可见，在大尺度模型中，传播损耗一般随距离的 n 次方衰减。传播损耗指数 n 与建筑物的分布密度和吸收特性等有关，一般需要通过测量获得。从式(2.1)可见，在自由空间信道中，n 的值为 2。在其他实际信道中的大量实验表明，传播损耗指数 n 的典型值为 3～5，这也说明在大多数环境下的传播衰减要大于自由空间信道。表 2.1 中给出了不同环境下的传播损耗指数。

表 2.1 不同环境下的传播损耗指数典型值

环境	传播损耗指数(n)
自由空间	2
市区蜂窝无线传播	2.7～3.5
存在阴影的市区蜂窝无线传播	3～5
建筑物内的视距传播	1.6～1.8
被建筑物遮挡	4～6
被工厂遮挡	2～3

2.2.3 阴影效应(Shadowing)

大尺度衰落模型一般用于对某个覆盖区域内接收信号功率均值的估计。如果发射端和接收端之间存在任何物体,如建筑或树木等,发射端和接收端之间的 LOS 被这些物体所遮挡,一部分发射信号功率会因为吸收、反射、散射或衍射而受到损失,这种现象称为阴影效应。如果在发射台站和接收端之间存在一个高大建筑,便会产生阴影效应,从而使接收功率产生额外的衰减(如图 2.3 所示)。

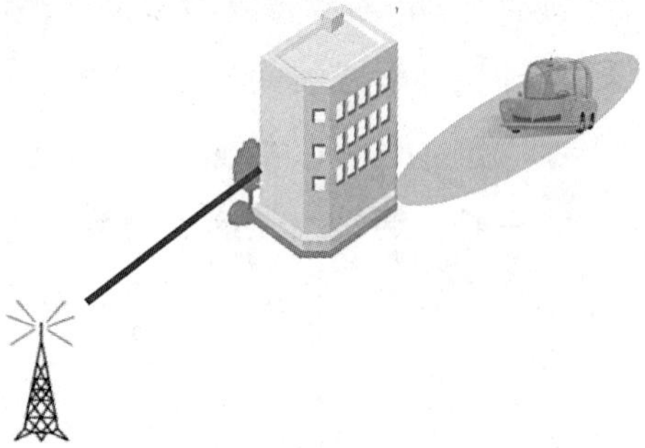

图 2.3 信道中的阴影效应示意图

实验表明,阴影效应可以被比较精确地描述成一个对数正态(Log－Normal)分布的随机变量,也就是说,当它被表示成 dB 时,阴影效应是一个正态分布的随机变量。存在阴影效应时,传播损耗可以写成:

$$PL(d)\text{dB} = \overline{PL}(d_0) + 10n\lg(d/d_0) + \chi \tag{2.6}$$

其中 χ 表示阴影效应带来的损耗,它是一个正态分布的随机变量(以 dB 为单位),标准偏差 σ 的典型值是 5 dB～10 dB。

2.2.4 Okumura－Hata 模型

除了自由空间损耗,大尺度衰落还应该包括阴影和多径效应的影响。因此,大尺度模型应体现传输环境的类型。此外，大尺度模型也应该体现其他因素对传播损耗的影响，如天线高度、周围地形地貌，以及季节变换等。人们针对不同的传输环境如市区、郊区和室内等情况，设计了一些大尺度模型，并被广泛应用，如 Okumura－Hata 模型和 COST 231 (European Cooperation in Science and Technology)模型等。

由于实际环境的复杂性，对其传播模型进行准确建模非常困难。在实际应用中，人们根据各种典型环境中的大量现场测量结果得到了一些经验或半经验模型。在覆盖范围为几公里的宏蜂窝环境下，用于预测和仿真接收信号强度的最常用的传播损耗模型是 Okumura－Hata 模型，这个模型的适用频率范围是 150 MHz～1500 MHz，接收机与发射台站的距离大于 1 km，发射台站天线高度大于 30 m。1968 年，Okumura 在东京地区进行了广泛的信号衰减测量实验，提出了 Okumura 模型。1980 年，Hata 根据 Okumura 模型中的数据曲线，给出了一个计算市区环境传播损耗的标准公式，并补充了在其他情况下应用此公式时的修正因子。

Okumura－Hata 模型的市区传播损耗标准公式为：

$$PL(d)\mathrm{dB} = 69.55 + 26.16\lg f - 13.82\lg h_t - a(h_r) + [44.9 - 6.55\lg(h_t)]\lg d \tag{2.7}$$

其中 f 为工作频率(单位为 MHz)，h_t 为有效发射天线高度(单位为 m)，范围为30 m～200 m，h_r 为有效接收天线高度(单位为 m)，范围为 1 m～10 m，d 为发射端与接收端之间距离(单位为 km)，$a(h_r)$为有效移动天线高度修正因子，它与覆盖区的大小有关。

在不同环境下，移动天线高度修正因子为：

中小城市：$a(h_r) = [1.1\times\lg(f_c) - 0.7]h_r - [1.56\lg(f_c) - 0.8]$ dB　　(2.8a)

大城市：$a(h_r) = 8.29[\lg(1.54h_r)]^2 - 1.1$ dB，　$f\leqslant 300$ MHz　　(2.8b)

$a(h_r) = 3.2[\lg(11.75h_r)]^2 - 4.97$ dB，　$f>300$ MHz　　(2.8c)

2.2.5　DVB－T 中的传播损耗模型

DVB－T 中的传播损耗模型分为固定接收和移动接收两种。

1. 固定接收

在固定信道中，DVB－T 所用的大尺度模型为 SUI (Stanford University Interim)模型，SUI 模型的基础也是 Okumura－Hata 模型。虽然 SUI 模型的工作频率大于 2 GHz，但经过修正后，它也可以适应更低的工作频率。在 SUI 模型中，地形可以分为 3 类，分别用 A、B 和 C 表示。其中 A 类地形的传播损耗最大，代表山区并具有中度到较高程度的森林覆盖。类型 B 表示森林覆盖较多的平原地区或森林覆盖较少的山区。类型 C 的传播损耗最小，代表森林覆盖较少的乡村地区。

经过修正的 SUI 模型可以表示为：

$$PL(d)\mathrm{dB} = A + 10n\lg(d/d_0) + X_f + X_k + X_\sigma, \quad d > d_0 \tag{2.9}$$

其中 d 是发射端与接收端之间的距离(单位为 m),d_0 是参考距离,取值 100 m,X_σ 是一个正态分布的随机变量,用于表示由树木或其他散射体产生的阴影效应损耗,其典型值为 8.2 dB～10.6 dB。参数 n 是传播损耗指数,X_f 是频率修正因子。其他参数为:

$$\begin{aligned} A &= 20\lg(4\pi d_0/\lambda) \\ n &= a - bh_t + c/h_t \end{aligned} \tag{2.10}$$

其中 A 是自由空间的传播损耗,λ 是自由空间中的波长(单位为 m),h_t 为发射天线距离地面的高度,范围是 10 m～80 m,其中的常数 a、b、c 在表 2.2 中给出。

表 2.2　SUI 模型中的常数数值

模型参数	地形 A	地形 B	地形 C
a	4.6	4.0	3.6
b (m^{-1})	0.0075	0.0065	0.005
c (m)	12.6	17.1	20

$$X_f = 6\lg(f/2000) \tag{2.11}$$

$$X_k = \begin{cases} -10.8\lg(h_r/2000), & \text{地形 A 和地形 B} \\ -20\lg(h_r/2000), & \text{地形 C} \end{cases} \tag{2.12}$$

其中 f 为工作频率(单位为 MHz),h_r 为接收天线距离地面的高度(单位为 m)。

2. 移动接收

DVB－T 的移动接收也就是在 DVB－H 信道中,选择 COST 231 Hata 模型作为传播损耗模型,也是 Okumura－Hata 模型的一种扩展。COST 231 Hata 模型适用的工作频率为 500 MHz～2000 MHz,其中包括对市区、郊区和乡村地形的修正。

宏蜂窝情况下 COST 231 Hata 模型中的传播损耗表示为:

$$\begin{aligned} PL(d)\mathrm{dB} = {} & 46.3 + 33.9\lg(f) - 13.82\lg(h_t) - a(h_r) \\ & + [44.9 - 6.55\lg(h_t)]\lg(d) + C_m + X_\sigma \end{aligned} \tag{2.13}$$

其中 f 是工作频率(单位为 MHz),d 是发射端与接收端之间的距离(单位为 km),h_t 是发射台天线距离地面的高度(单位为 m)。对于郊区或开阔地 C_m 为 0 dB,对于市区 C_m 为 3 dB。X_σ 是正态分布的随机变量,用于表示阴影效应,无论是市区还是郊区环境,它的标准差都是 8 dB。$a(h_r)$是与接收天线高度有关的参数,在以下两种情况下分别被定义为:

市区环境:

$$a(h_r) = 3.20[\lg(11.75h_r)]^2 - 4.97, \quad f > 400\ \mathrm{MHz} \tag{2.14}$$

郊区或乡村环境:

$$a(h_r) = (1.1 \times \lg f - 0.7)h_r - (1.56\lg f - 0.8) \tag{2.15}$$

其中 h_r 是接收天线距离地面的高度。

从式(2.13)中可见,采用 COST 231 Hata 模型的传播损耗指数为:

$$n = [44.9 - 6.55\lg(h_t)]/10 \tag{2.16}$$

在大尺度模型中,传播损耗指数是一个重要参数,因为它反映了传播损耗随距离的增长率。

在小蜂窝(半径 500m)的情况下,DVB—T 中采用了 COST 231Walfish—Ikegami 模型,可以参考 DVB—T 标准中的相关部分,此不赘述。

2.3 小尺度衰落

前面我们已经介绍了大尺度衰落模型主要是用于描述发射端和接收端之间长距离的场强变化,而小尺度衰落模型描述的则是短距离或短时间内的接收场强的快速波动效应。

小尺度衰落是由于多径信号之间的相互干扰产生的。由于这些多径信号具有不同的相位和幅度,而接收信号是这些多径信号的叠加,因此接收端短距离移动就会产生不同的相长相消的作用,从而表现为接收信号强度的剧烈变化。当所有多径信号的幅度都低于某个给定的门限值时,一般用 Rayleigh(瑞利)衰落来描述接收信号的包络;而当发射端与接收端之间存在一条较强的 LOS 时,一般用 Rice(莱斯)衰落来描述。

无线传输是通过电磁波的辐射来实现的,因此可以通过解析具有适当边界条件的麦克斯韦方程来获得信道响应。对于比较简单的传播环境,可以通过射线跟踪法来获得一个确定的信道模型,比如自由空间信道和存在两条多径的地面反射信道等。然而对于大多数的实际环境,获得电磁场的精确解都比较困难,而且由于实际环境中电波传播的复杂性,也很难通过确定性模型来描述。因此,一般用具有某种统计特性的时变冲激响应来进行多径信道建模,常用的为抽头延时线模型,其中每个抽头对应于信道中的每条路径。如果一个冲激信号被送到一个多径信道中,接收端就会收到一串冲激信号,其中每个冲激信号对应于每条可区分的路径回波。对于一个时变信道,在不同时刻,这些多径还可能具有不同的分布(如图 2.4 所示)。

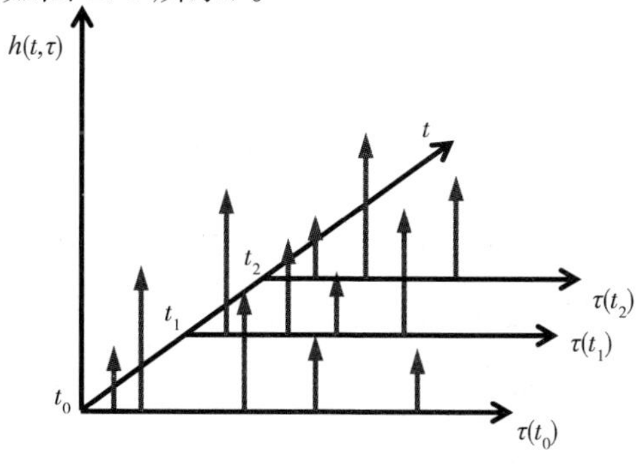

图 2.4 时变多径信道的冲激响应

从图 2.4 中，我们可以看到时变多径信道有两个主要特性：沿 τ 轴变化的延时扩展和沿 t 轴变化的时变性，分别对应信道的频率选择性和时间选择性。

2.3.1 多径信道的频率选择性

产生多径延时扩展的原因是发射的电磁波在达到接收端时会受到来自各种不同物体的反射、绕射和散射作用，由于这些路径的长度可能不同，这些物体对电磁波的吸收和衰减作用也可能不同，因此这些多径信号会具有不同的延时和幅度衰减。这样，接收端会接收到随机的、时变的幅度、相移和延时的多径信号，而且这些多径信号的数目一般也是随机的、时变的。

对信道响应 $h(t,\tau)$ 中的变量 τ 进行傅立叶变换，就会得到信道的频率响应，图 2.5 所示为多径信道的时变频率响应。

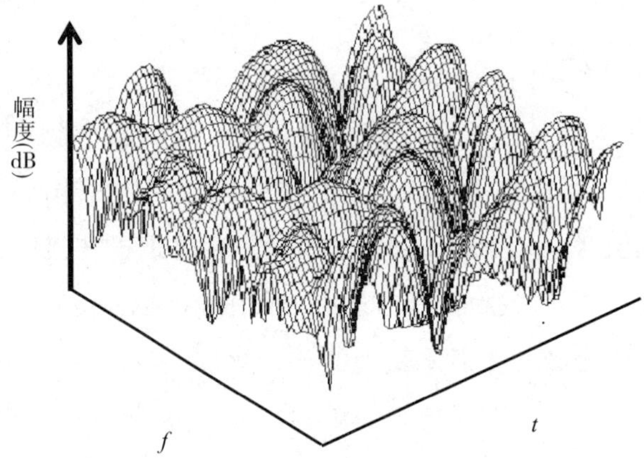

图 2.5　时变多径信道的频率响应

从图 2.5 中可以看到，信道中的多径延时扩展从频域上看导致了频率选择性（Frequency Selectivity）衰落。频率选择性导致以不同频率传输的信号有不同的幅度和相位变化，从而需要接收端进行均衡处理以消除这些变化。

为了对多径信道的小尺度衰落特性进行更进一步的描述，人们提出了一些常用的信道参数。下面我们对描述时变多径信道的一些主要参数进行介绍，包括多径延时扩展和相干带宽、多普勒扩展和相干时间。这些参数是对多径信道进行分类的重要依据。

1. 多径延时扩展

一般用多径延时扩展来描述信道的频率选择性，多径延时扩展越大，频率选择性越强。常用的参数有最大延时扩展 τ_{max}、均方根延时扩展 τ_{rms} 和平均延时扩展 $\bar{\tau}$ 。

最大延时扩展一般定义为最近一条路径和最远一条路径之间的延时，均方根延时扩展 τ_{rms} 定义为：

$$\tau_{rms} = \sqrt{\overline{\tau^2} - (\bar{\tau})^2} \tag{2.17}$$

其中：

$$\overline{\tau^2} = \frac{\sum_k a_k^2 \tau_k^2}{\sum_k a_k^2} = \frac{\sum_k P(\tau_k)(\tau_k^2)}{\sum_k P(\tau_k)}, \quad \bar{\tau} = \frac{\sum_k a_k^2 \tau_k}{\sum_k a_k^2} = \frac{\sum_k P(\tau_k)(\tau_k)}{\sum_k P(\tau_k)} \tag{2.18}$$

式(2.18)中 a_k 和 τ_k 分别代表第 k 个多径信号的幅度和延时。

一个信道的延时扩展一般与接收端与发射端之间的距离和信道的传播环境以及天线的高度和辐射方向图等因素都有密切关系，室外信道的 τ_{rms} 一般是 μs，而室内信道的 τ_{rms} 一般是 ns。表 2.3 给出了一些信道中 τ_{rms} 的典型测量值。

表 2.3　多径 RMS 延时扩展的典型测量值

环境	频率 (MHz)	延时扩展(τ_{rms})	注释	参照
城区	910	1300 ns 平均值	纽约市	[Cox75]
城区	892	10 μs～25 μs	旧金山最差情况	[Rap90]
郊区	910	200 ns～310 ns	典型情况平均	[Cox72]
室内	1500	10 ns～50 ns	办公楼	[Sal87]
室内	850	270 ns 最大值	办公楼	[Dev90a]

下面，我们给出根据某个信道中的多径延时剖面(Power Delay Profile)来计算这些参数的一个例子。多径延时剖面也称为多径延时分布或多径延时谱，描述了多径信号强度在延时域的分布，对于某个具体的信道一般可以通过实验来获得，是描述信道小尺度衰落特性的重要函数。

图 2.6 所示为一个信道中某个时刻的多径延时剖面，根据前面的定义，可以对多径延时扩展进行计算。

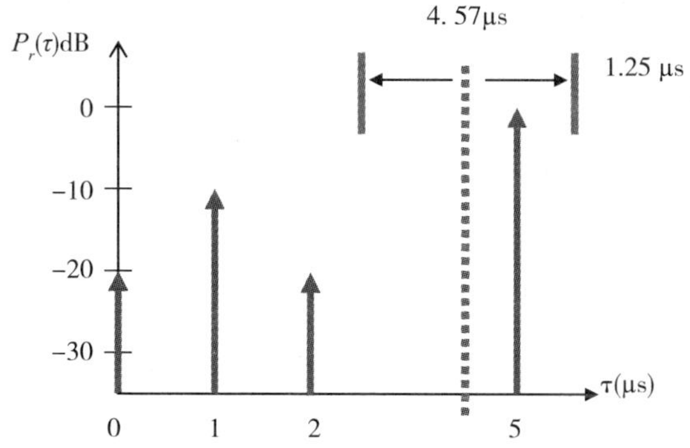

图 2.6　某个信道的多径延时剖面

从图 2.6 可见，这个信道共有 4 条多径，根据它们的相对延时和强度，利用式(2.17)和式(2.18)，我们可以得到：

$$\bar{\tau} = \frac{(1)(5)+(0.1)(1)+(0.01)(2)+(0.01)(0)}{(0.01+0.01+0.1+1)} = 4.57\ \mu\text{s} \tag{2.19}$$

$$\overline{\tau^2} = \frac{(1)(5)^2+(0.1)(1)^2+(0.01)(2)^2+(0.01)(0)^2}{(0.01+0.01+0.1+1)} = 22.45\ \mu\text{s}^2 \tag{2.20}$$

我们可以得到信道的均方根延时扩展：

$$\tau_{\text{rms}} = \sqrt{22.45-(4.57)^2} = 1.25\ \mu\text{s} \tag{2.21}$$

值得注意的是，信道的多径延时剖面与所选的噪声门限有关，因为一般是把强度高于某个门限的信号视为多径信号，而把低于这个门限的信号视为噪声。如果门限过高会漏掉一些多径信号，而门限过低又会把一些噪声误认为是多径信号。因此，噪声门限的设置要合理。

在 DVB－T 的固定信道模型中，对 τ_{rms} 采用了如下的经验公式进行建模：

$$\tau_{\text{rms}} = T_1 d^{\varepsilon} y \tag{2.22}$$

其中 d 是距离（单位为 km），T_1 是 τ_{rms} 在 $d=1$ km 处的均值，ε 是指数，范围为 0.5～1，y 是一个对数正态分布的随机变量，其标准偏差为 σ_y。

对于乡村、郊区、市区和山区环境，采用全向天线时，这些参数的典型值列于表 2.4 中。

表 2.4 DVB－T 的 τ_{rms} 模型参数数值

模型参数	数值
T_1	0.4 μs（市区微蜂窝）
	0.4 μs～1.0 μs（市区宏蜂窝）
	0.3 μs（郊区）
	0.1 μs（乡村）
	0.5 μs（山区）
ε	0.5（市区，郊区，乡村）
	1.0（山区）
σ_y	2 dB～6 dB

在数字系统中，如果信道的延时扩展与每个符号的持续时间相比很小，则信道对接收信号在时域的扩展就较小，也就是 ISI 较小。相反，如果延时扩展相对较大，则 ISI 较大，使接收信号波形产生很大畸变。因此，ISI 是宽带无线传输系统中需要解决的主要问题。在多载波系统中，比如 DVB－T 中的 COFDM，则将一个高数据率的串行信号变成多个低数据率的并行信号，从而降低信道中的 ISI。而基于单载波的系统，比如 ATSC，则通过接收端中复杂的均衡器来处理 ISI。

对应于每个时域都会有一个频域内的现象。对多径延时剖面进行变量 τ 的傅立叶变换，就会得到信道的频率响应，从信道的频率响应中可以获得相干带宽，这是一个重要参数。

2. 相干带宽

相干带宽(Coherence Bandwidth,B_c)一般定义为信道响应基本保持不变的频率范围。它是一个频率范围的统计量,在该带宽内能通过信号的所有频率成分,并获得等量增益和线性相移。因此,信道在该范围内的幅频特性有很强的相关性,即在该范围内信道对频谱分量的影响是相似的。

某个信道的相干带宽与信道的均方根延时扩展 τ_{rms} 成反比,均方根延时扩展越大,相干带宽越小,对应信道的频率选择性越强。一般可以用下面的公式进行相干带宽的估计:

如果按照频率相关性大于 90%计算:

$$B_c = \frac{1}{50\tau_{rms}} \tag{2.23}$$

如果按照频率相关性大于 50%计算:

$$B_c = \frac{1}{5\tau_{rms}} \tag{2.24}$$

基于信号带宽和信道相干带宽的比较,可以把信道定义为平坦衰落信道和频率选择性衰落信道。如果信号的带宽远小于信道的相干带宽,则为平坦衰落信道;反之,则为频率选择性衰落信道。

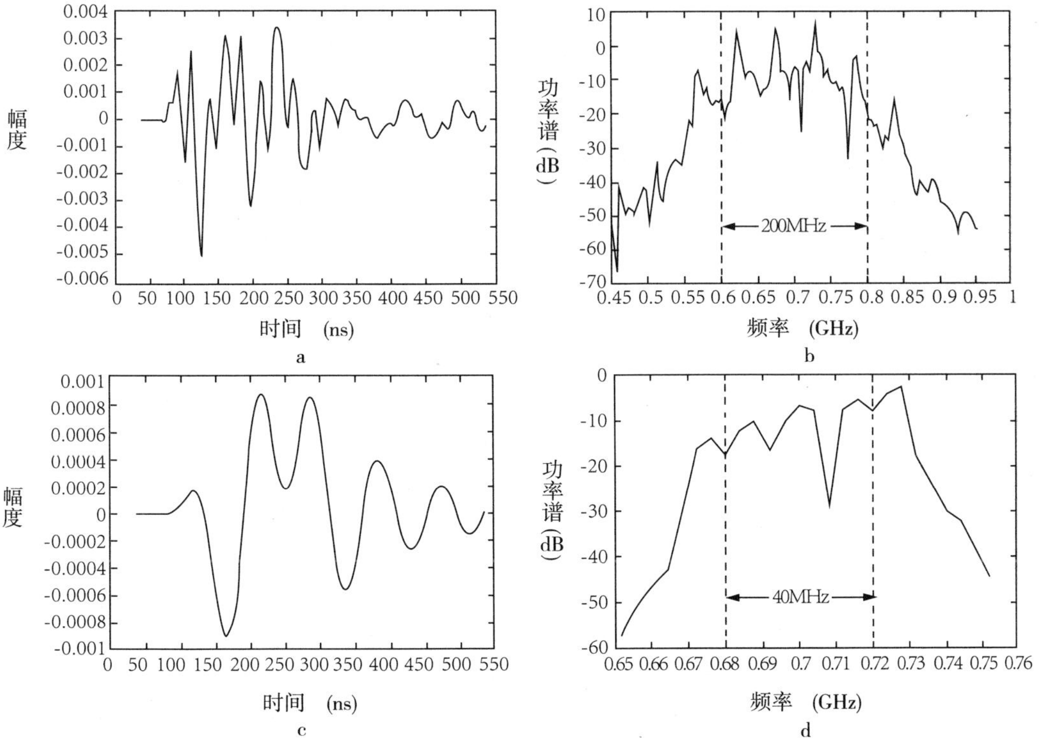

图 2.7 不同频率范围内冲激响应、频率响应对比

需要注意的是，一个信道是平坦衰落还是选择性衰落，不仅与信道的相干带宽有关，还与信号的带宽有关。如图 2.7 所示，其中 a、b 分别是一个信道在 200 MHz 频率范围内的冲激响应和频率响应，c、d 分别是同一个信道在 40 MHz 范围内的冲激响应和频率响应。从图 2.7 中可以看到，同样一个多径信道，在 200 MHz 的频率范围内其频率选择性更强，而在 40 MHz 的频率范围内其频率响应则相对平坦。

对于图 2.6 的例子，90％和 50％相关性对应的相干带宽分别为 16 kHz 和 160 kHz。我国地面数字电视和多媒体广播系统的带宽为 2 MHz 或 8 MHz，第一代模拟蜂窝通信系统中的信号带宽为 30 kHz，而第二代、第三代和第四代数字蜂窝通信系统的带宽为 200 kHz、5 MHz 和 40 MHz。显然，随着无线传输系统数据率的不断增加，信号的带宽也不断增加，而这导致信道的频率选择性衰落更强。

2.3.2 多径信道的时变性

除了频率选择性，多径信道的另一个重要特性就是时变性，也称为时间选择性（Time Selectivity），是指信道响应并不是固定不变的，而是时间 t 的函数。

信道时变性主要是由于发射端或接收端的运动，以及信道中散射体的运动，导致传输路径中散射体位置的变化，从而导致多径信号延时和幅度的变化。这种变化的时间尺度比信道中小尺度多径衰落的时间尺度要大得多。当我们从频域来看时，时间选择性就表现为多普勒频移（Doppler Shifts）。

1. 多普勒频移与频谱扩展

图 2.8 所示为一个计算多普勒频移的例子。

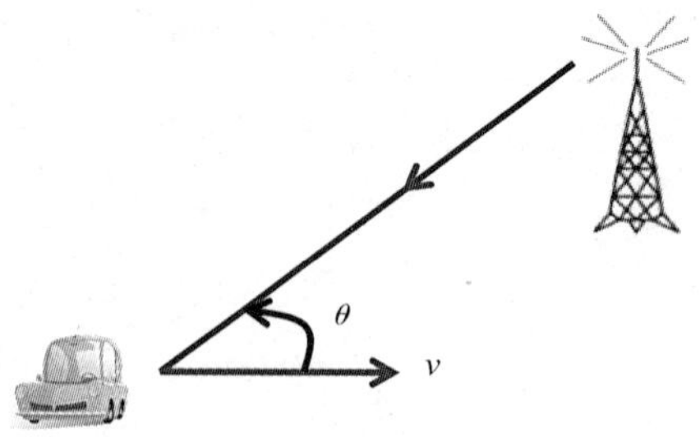

图 2.8 多普勒频移计算示意图

一个以速度 v 移动的接收端，其产生的多普勒频移 f_d 为：

$$f_d = \frac{vf\cos\theta}{c} \tag{2.25}$$

其中 c 为电波在自由空间中的传播速度，f 为发射信号的频率，θ 为接收信号入射方向与接收端移动方向的夹角。这样，移动接收时接收到的信号频率为 $f + f_d$（视 θ 的不同，f_d 可以为正值或负值）。

需要注意的是，由于每个频率分量所产生的多普勒频移与频率的大小、信号的到达方向有关，因此多普勒频移并不是简单的频谱搬移，它会使接收信号的频谱展宽，这种效应也称为频率弥散(Frequency Dispersion)。与描述信道频率选择性的相干带宽类似，描述信道的时间选择性也有一个重要参数，它被定义为信道的相干时间。

2. 相干时间

信道的相干时间(Coherence Time，T_c) 被定义为信道响应基本恒定不变的持续时间，表示接收信号的两个分量在幅度和相位上具有较强相关性的时间范围。一个信道的相干时间是与多普勒扩展(Doppler Spread)成反比的：

$$T_c \approx \frac{1}{f_m} \tag{2.26}$$

其中 $f_m = vf/c = v/\lambda$ 是最大多普勒频移。从式(2.26)可以看到，运动的速度越快，信道的多普勒扩展就越大，从而相干时间越小，时变性越强。

基于信号传输速率和信道相干时间的比较，信道可以被分为快衰落或慢衰落两种。快衰落是指单个符号的持续时间大于信道的相干时间，也就是说在单个符号的持续时间内信道响应发生了明显的变化；反之，慢衰落是指单个符号的持续时间小于信道的相干时间，在一个符号的持续时间内，信道基本保持不变。

在图 2.9 中，以 3 个时刻 t_0，t_1 和 t_2 的信道响应变化为例，说明了信道的时变性和相干时间的关系。其中 $|t_1 - t_0| < T_c$，$|t_2 - t_0| > T_c$。

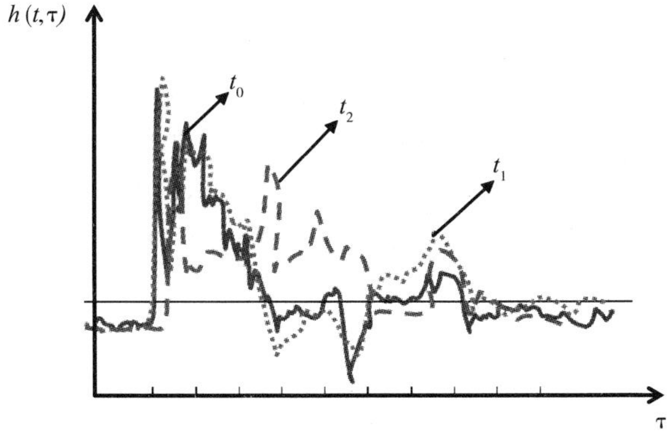

图 2.9 时变信道冲激响应描述示意图

从图 2.9 可见，与 t_0 时刻的信道响应 $h(t_0, \tau)$ 相比，t_1 时刻的信道响应 $h(t_1, \tau)$ 没有太大变化，也就是说 $h(t_0, \tau)$ 和 $h(t_1, \tau)$ 的相关性很强；而 t_2 时刻的信道响应 $h(t_2, \tau)$ 与 $h(t_0, \tau)$ 相比则变化较大，也就是说 $h(t_0, \tau)$ 和 $h(t_2, \tau)$ 的相关性很弱。

在实际信道中，为了更准确地描述信道的时变性，需要用到信道的多普勒功率谱(Doppler Power Spectrum)。多普勒功率谱描述了信号的频谱被展宽的程度，是信道冲激响应时间自相关函数的傅立叶变换。

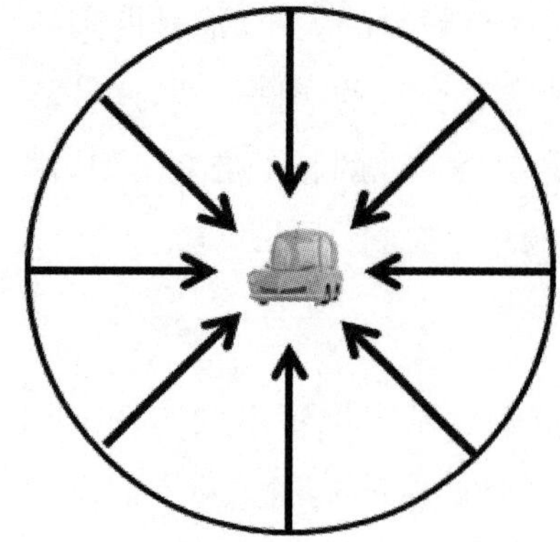

图 2.10 散射体均匀分布于接收端四周的示意图

一个信道的多普勒功率谱与天线的辐射方向图、信道中散射体的分布、发射端与接收端的移动速度等都有密切关系。要得到功率谱密度的一个数学表达式，一般需要对信道中散射体的分布进行假设和抽象，其中最经典并且最常用的是 Jakes 模型。这个模型中，假设散射体均匀分布在接收端周围的一个圆上，并假设接收端使用全向天线(如图 2.10 所示)。

当信道中存在多普勒效应时，发射信号的频谱将被展宽。在 Jakes 模型中，对于一个单频发射信号、接收天线为增益等于 1.5 的全向天线时，接收信号的功率谱密度函数为：

$$S(f)=\begin{cases}\dfrac{1.5}{\pi f_m\sqrt{1-\left(\dfrac{f-f_c}{f_m}\right)^2}}, & |f-f_c|\leqslant f_m\\ 0, & |f-f_c|>f_m\end{cases} \tag{2.27}$$

其形状如图 2.11 所示，其中 $f_m=100$ Hz，$f_c=1$ GHz。

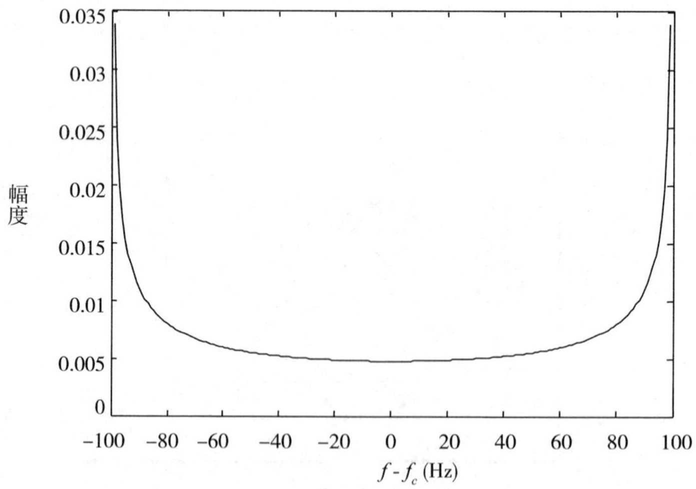

图 2.11 Jakes 模型多普勒功率谱密度函数

2.3.3 小尺度衰落特性总结

从以上的介绍中可以看到，在无线多径信道中，发送的信号会产生不同程度的时域或频域的衰落效应，这些衰落的类型主要决定于信号参数以及信道参数之间的关系。信号参数主要包括带宽 B_s 和码元时间 T_s，信道参数主要包括相干带宽 B_c 和相干时间 T_c。

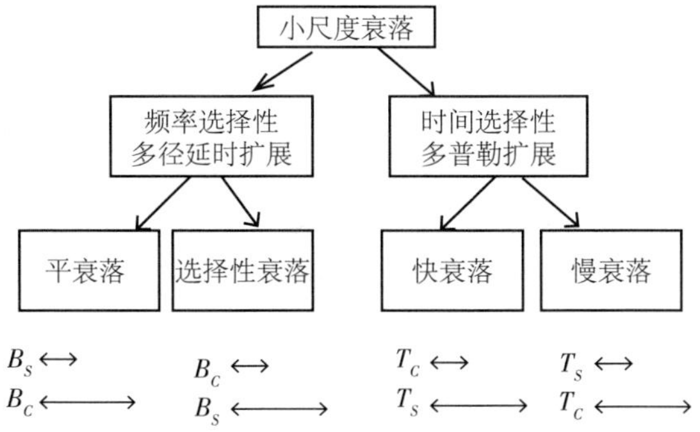

图 2.12　小尺度衰落的四种类型

从图 2.12 可见，多径信道的小尺度衰落特性可以分为四种类型：从信道的频率选择性出发可以分为平坦衰落和选择性衰落；从信道的时间选择性出发可以分为快衰落和慢衰落。对于大多数无线通信系统而言，信道为具有频率选择性的慢衰落信道。

2.4　多径信道的统计模型

为了对多径信道的衰落特性进行准确描述，需要确定每条多径衰落信号的统计特性。由于每个可区分的多径信号可能是很多微多径信号的合成，所以不能用一个确定的信号来描述每个多径信号的幅度和相位，而需要用一些具有随机性的模型。

2.4.1　多径衰落的统计特性

一般来讲，对于 NLOS (Non Line－of－Sight) 传播环境，如果多径数目很大并且每个多径分量的幅度具有相同的数量级，则这种多径被称为弥散(Diffuse)多径。这些多径信号具有随机变化的相位，而接收信号是这些多径信号的矢量和，所以总的接收信号在不同的空间位置会产生不同的相长相消作用，表现为接收信号幅度随空间位置的变化而强烈起伏。这种现象就是多径衰落。

当存在这种弥散多径时，接收信号一般用 Rayleigh 衰落来描述；而当信道中存在 LOS 或某个很强的反射信号时，用 Rice 分布来描述接收信号的衰落则更准确。

除了 Rayleigh 分布和 Rice 分布外，另外一种在无线信道建模中常用的统计模型为 Nakagami 分布，Rayleigh 分布和 Rice 分布都是 Nakagami 分布取某些参数时的特例。

1. Rayleigh 分布

设 μ_1 和 μ_2 为两个独立的正态分布的随机变量，它们的均值和方差为分别为 0 和 σ^2，即 $\mu_1, \mu_2 \sim N(0, \sigma^2)$。如果随机变量 $R = \mu_1 + j\mu_2$，则 R 的包络 $r = \sqrt{\mu_1^2 + \mu_2^2}$，那么 r 的概率密度函数如式(2.28)所示，我们称 r 满足 Rayleigh 分布。

$$p(r)=\begin{cases}\dfrac{r}{\sigma^2}\exp(-\dfrac{r^2}{2\sigma^2}), & r\geqslant 0\\ 0, & r<0\end{cases} \tag{2.28}$$

2. Rice 分布

设 μ_1 和 μ_2 为两个独立的正态分布的随机变量，它们的均值和方差分别为 0 和 σ^2，即 $\mu_1,\mu_2\sim N(0,\sigma^2)$。若随机变量 $R=a+\mu_1+j\mu_2$，其中 a 表示 LOS 的幅度，则 R 的包络 $r=\sqrt{(\mu_1+a)^2+\mu_2^2}$，那么 r 的概率密度函数为：

$$p(r)=\begin{cases}\dfrac{r}{\sigma^2}\exp(-\dfrac{r^2+a^2}{2\sigma^2})I_0(\dfrac{ra}{\sigma^2}), & r\geqslant 0\\ 0, & r<0\end{cases} \tag{2.29}$$

其中 I_0 是 0 阶第一类修正贝塞尔函数。我们称 r 满足 Rice 分布。Rice 分布一般用衰落参数 K 来描述，K 定义为确定信号功率与多径信号功率之比，可以表示为：

$$K=a^2/2\sigma^2 \tag{2.30}$$

如果 $K=0$，就得到一个 Rice 分布；而 $K=\infty$ 则得到一个正态分布，对应于 AWGN (Additive White Gaussian Noise)信道，也就是一个没有多径，只有加性白高斯噪声的信道。

3. Nakagami 分布

上面的 Rayleigh 分布和 Rice 分布有时候并不能与实验数据很好地吻合。另一种与现场测量结果吻合较好的经验模型为 Nakagami 分布，其概率密度函数为：

$$p(r)=\frac{2m^m r^{2m-1}}{\Gamma(m)\Omega_p^m}\exp(-\frac{mr^2}{\Omega_p}),\quad m\geqslant 0.5, r\geqslant 0 \tag{2.31}$$

其中 Ω_p 为信号功率。Nakagami 分布由衰落参数 m 来确定。如果 $m=1$，我们就可以得到一个 Rayleigh 分布；如果 $0.5\leqslant m\leqslant 1$，则会得到比 Rayleigh 分布更差的衰落。

图 2.13 所示为接收端运动速度为 120 km/h 时，一种 Rayleigh 衰落的接收信号包络。图 2.13 显示，在不到一个波长的距离内，接收端的功率会产生 20 dB～30 dB 的剧烈变化。

2.4.2 基于抽头延时线的多径信道模型

一个无线多径信道通常用 TDL(Tapped Delay Line，抽头延时线)模型来描述，其中每个抽头的延时与每条可区分多径的延时相对应，每个抽头的系数对应每条多径的衰落因子。当输入信号的带宽小于信道的相干带宽时，信道可以认为是平坦衰落的，在这种情况下，信道的多径延时扩展远远小于码元符号的持续时间，采用具有一个抽头的 TDL 模型就可以描述这个信道。而当输入信号的带宽大于信道的相干带宽时，我们就认为这个信道具有频率选择性，需要使用具有多个抽头的 TDL 模型来模拟。

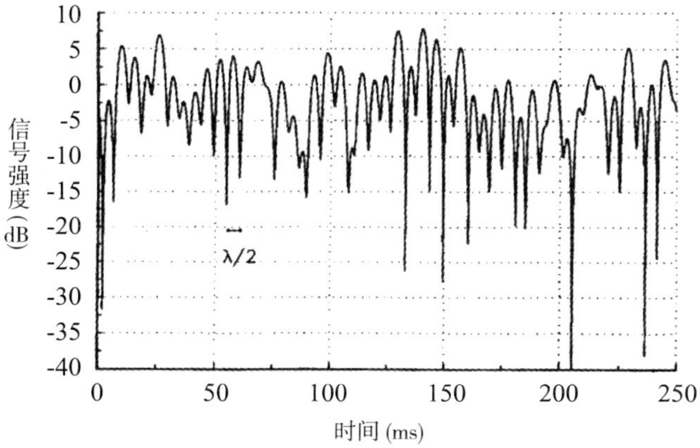

图 2.13　Rayleigh 衰落信号的包络随时间的变化

一个基于抽头延时线的通用时变多径信道响应可以表示如下：

$$h(t,\tau)=\sum_{n=1}^{N(t)} r_n(t,\tau)e^{j\Phi_n(t,\tau)}\delta[\tau-\tau_n(t)] \tag{2.32}$$

其中 $h(t,\tau)$ 是对于时刻 $t-\tau$ 输入的冲激信号在时刻 t 的信道响应，$N(t)$ 是可区分多径的数目，$r_n(t,\tau)$ 是第 n 条多径的信道衰减，一般被描述为 Rayleigh 分布或 Rice 分布，$\Phi_n(t,\tau)$ 是总相移，一般被描述为 $[-\pi,\pi)$ 内均匀分布，$\tau_n(t)$ 是每条多径的到达时间。

在 DVB—T 的移动信道模型中，采用了下面具有 6 抽头的多径信道模型。这个模型是来自 COST 231 的多径延时剖面扩展，由 Runcom 公司提供。具体的模型参数列于表 2.5。

表 2.5　DVB—T 中 6 抽头多径模型参数

抽头#	类型 A		类型 B		类型 C		类型 D		多普勒功率谱
	相对延时(μs)	平均功率(dB)	相对延时(μs)	平均功率(dB)	相对延时(μs)	平均功率(dB)	相对延时(μs)	平均功率(dB)	
1	0	0	0	−6	0	−9	0	−10	Class
2	3	−7	3	0	2	0	2	0	Class
3	8	−15	5	−7	5	−19	5	−22	Class
4	11	−22	7	−22	16	−14	16	−18	Class
5	13	−24	10	−16	24	−24	22	−21	Class
6	21	−19	14	−20	33	−16	30	−7	Class

其中 Class 是指经典的 Jakes 多普勒功率谱。对于存在 LOS 的信道建模为 Rice 衰落，K 因子被定义为直达信号分量的功率和散射信号功率之比，采用下面的方程计算：

$$K[\mathrm{dB}]=13-0.03d,\quad d<300\ \mathrm{m} \tag{2.33}$$

其中 d 为发射端与接收端之间的距离，K 因子只在微蜂窝的 LOS 情况下需要定义，而在郊区或市区的宏蜂窝情况下不需要进行定义，因为 LOS 出现的概率很小。

2.4.3 COST 207 模型

另一种使用广泛的动态抽头延时线模型是 COST 207 模型。COST 针对无线电波传播和网络规划进行了一些研究计划,如 COST 2100、COST 259 和 COST 273 等。其中 COST 207 是在 1984～1988 年完成的,主要针对 GSM 系统,频率 900 MHz,带宽最高 20 MHz。这个模型给出了四种典型环境下的功率延时剖面和多普勒功率谱。这些功率延时剖面已被在法国、英国和荷兰等地进行的大量现场测量实验所验证。

1. 四种典型环境

(1)乡村(RA)

$$P(\tau)=\begin{cases}\exp(-9.2\tau), & 0<\tau<0.7\ \mu\text{s}\\ 0, & \text{其他}\end{cases} \tag{2.34}$$

(2)典型城市(TU)

$$P(\tau)=\begin{cases}\exp(-\tau), & 0<\tau<7\ \mu\text{s}\\ 0, & \text{其他}\end{cases} \tag{2.35}$$

(3)恶劣城市(BU)

$$P(\tau)=\begin{cases}\exp(-\tau), & 0<\tau<5\mu\text{s}\\ 0.5\exp(5-\tau), & 5<\tau<10\ \mu\text{s}\\ 0, & \text{其他}\end{cases} \tag{2.36}$$

(4)山区(HT)

$$P(\tau)=\begin{cases}\exp(-3.5\tau), & 0<\tau<2\mu\text{s}\\ 0.1\exp(15-\tau), & 15<\tau<20\ \mu\text{s}\\ 0, & \text{其他}\end{cases} \tag{2.37}$$

图 2.14 所示为这四种情况下对应的功率延时剖面图。

在 COST 207 抽头延时线模型中,每个抽头的幅度定义为 Rayleigh 分布,多普勒功率谱被定义为 $P_s(f_d,\tau_i)$,其中 i 表示第 i 个抽头,共有以下四种多普勒功率谱:

2. 四种多普勒功率谱

(1)Class

Class 是指经典的 Jakes 多普勒功率谱,用于延时不大于 500 ns ($\tau_i \leqslant 0.5\ \mu$s)的路径:

$$P_{S}(f_d,\tau_i)=\frac{A}{\sqrt{1-\left(\frac{f_d}{F_d}\right)^2}} \tag{2.38}$$

其中 $f_d \in [-F_d,F_d]$, A 是使 $\int P_S(f_d,\tau_i)df_d=1$ 的归一化常数。

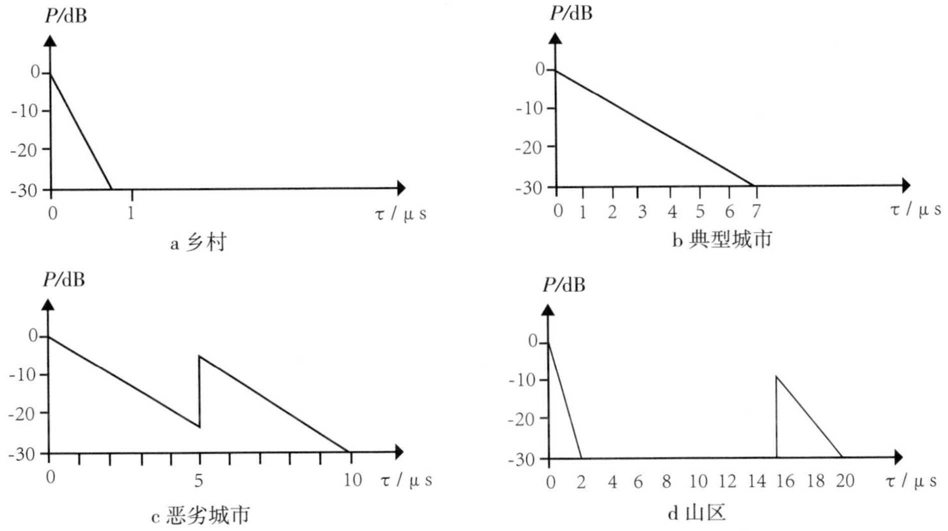

图 2.14　COST 207 模型功率延时分布图

(2)Gaus1

这种情况的多普勒功率谱是两个高斯函数的和,用于多径延时在 500 ns～2 μs 的情况($0.5\mu s \leqslant \tau_i \leqslant 2\mu s$):

$$P_{S}(f_d,\tau_i) = G(A,-0.8F_d,0.05F_d)+G(A_1,0.4F_d,0.1F_d) \tag{2.39}$$

其中 $G(A,f_1,f_2)$ 是高斯函数:

$$G(A,f_1,f_2) = A\exp\left[-\frac{(f_d-f_1)^2}{2f_2^2}\right] \tag{2.40}$$

其中 A 的定义与式 2.38 中相同,A_1 比 A 低 10 dB。

(3)Gaus2

这种情况的多普勒功率谱也是两个高斯函数的和,用于多径延时大于 2 μs 的情况($\tau_i \geqslant 2\mu s$):

$$P_{S}(f_d,\tau_i) = G(B,0.7F_d,0.1F_d)+G(B_1,-0.4F_d,0.15F_d) \tag{2.41}$$

这里 B_1 比 B 低 15 dB。

(4)Rice

这种情况的多普勒功率谱是一个经典多普勒谱和一条直射路径的多普勒谱之和,它适用于乡村环境下的最短路径。对于 $f_d \in [-F_d,F_d]$:

$$P_S(f_d,\tau_i) = \frac{0.41}{2\pi F_d\sqrt{1-\left(\frac{f_d}{F_d}\right)^2}}+0.91\delta(f_d-0.7F_d) \tag{2.42}$$

COST 207 给出了四种将这些多普勒功率谱用于上述四种典型传播环境的建议(见表 2.6—表 2.9)。

表 2.6 乡村地区(无山)(RA)的参数

抽头#	延迟 (μs)	功率 (dB)	多普勒类型
1	0	0	Rice
2	0.2	−2	Class
3	0.4	−10	Class
4	0.6	−20	Class

表 2.7 城市地区(无山)(TU)的参数

抽头#	延迟 (μs)	功率 (dB)	多普勒类型
1	0	−3	Class
2	0.2	0	Class
3	0.6	−2	Gaus1
4	1.6	−6	Gaus1
5	2.4	−8	Gaus2
6	5.0	−10	Gaus2

表 2.8 城市地区(有山)(BU)的参数

抽头#	延迟 (μs)	功率 (dB)	多普勒类型
1	0	−3	Class
2	0.4	0	Class
3	1	−3	Gaus1
4	1.6	−5	Gaus1
5	5.0	−2	Gaus2
6	6.6	−4	Gaus2

表 2.9 山区地形(HT)的参数

抽头#	延迟 (μs)	功率 (dB)	多普勒类型
1	0	0	Class
2	0.2	−2	Class
3	0.4	−4	Class
4	0.6	−7	Class
5	15	−6	Gaus2
6	17.2	−12	Gaus2

2.5 小尺度衰落特性测量结果举例

以往的无线信道特性测量实验多针对蜂窝移动通信系统。为了对移动地面数字电视信道的统计特性有所了解,加拿大的研究者在 2004 年利用 ATSC 地面数字电视信号对渥太华地区地面 UHF 频段数字电视信道的小尺度衰落特性进行了现场测量,并从测量数据中获得了信道的冲激响应。下面我们以这些实验结果为例，介绍移动地面数字电视信号的多径衰落特性。

实验用的发射台位于 Manotick，在渥太华的南部，距离渥太华约 30 km，采用全向发射天线，其有效辐射功率为 30 kw，天线距离地面高度 215.4 m，实验频段为 UFH 频段的第 67 频道(788 MHz～794 MHz)，图 2.15 所示为具体的发射和接收环境。其中 Site 1 为郊区，距离 ATSC 发射机 10 km，接收车辆行驶速度 30 km/h。Site 2 为乡村地区，距离 ATSC 发射机 9 km，接收车辆行驶速度分别为 40 km/h，50 km/h 和 60 km/h。Site 3 位于渥太华市中心，距离 ATSC 发射机 25 km，接收车辆行驶速度为 30 km/h。Site 4 和 Site 5 为高速公路地区，距离发射点 15km～24km，接收车辆行驶速度为 100 km/h。

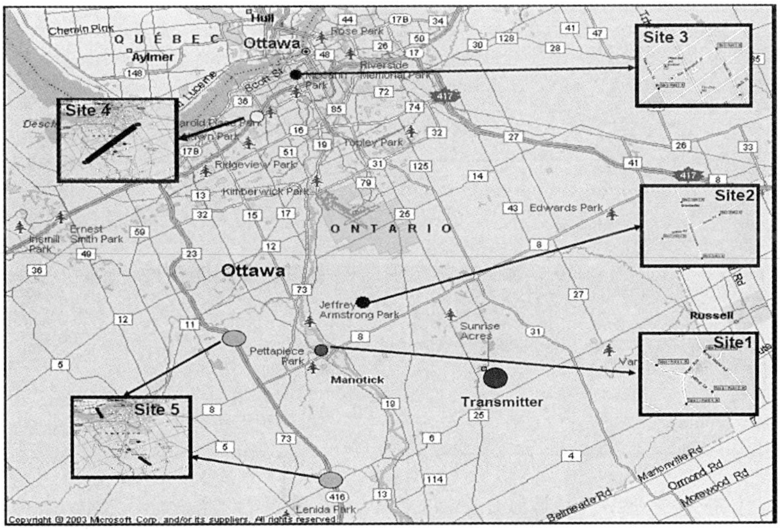

图 2.15 加拿大渥太华 ATSC 地面数字电视信道特性测试环境

信道冲激响应的测量结果表明，地面数字电视信道的多径衰落特性与周围环境和接收机的运动速度都有密切的关系。

2.5.1 平均功率延时剖面

图 2.16 显示的是对 10 个连续的多径延时剖面进行平均的结果，其中的噪声门限设为 15 dB。从这些结果中可以看到，由于建筑物密度在市区是最高的，在市区环境下的多径也是最丰富的。在高速公路环境下，散射体较少，因此多径分量也较少，多径信号的功率相对于主径也较小。而郊区和乡村环境的建筑物密度介于这两者之间，导致多径的丰富程度也在这两者之间。因此在这四种情况下，多径延时扩展从大到小依次为：市区＞郊区＞乡村＞高速公路，相应的信道相干带宽从大到小依次为：高速公路＞乡村＞郊区＞市区。图 2.17 进一步描述了这四种情况下信道的频率选择性。

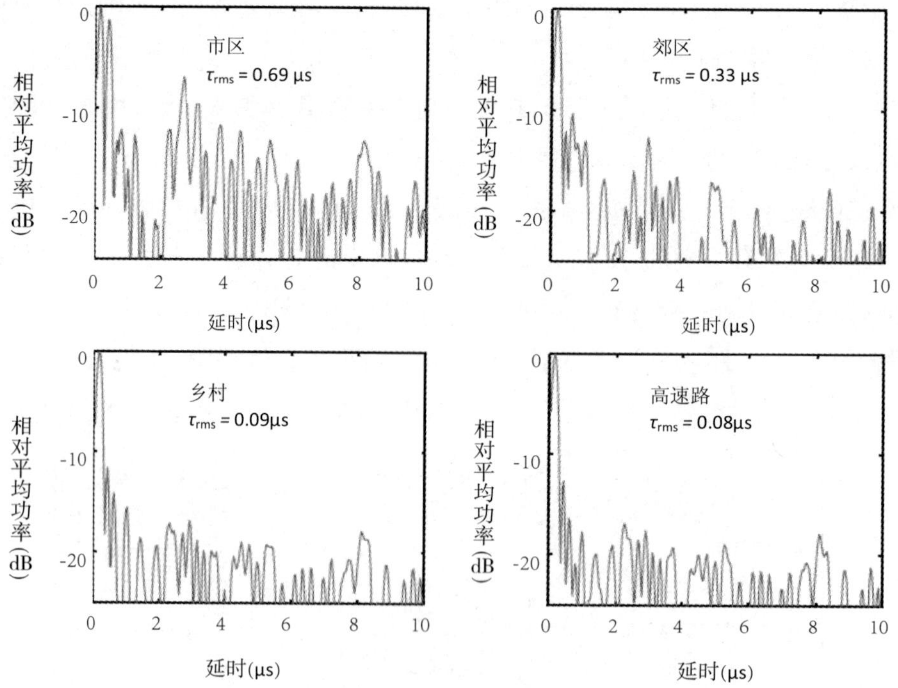

图 2.16　地面数字电视信道平均功率延时剖面

2.5.2　不同环境下的信道频率响应

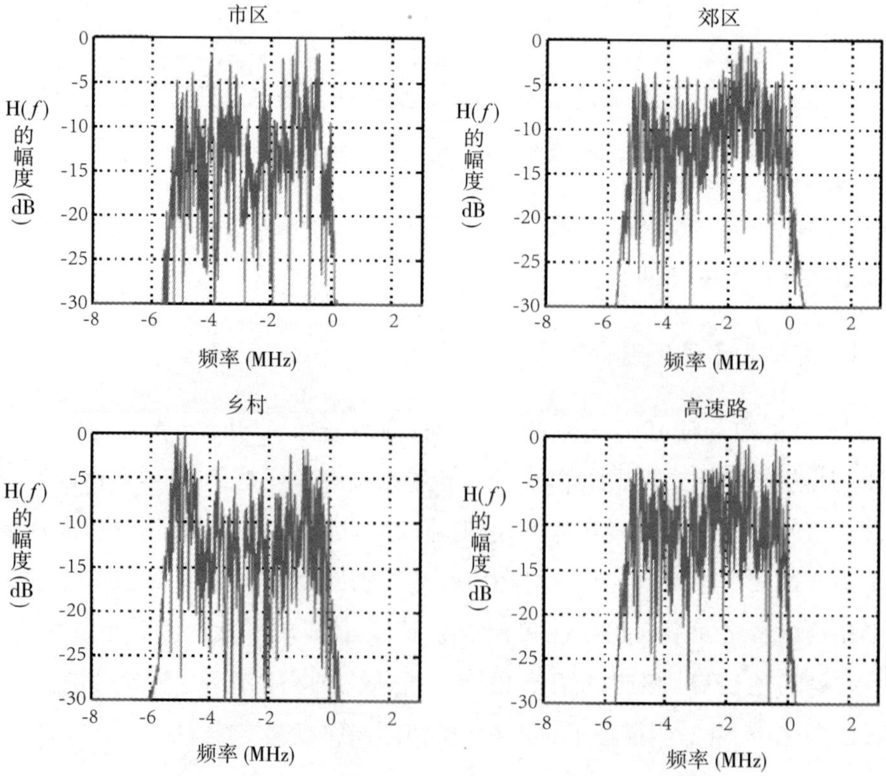

图 2.17　不同环境下地面数字电视信道的频率响应

从图 2.17 可以看到，在这四种情况下，对于 6 MHz 的带宽内信道的频率响应都具有明显的选择性：频率选择性最大的是市区信道，频率响应的起伏可以达到 30 dB；最小的是高速公路信道，频率响应的起伏为 15 dB 左右；而郊区和乡村介于这两者之间，频率响应的起伏为 15 dB～25 dB。

2.5.3　信道响应的时变性

图 2.18 描述了这四种情况下信道的时间选择性和相应的空间选择性。在市区、郊区、乡村和高速公路四种环境下的行驶速度分别为：30 km/h，30 km/h，60 km/h 和 100 km/h。图 2.18 在 0～1s 内，描述了 40 个连续帧的冲激响应，每个帧的间隔为 24.2 ms，四种情况下对应的空间移动距离分别为：8 m，8 m，16 m 和 26 m。从图 2.18 可以看到，在不同的环境下，信道响应具有较大的差异。在市区、郊区和乡村环境中，视距信号经常被遮挡，信道冲激响应中的多径分量主要来自于周围的散射体，因此信号随时间有较大的起伏。而在高速公路环境下，多径分量的信号幅度则相对稳定。

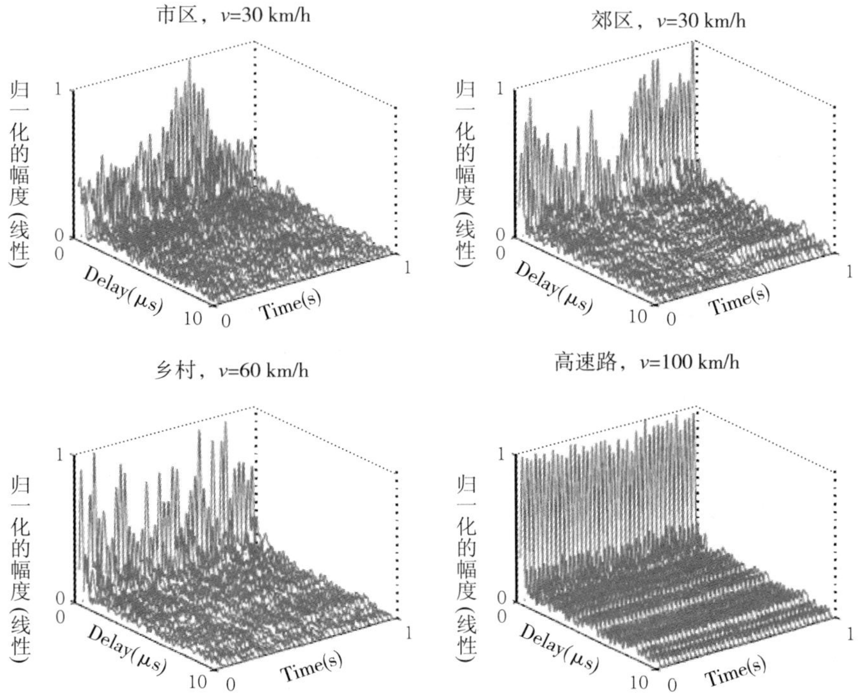

图 2.18　地面数字电视信道响应的时变性

2.5.4　散射函数

信道的散射函数 $S(\tau, \rho)$是指对时变信道冲激响应 $h(t,\tau)$ 在固定的 t 值下进行的傅立叶变换的结果，它反映了信道响应在延时 τ 处的多普勒功率谱。

图 2.19 显示，信道的多普勒特性在不同的环境下存在较大差异。在市区中多普勒

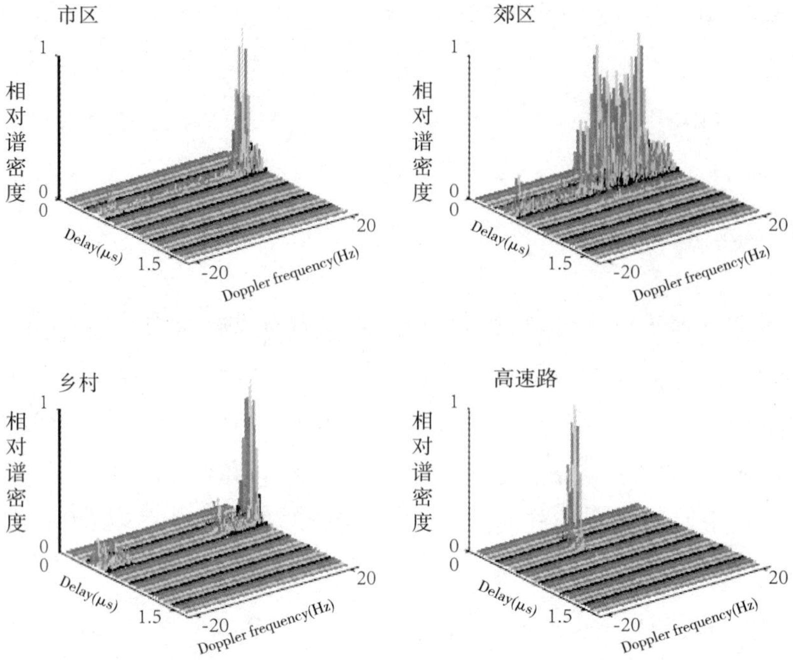

图 2.19　不同环境下地面数字电视信道的散射函数

频率的分布范围为[13 Hz,20 Hz];在郊区中多普勒频率的分布范围为 [17 Hz,21 Hz],[−4 Hz,14 Hz]和[−22 Hz,−17 Hz] ,分别对应多径信号的三个主要到达方向;在乡村中多普勒频率的分布范围为[3 Hz,10 Hz] 和[17 Hz,21 Hz]。在高速公路环境下,由于多径的到达角度分布范围较窄,信道中多普勒谱的范围比前面的三种情况更窄一些。

2.5.5　多径入射角分布

信道多普勒功率谱的分布情况与多径入射的方向和分布都有密切关系,图 2.20 所示为图 2.19 四种环境下多径入射角的分布。

2.5.6　信道小尺度衰落特性总结

表 2.10 对以上四种情况下信道的小尺度衰落特性进行了总结,给出了延时扩展 τ_{rms}、相干带宽 B_c、多普勒扩展 B_D 和相干时间 T_c 4 个主要参数的平均值。

表 2.10　信道小尺度衰落参数的平均值

	τ_{rms}(μs)	B_c(kHz)	B_D(Hz)	T_c(ms)
市区	1.25	160	22	19.2
郊区	0.15	1338	22	19.2
乡村	0.09	2045	44	9.6
高速公路	0.22	925	74	5.7

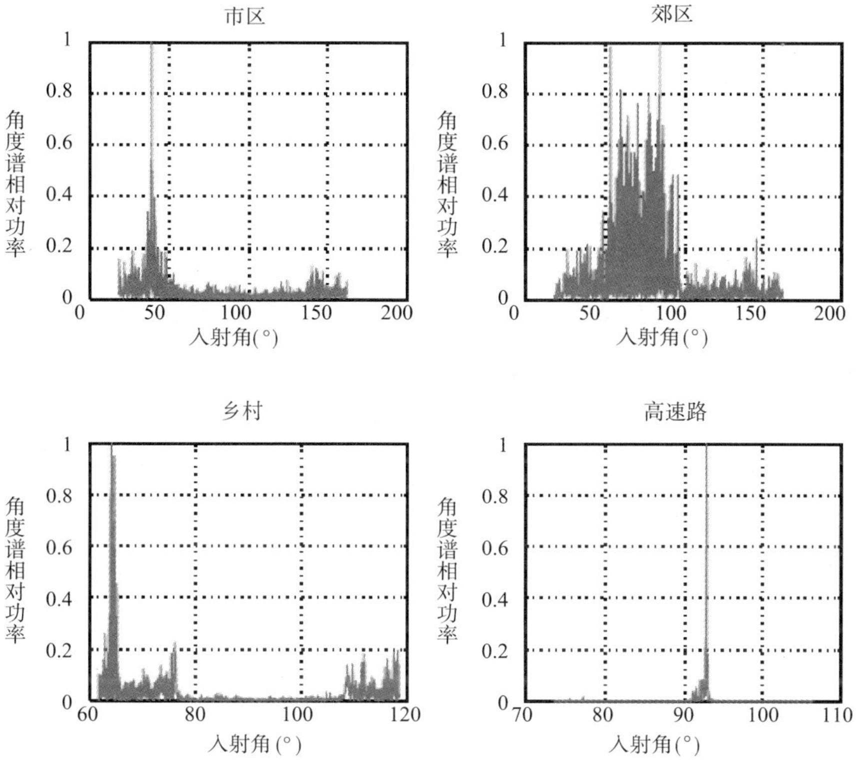

图 2.20　不同环境下地面数字电视信道多径入射角分布

从表 2.10 中可以看到，市区信道的多径延时扩展最大，对应的相干带宽最小，频率选择性最强；高速公路信道的多普勒扩展最大，对应的相干时间最小，时变性最强。结合地面数字电视系统的信号参数，我们可以看到，地面数字电视信道是一个具有较强频率选择性的慢衰落信道。

参考文献

[1]T. S. Rappaport, Wireless Communications: Principles and Practice, Prentice Hall, 1996.

[2]A. F. Molisch, Wideband Wireless Digital Communications, Prentice Hall, 2001.

[3]A. Goldsmith, Wireless Communications, Cambridge University Press, 2005.

[4]D. K. S. Tse and P. Viswanath, Fundamentals of Wireless Communication, Cambridge University Press, 2005.

[5]Digital Video Broadcasting (DVB); Framing Structure, Channel Coding and Modulation for Digital Terrestrial Television. ETSI EN 300 744 V1.5.1, June 2004.

[6]C. H. Liew, S. Worrall, E. Sofer, M. Goldshtein, A. Navarro, Fixed and Mobile Channel Models Identifications, Report of SUIT－64, July 2006.

[7]B. Sklar, Rayleigh Fading Channels in Mobile Digital Communication Systems Part I: Characterization, IEEE Communications Magazine, vol. 35, no. 7, pp. 90 - 100, July. 1997.

[8]T. K. Sarkar, Z. Ji and K. Kim et al. , A Survey of Various Propagation Models for Mobile Communication, IEEE Antennas and Propagation Magazine, vol. 45 , no. 3, pp. 51 - 82, Jun. 2003.

[9]A. Semmar, V. H. Pham and J. Y. Chouinard et al. , UHF Wideband Mobile Channel Measurements and Characterization Using ATSC Signals with Diversity Antennas, IEEE Conference on Broadcasting, Oct. 2004.

[10]杨知行等:《地面数字电视传输技术与系统》,人民邮电出版社 2009 年版。

第三章　信道编码与调制

纠错编码和调制是数字信号传输的关键技术。根据信道的特点，地面数字电视广播和移动多媒体广播系统都采用了当前最先进和有效的纠错编码和调制技术，以提高数字信号传输的可靠性和传输效率。本章概述纠错编码基础技术，重点介绍目前应用较多的LDPC码(低密度奇偶校验码)；在调制技术方面，介绍了QAM(正交幅度调制)，网格编码调制和多载波调制技术。此外，本章还简要介绍了交织技术。

3.1　纠错编码

根据编码方式的不同，纠错编码分为分组码和卷积码两类。

3.1.1　线性分组码概述

线性分组码是一组码字，每个长度为 n 比特(或符号)的码字对应于 k 个信息比特(或符号)，码字中的比特(或符号)遵从规定的一组线性校验关系(校验方程组)，通常称为 (n,k) 码。如果码字以比特为单元，此码为二进制线性分组码；若码字以符号为单元，此码为多进制线性分组码。实际上符号是由若干个比特组成的，只是在多进制码的编码和解码中以符号为单元进行运算。

(n,k) 线性分组码由 $n-k$ 个独立的线性校验关系式定义：

码字 $A=(a_{n-1}\cdots a_1 a_0)$，第 i 个线性校验关系式可写作：

$$h_{i,n-1}a_{n-1}+\cdots+h_{i,1}a_1+h_{i,0}a_0=0 \quad (i=0,1,\cdots,n-k-1) \tag{3.1}$$

其中，+表示模2加法运算。校验方程组可用以下的矩阵乘法表示：

$$A\times \boldsymbol{H}^T=\boldsymbol{0} \tag{3.2}$$

其中 $\boldsymbol{0}=(0\cdots00)$，$\boldsymbol{H}$ 为校验矩阵($n-k$ 行，n 列)，见式(3.3)，T 表示矩阵的转置。

$$H=\begin{bmatrix} h_{0,n-1} & \cdots & h_{0,1} & h_{0,0} \\ h_{1,n-1} & \cdots & h_{1,1} & h_{1,0} \\ \vdots & \vdots & \vdots & \vdots \\ h_{n-k-1,n-1} & \cdots & h_{n-k-1,1} & h_{n-k-1,0} \end{bmatrix} \tag{3.3}$$

由于校验方程是线性的,任意两个码字的和也是一个码字。(n,k)码中所有的码字可由 k 个独立的码字 $G_i(i=0,1,\cdots,k-1)$生成。如果码字 $G_i=(g_{i,n-1}\cdots g_{i,1}g_{i,0})$,则对应的生成矩阵 $\boldsymbol{G}$(k 行,n 列)为:

$$G=\begin{bmatrix} g_{k-1,n-1} & \cdots & g_{k-1,1} & g_{k-1,0} \\ g_{k-2,n-1} & \cdots & g_{k-2,1} & g_{k-2,0} \\ \vdots & \vdots & \vdots & \vdots \\ g_{0,n-1} & \cdots & g_{0,1} & g_{0,0} \end{bmatrix} \tag{3.4}$$

对应于信息比特(或符号)$(m_{k-1}\cdots m_1m_0)$的码字 A 由以下运算得到:

$$\begin{aligned} A &= (m_{k-1}\cdots m_1m_0)\times \boldsymbol{G} \\ &= m_{k-1}G_{k-1}+\cdots+m_1G_1+m_0G_0 \end{aligned} \tag{3.5}$$

可见线性分组码也可由生成矩阵 $\boldsymbol{G}$ 表征。

如果编码器输入的信息比特(或符号)在输出码字中保持不变,则此分组码称为系统码。因为在纠错后系统码码字中对应于信息比特(或符号)的部分无须进一步转换就可直接输出,在数字电视和移动多媒体广播中大都采用系统线性分组码。下面讨论二进制系统码生成矩阵与校验矩阵的关系。如果信息比特位于码字的高位,可通过某些行的相加将校验矩阵变换为以下形式:

$$\begin{aligned} H &= \begin{bmatrix} g_{k-1,n-k-1} & g_{k-2,n-k-1} & \cdots & g_{0,n-k-1} & 1 & 0 & \cdots & 0 \\ g_{k-1,n-k-2} & g_{k-2,n-k-2} & \cdots & g_{0,n-k-2} & 0 & 1 & \cdots & 0 \\ \vdots & \vdots & \vdots & \vdots & \vdots & \vdots & \vdots & \vdots \\ g_{k-1,0} & g_{k-2,0} & \cdots & g_{0,0} & 0 & 0 & \cdots & 1 \end{bmatrix} \\ &= [\boldsymbol{P} \quad \boldsymbol{I}] \end{aligned} \tag{3.6}$$

其中 $\boldsymbol{I}$ 为 $n-k$ 行、$n-k$ 列的 1 矩阵。由式(3.6)可得:当信息位 $a_{n-1}=1$,其他信息位均为 0 时,校验位(从高位到低位)分别为 $g_{k-1,n-k-1}, g_{k-1,n-k-2},\cdots,g_{k-1,0}$;当信息位 $a_{n-2}=1$,其他信息位均为 0 时,校验位(从高位到低位)分别为 $g_{k-2,n-k-1}, g_{k-2,n-k-2},\cdots, g_{k-2,0}$;依次类推。因此系统码的生成矩阵 $\boldsymbol{G_S}$ 为:

$$G_S=\begin{bmatrix} 1 & 0 & \cdots & 0 & g_{k-1,n-k-1} & g_{k-1,n-k-2} & \cdots & g_{k-1,0} \\ 0 & 1 & \cdots & 0 & g_{k-2,n-k-1} & g_{k-2,n-k-2} & \cdots & g_{k-2,0} \\ \vdots & \vdots & \vdots & \vdots & \vdots & \vdots & \vdots & \vdots \\ 0 & 0 & \cdots & 1 & g_{0,n-k-1} & g_{0,n-k-2} & \cdots & g_{0,0} \end{bmatrix}$$

$$=[\boldsymbol{I}\quad \boldsymbol{P}^T] \tag{3.7}$$

其中 $\boldsymbol{I}$ 为 k 行、k 列的 1 矩阵。

在二进制对称信道中，接收端解调器输出是经过硬判决得到的 0 或 1，线性分组码的解码可通过利用校验方程求出校验子，再根据错误图样与校验子的关系找出错误的位置和值，实现纠错。若信号传输中产生的错误图样为 $E=(e_{n-1}\cdots e_1e_0)$，则接收码字 $R=(r_{n-1}\cdots r_1r_0)$ 为发送码字 $A=(a_{n-1}\cdots a_1a_0)$ 与错误图样为 E 的和，即 $R=A+E$ 或 $r_i=a_i+e_i(i=0,1,\cdots,n-1)$。接收端校验接收码字，计算出校验子 $S=(s_{n-k-1}\cdots s_1s_0)$：

$$S=R\times\boldsymbol{H}^T=(A+E)\times\boldsymbol{H}^T=E\times\boldsymbol{H}^T \tag{3.8}$$

可见，由于校验方程是线性的，校验子只取决于错误图样，而与发送码字无关。因而可由校验子求出错误图样。具体的计算方法与纠错码结构有关，我们将在讨论 BCH 码和 RS 码时进一步说明。

例 3.1　二进制汉明(7,4)码：校验矩阵 $\boldsymbol{H}$ 为：

$$\boldsymbol{H}=\begin{bmatrix}1&1&1&1&0&0&0\\1&1&0&0&1&1&0\\1&0&1&0&1&0&1\end{bmatrix}$$

其校验子为 3 比特的二进制数，共有 8 个不同的值。计算出无错和一位错的校验子 S 如表 3.1：

表 3.1　汉明(7,4)码校验子与错误图样的对应关系

错误图样	a_6 错	a_5 错	a_4 错	a_3 错	a_2 错	a_1 错	a_0 错	无错
校验子 S	111	110	101	100	011	010	001	000

二进制对称信道中线性分组码的纠错和检错能力由码组的最小汉明距离决定。二进制码组中两个码字的汉明距离定义为其不同的码元数，码组的最小汉明距离是所有两个码字的汉明距离的最小值。由于线性分组码中任意两个不同码字的和(对应的码元模 2 相加)是一个非全零码字，两个码字的汉明距离等于这个非全零码字中“1”的数量(称为此码字的重量)，因此线性分组码的最小汉明距离等于码组非全零码字的最小重量。为了纠正 t 位和 t 位以下的错误，要求最小汉明距离$\geqslant 2t+1$；为了检测 d 位和 d 位以下的错误，要求最小汉明距离$\geqslant d+1$。

二进制线性分组码的最小汉明距离与校验矩阵有一定关系。如果存在重量为 ω 的码字，并设码元 $a_j=a_m=\cdots=a_p=1$，其余码元为 0，则由式(3.1)可得：

$$h_{i,j}+h_{i,m}+\cdots+h_{i,p}=0\qquad(i=0,1,\cdots,n-k-1) \tag{3.9}$$

这说明校验矩阵中对应的 ω 列相加为 0，即这 ω 列线性相关。反之，若校验矩阵中有 ω 列线性相关，则对应这 ω 列的码元为 1，其他码元为 0 的比特序列满足校验方程，因而是一个码字，即存在一个重量为 ω 的码字。

由以上讨论可得到以下结论：当而且仅当校验矩阵的所有少于等于 $\omega-1$ 列的组合是线性独立的，码组的最小汉明距离至少为 ω。因此，为了纠正 t 位和 t 位以下的错误，要求校验矩阵的所有少于等于 $2t$ 列的组合是线性独立的。

以上结论可直接由式(3.8)得到：t 个错误产生的校验子是校验矩阵中相应的 t 列之和。校验矩阵的所有少于等于 $2t$ 列的组合是线性独立的，这意味着任意少于等于 $2t$ 列的相加之和不等于 0。因而所有少于等于 t 个错误的错误图样产生的校验子互不相同，从而可以纠正。应该指出，此结论对于多进制线性分组码同样适用。

3.1.2 循环码

循环码是一类线性分组码，由于其编码简单迅速且解码技术成熟，在地面数字电视和移动多媒体广播中被广泛应用。

1. 循环码概述

循环码中任一码字循环左移(或右移)任意位后还是一个码字。为描述方便，循环码码字$(c_{n-1}c_{n-2}\cdots c_1c_0)$用码字多项式 $c(x)=c_{n-1}x^{n-1}+c_{n-2}x^{n-2}+\cdots+c_1x+c_0$ 表示。此码字循环左移 i 位得到的码字对应于多项式 $x^ic(x)\bmod(x^n+1)$。对于(n,k)循环码，若将码字的高 k 位作为信息码元，将前 $k-1$ 个信息码元均为 0，最后一个码元为 1 的信息码元组所对应码字的多项式定义为该循环码的生成多项式 $g(x)=x^{n-k}+g_{n-k-1}x^{n-k-1}+\cdots+g_1x+g_0$。它是 $n-k$ 次的多项式，其中 g_0 一定不是 0，这是因为如果它为 0，则其循环右移 1 位所得到的码字中信息码元为全 0，码字也应为全 0。

取 $x^{k-1}g(x),x^{k-2}g(x),\cdots,g(x)[\bmod(x^n+1)]$对应的 k 个码字作为生成矩阵的行，则任一码字都是此 k 个码字的线性组合，即

$$c(x)=m_{k-1}x^{k-1}g(x)+m_{k-2}x^{k-2}g(x)+\cdots+m_0g(x)=m(x)g(x)[\bmod(x^n+1)] \tag{3.10}$$

其中 $m_{k-1},m_{k-2},\cdots,m_0$ 为信息码元。可见循环码由其生成多项式 $g(x)$确定，且码中任一非零码字的多项式都有因子 $g(x)$。

对于码长为 n 的循环码，生成多项式 $g(x)$必须是(x^n+1)的因子。证明如下：对应于 $g(x)$的码字循环左移 k 位也是一个码字，因此：

$$x^kg(x)/(x^n+1)=1+m(x)g(x)/(x^n+1)$$

$$[x^k+m(x)]g(x)=h(x)g(x)=x^n+1 \tag{3.11}$$

可见生成多项式 $g(x)$是(x^n+1)的因子。

式(3.11)中 $h(x)=x^k+h_{k-1}x^{k-1}+\cdots+h_1x+h_0$ 称为校验多项式。因为任一非零码字多项式都有因子 $g(x)$，所以 $h(x)c(x)=0[\bmod(x^n+1)]$，乘积中 x 的各次幂的系数均为 0，从而可得到以下校验关系：

$$
\begin{aligned}
h_0c_{n-1}+h_1c_{n-2}+\cdots+h_{k-1}c_{n-k}+c_{n-k-1}&=0\\
h_0c_{n-2}+h_1c_{n-3}+\cdots+h_{k-1}c_{n-k-1}+c_{n-k-2}&=0\\
&\vdots\\
h_0c_k+h_1c_{k-1}+\cdots+h_{k-1}c_1+c_0&=0\\
h_0c_{k-1}+h_1c_{k-2}+\cdots+h_{k-1}c_0+c_{n-1}&=0\\
&\vdots\\
h_0c_0+h_1c_{n-1}+\cdots+h_{k-1}c_{n-k+1}+c_{n-k}&=0
\end{aligned}
\tag{3.12}
$$

可见，循环码的校验关系具有循环特性。对于二进制码，若将 n 个校验方程对应于校验矩阵的各行，形成 n 行的校验矩阵，则矩阵的第 1 行是最下行的循环右移 1 位，其余的行是其上一行的循环右移 1 位；矩阵的第 1 列是最右列的循环下移 1 位，其余的列是其左边一列的循环下移 1 位。因此，各行和各列中有相同数量的"1"。这些性质被用于构造 LDPC 码。

例 3.2　(7,4)循环码的校验矩阵。取 x^7+1 的因子 x^3+x+1 作为生成多项式，则校验多项式 $h(x)=x^4+x^2+x+1$。由式(3.11)得到的 n 行校验矩阵 $\boldsymbol{H}$ 和系统码校验矩阵 $\boldsymbol{H}_S$ 分别为：

$$
\boldsymbol{H}=\begin{bmatrix}
1&1&1&0&1&0&0\\
0&1&1&1&0&1&0\\
0&0&1&1&1&0&1\\
1&0&0&1&1&1&0\\
0&1&0&0&1&1&1\\
1&0&1&0&0&1&1\\
1&1&0&1&0&0&1
\end{bmatrix}
\qquad
\boldsymbol{H}_S=\begin{bmatrix}
1&1&1&0&1&0&0\\
0&1&1&1&0&1&0\\
1&1&0&1&0&0&1
\end{bmatrix}
$$

应该指出：n 行校验矩阵 $\boldsymbol{H}$ 中最多有 $n-k$(例 3.2 中为 3)行是线性无关的。

2. 循环码的移位寄存器编解码

循环码的一个重要特性是其编码器和解码器可用简单的异或门、开关和移位寄存器实现，在多进制循环码情况下还可应用专门的有限域加法和乘法电路实现，从而使编码器和解码器速度快。

由式(3.10)可构成图 3.1 所示的非系统循环码编码器。按照 $m_{k-1},m_{k-2},\cdots,m_1,m_0$ 的顺序，每个移位时钟脉冲输入一个信息码元。k 个信息码元输入完毕后移位寄存器继续移位 $n-k$ 次，以输出码字的低 $n-k$ 个码元。

下面讨论系统码的编码。若将信息码元作为码字的高位码元，$x^{n-k}m(x)$除以 $g(x)$ 得到余多项式为 $p(x)=p_{n-k-1}x^{n-k-1}+\cdots+p_1x+p_0$，再拼接成多项式 $c(x)=x^{n-k}m(x)+p(x)$，则

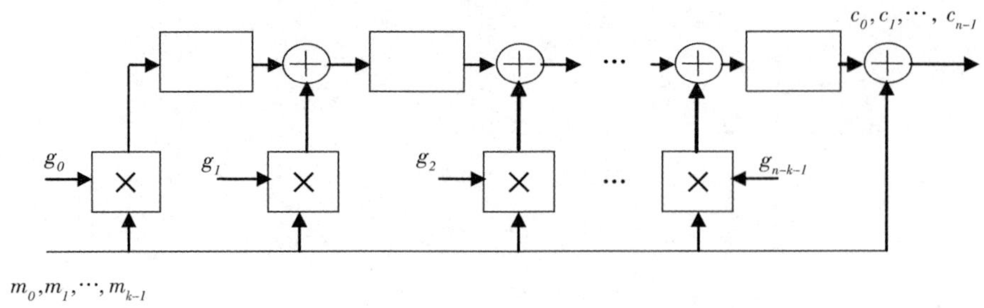

图 3.1 非系统循环码的移位寄存器编码器

$$x^{n-k}m(x)/g(x)=q(x)+p(x)/g(x)$$

$$c(x)=x^{n-k}m(x)+p(x)=q(x)g(x) \tag{3.13}$$

可见将余多项式 $p(x)$对应的码元序列作为码字的低 $n-k$ 个码元，就得到信息码元 $m_{k-1}, m_{k-2}, \cdots, m_1, m_0$ 对应的系统码。相应的编码电路如图 3.2 所示。按照 $m_{k-1}, m_{k-2}, \cdots, m_1, m_0$ 的顺序，每个移位时钟脉冲输入一个信息码元，它一方面作为码字的高位码元输出，一方面与移位寄存器输出相加，并通过门电路和乘法器反馈到移位寄存器，实现除以 $g(x)$的运算。k 个信息码元输入完毕时移位寄存器存有余多项式的系数，此后反馈门断开，移位寄存器继续移位 $n-k$ 次，其输出作为码字的低 $n-k$ 个码元输出。

以上两种编码器多用于高码率($n-k<k$)循环码，特别是系统码编码器在地面数字电视和移动多媒体广播中被广泛应用。

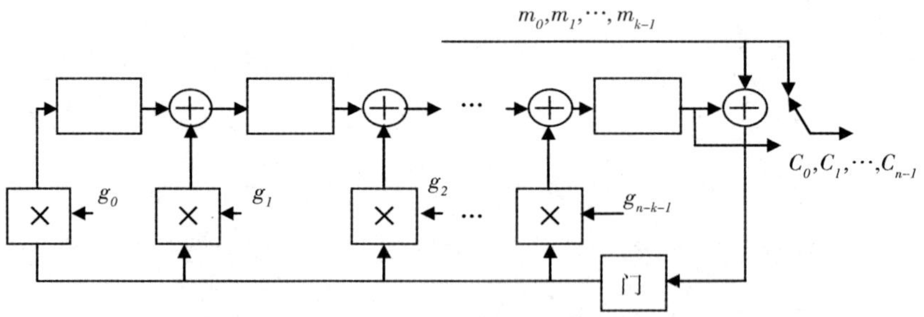

图 3.2 系统循环码的移位寄存器编码器

由式(3.12)，可以按照校验多项式构造如图 3.3 所示的系统循环码编码器。在输入 k 个信息码元时门 1 接通，门 2 断开，信息码元逐次移位到移位寄存器并作为码字的高位输出。然后门 2 接通，门 1 断开，移位寄存器每移位一次，计算出一个校验码元，通过门 2 输出并进入移位寄存器供下一次计算用。此电路适合于低码率($k<n-k$)循环码的编码。

下面讨论循环码的解码。为了检错或纠错，解码器首先要由接收字计算出校验子。对于循环码，当利用系统码校验矩阵[参见式(3.6)]计算校验子时：

$$s(x)=r(x)\bmod g(x) \tag{3.14}$$

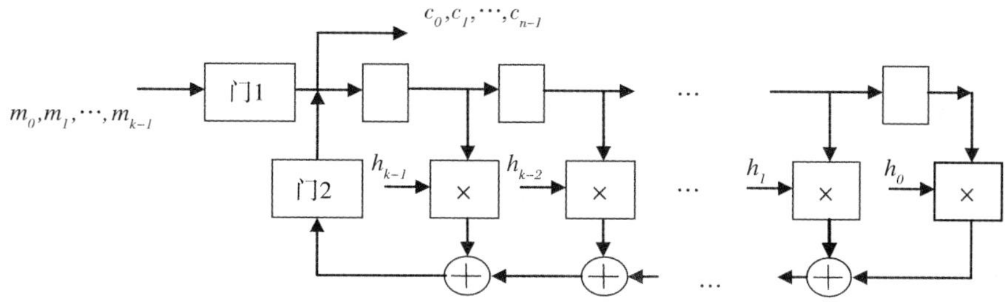

图 3.3　按照校验多项式产生循环码的移位寄存器编码器

其中校验子多项 $s(x)=s_{n-k-1}x^{n-k-1}+\cdots+s_1x+s_0$，$s_{n-k-1}\cdots s_1s_0$ 对应于校验子。$r(x)$为对应于接收字的接收多项式，$g(x)$为生成多项式。证明如下：

设接收字 $R=(r_{n-1}\cdots r_1r_0)=(m_{k-1}\cdots m_1m_0p_{n-k-1}\cdots p_1p_0)$，在接收端将$(m_{k-1}\cdots m_1m_0)$视为信息码元，编为系统码 $R_1=(m_{k-1}\cdots m_1m_0q_{n-k-1}\cdots q_1q_0)$，它是一个码字，显然有 $R_1\times\boldsymbol{H}^T=0$。所以对于系统码校验矩阵，求出的校验子为：

$$S=R\times\boldsymbol{H}^T=(R-R_1)\times\boldsymbol{H}^T$$
$$=(0\cdots00p_{n-k-1}-q_{n-k-1}\cdots p_1-q_1\quad p_0-q_0)\times\boldsymbol{H}^T$$
$$=(p_{n-k-1}-q_{n-k-1}\cdots p_1-q_1\quad p_0-q_0)$$

因此，$s(x)=p(x)-g(x)=r(x)-r_1(x)=r(x)-u(x)g(x)$，$s(x)=r(x)\bmod g(x)$。

由此得到：$s(x)=e(x)\bmod g(x)$，其中 $e(x)$为错误图样多项式。

按照式(3.14)，可构造类似于图 3.2 的除法电路来计算校验子。

上述校验子还具有以下性质：如果一个错误图样 $e(x)$对应于校验子多项式 $s(x)$，则其循环左移 j 位得到的错误图样对应于校验子多项式 $x^js(x)\bmod g(x)$。下面以左移 1 位进行说明。左移 1 位得到错误图样 $e_1(x)=xe(x)-e_{n-1}(x^n-1)=xa(x)g(x)+xs(x)-e_{n-1}g(x)h(x)$，因为 $e_1(x)=b(x)g(x)+s_1(x)$，故有 $xs(x)=[b(x)-xa(x)+e_{n-1}h(x)]g(x)+s_1(x)$，即 $s_1(x)=xs(x)\bmod g(x)$。利用此性质可以简化循环码的纠错，将校验子与错误图样对应表的大小减小到原来的 $1/n$，n 为码长。

例 3.3　对于例 3.2 的(7,4)码，若错误图样为 $E_1=(0001000)$，则由例 3.2 给出的系统码校验矩阵 $\boldsymbol{H}_s$ 和式(3.8)得到校验子 $s_1=(011)$，它与由以下计算求出的校验子多项式一致：$s_1(x)=e_1(x)\bmod g(x)=x^3\bmod(x^3+x+1)=x+1$。若错误图样为 E_1 的循环左移 3 位，即 $E_2=(1000000)$，同样可计算出校验子 $s_2=(101)$，它对应于校验子多项式 $x^3s_1(x)\bmod g(x)=(x^4+x^3)\bmod(x^3+x+1)=x^2+1$。

应该指出：在使用校验多项式 $h(x)$对应的校验方程[参见式(3.12)]进行解码时，求出的校验子不满足式(3.14)。这时校验子多项式 $s(x)=s_{n-1}x^{n-1}+\cdots+s_1x+s_0$ 满足以下关系：

$$s(x) = r(x)h(x)\bmod(x^n - 1)$$
$$= [r(x)(x^n - 1)/g(x)]\bmod(x^n - 1) \tag{3.15}$$

这里 $s(x)$对应于由 n 个校验关系求出的校验子。

3. CRC(Cyclic - Redundancy - Check)码

普遍应用于数字通信系统中进行检错的一类二进制循环码称为 CRC 码，即循环冗余校验。它通常是缩短的系统循环码，即将(n,k)码的信息位缩短 j 位(编码时 j 个高位用 0 填充)，形成$(n-j,k-j)$码，以适应系统中的信息位长度。这类码用 CRC－$(n-k)$表示，$(n-k)$为码字中的校验比特数；由$(n-k)$次的生成多项式表征。如前所述，这类码的编码器和解码器结构简单，速度快，解码器只需计算出校验子，校验子为 0，判定接收字无错；否则，判定接收字错误。显然，只要错误图样不使得发送的码字变为另一个码字，解码器都能正确判定接收字错误。

在地面数字电视和移动多媒体广播系统中，循环冗余校验码用于对重要信息的进一步保护，接收端获知这些信息有错时舍弃它，或用相关信息代替它，以避免或减少信源解码或控制系统的错误。欧洲第二代地面数字电视广播系统采用 CRC－8 和 CRC－32，分别对码流的基带头和信令进行保护。它们具有较强的检测突发错误的能力。

3.1.3 BCH(Bose - Chaudhuri - Hocquenghem)码

BCH 码是一类强有力的纠正多个错误的二进制循环码，由 Hocquenghem 于 1959 年、Bose 和 Ray－Chaudhuri 于 1960 年提出。在地面数字电视广播国家标准和欧洲第二代地面数字电视广播系统中，BCH 码被用作外码，接收端通过对外码的解码，纠正内码解码所残留的错误。BCH 码由其生成多项式的根定义，这些根是迦罗华域中的元素。

1. 迦罗华域 GF(2^m)

一个迦罗华域 GF(2^m)是一个具有 2^m 个不同元素的集合，这些元素的加法和乘法运算满足以下规则：

① 任意两个元素相加或相乘的结果是该域中的元素。

② 域中存在一个加法的“0”元素(对于任一元素 β，$\beta+0=\beta$)和一个乘法的“1”元素(对于任一非零元素 β，$\beta\times 1=\beta$)。

③ 对于每个元素 β，存在一个加法逆元素$(-\beta)$，即 $\beta+(-\beta)=0$；对于每个非零元素 β，存在一个乘法逆元素(β^{-1})，即 $\beta\times\beta^{-1}=1$。

④ 加法和乘法运算服从交换律和分配律。

迦罗华域 GF(2^m)的元素是次数小于 m 的多项式，这些多项式的系数为 0 或 1。两个元素的加法是对应多项式系数的模 2 加法，两个元素的乘法是多项式相乘，然后用定义迦罗华域的生成多项式取模，得到相乘的结果。生成多项式 $p(x)$ 是一个次数为 m 的质多项式，即不能分解成次数小于 m，系数为 0 或 1 的多项式的乘积。元素可以用多项式表示，也可用多项式的系数构成的二进制码表示，非零元素还可表示为本原元素 α（对应于多项式 x）的幂。例如，用生成多项式 $p(x)=x^3+x+1$ 构成的迦罗华域 $GF(2^3)$ 的 8 个元素见表 3.2。

表 3.2　迦罗华域 $GF(2^3)$ 的元素表示

元素	0	α^0	α	α^2	α^3	α^4	α^5	α^6
多项式表示	0	1	x	x^2	$x+1$	x^2+x	x^2+x+1	x^2+1
二进制码表示	000	001	010	100	011	110	111	101

由于 $\alpha^{2^m-1}=1$（例中 $x^7=1$），$GF(2^m)$ 中非零元素都是 $x^{2^m-1}-1$ 的根。满足 $\beta^n=1$ 的最小 n 值（正整数）称为非零元素 β 的阶数，它一定等于 2^m-1 或其因子。本原元素 α 为 2^m-1 阶。例如在 $GF(2^4)$ 中 $(\alpha^3)^5=\alpha^{15}=1$，元素 α^3 的阶数等于 5，它是 15 的因子。

以非零元素 α^j 为根的最小次数的多项式称为该元素的最小多项式 $m_j(x)$，例如本原元素 α 的最小多项式为生成多项式 $p(x)$。元素 α^i 与元素 α^{2i} 有相同的最小多项式 $m_i(x)$，举例说明如下：表 3.1 所示迦罗华域中 α 的最小多项式为生成多项式 $p(x)$，即 $\alpha^3+\alpha+1=0$，因为 $p(\alpha^2)=(\alpha^2)^3+\alpha^2+1=(\alpha^3+\alpha+1)^2=0$，所以 $p(x)$ 也是 α^2 的最小多项式。由于元素既是其最小多项式根，又是 x^n-1 的根，元素的最小多项式是 x^n-1 的因子，从而最小多项式或它们的乘积多项式可作为循环码的生成多项式来构造循环码。

2. 二进制 BCH 码

二进制 BCH 码用其生成多项式的根定义。若 β 是 $GF(2^m)$ 中的 n 阶元素（n 为 2^m-1 或其因子），选 β 的 $2t$ 个次数连续的幂 $\beta^{m_0}, \beta^{m_0+1}, \cdots, \beta^{m_0+2t-1}$ 作为生成多项式 $g(x)$ 的根，用它形成码长为 n、能纠正小于等于 t 个比特错误的二进制 BCH 码。若 β 为本原元素，码长等于 2^m-1，称为本原 BCH 码；β 为非本原元素，码长是 2^m-1 的因子，称为非本原 BCH 码。下面以 $m_0=1$ 的情况进行讨论。

由以上定义，生成多项式 $g(x)$ 为最小多项式 $m_j(x)(j=1,2,\cdots,2t)$ 的最小公倍式。由于 $\beta, \beta^2, \beta^4, \cdots$ 有相同的最小多项式，$\beta^3, \beta^6, \beta^{12}, \cdots$ 有相同的最小多项式，等等。

$$g(x)=\mathrm{LCM}[m_1(x), m_3(x), \cdots, m_{2t-1}(x)] \tag{3.16}$$

式中 LCM 表示 $g(x)$ 是方括号内各最小多项式的最小公倍式。

因为最小多项式的次数不大于 m，所以 $g(x)$ 的次数 $(n-k)\leqslant mt$，即二进制 BCH 码最多有 mt 个校验位。

$\beta, \beta^2, \beta^3, \cdots, \beta^{2t}$ 也是码字多项式 $c(x)=c_{n-1}x^{n-1}+\cdots+c_1x+c_0$ 的根，即

$$c_{n-1}(\beta^j)^{n-1}+\cdots+c_1\beta^j+c_0=0 \quad (j=1,2,\cdots,2t) \tag{3.17}$$

由此可写出 $2t$ 行、n 列的校验矩阵 $\boldsymbol{H}$ 如下：

$$\boldsymbol{H}=\begin{bmatrix} \beta^{n-1} & \beta^{n-2} & \cdots & \beta & 1 \\ \beta^{2(n-1)} & \beta^{2(n-2)} & \cdots & \beta^2 & 1 \\ \vdots & \vdots & \vdots & \vdots & \vdots \\ \beta^{2t(n-1)} & \beta^{2t(n-2)} & \cdots & \beta^{2t} & 1 \end{bmatrix} \tag{3.18}$$

可以证明，此矩阵中所有数量少于等于 $2t$ 的列都是线性独立的，码组的最小汉明距离大于等于 $2t+1$，因而该码能纠正小于等于 t 个比特的错误。

例 3.4 构造码长 $n=31$，能纠正小于等于 2 个比特错误的二进制 BCH 码。该码的生成多项式 $g(x)$ 以 GF(2^5)中本原元素 α 的 4 个次数连续的幂 α,α^2,α^3 和 α^4 为根。GF(2^5)的生成多项式为 x^5+x^2+1，此迦罗华域的元素见表 3.3。

表 3.3 迦罗华域 GF(2^5)的元素表示

元素	0	1	α	α^2	α^3	α^4	α^5	α^6	α^7	α^8	α^9
二进制码	00000	00001	00010	00100	01000	10000	00101	01010	10100	01101	11010
元素	α^{10}	α^{11}	α^{12}	α^{13}	α^{14}	α^{15}	α^{16}	α^{17}	α^{18}	α^{19}	α^{20}
二进制码	10001	00111	01110	11100	11101	11111	11011	10011	00011	00110	01100
元素	α^{21}	α^{22}	α^{23}	α^{24}	α^{25}	α^{26}	α^{27}	α^{28}	α^{29}	α^{30}	
二进制码	11000	10101	01111	11110	11001	10111	01011	10110	01001	10010	

α,α^2 和 α^4 有相同的最小多项式 $m_1(x)=(x+\alpha)(x+\alpha^2)(x+\alpha^4)(x+\alpha^8)(x+\alpha^{16})=x^5+x^2+1$；$\alpha^3$ 的最小多项式 $m_3(x)=(x+\alpha^3)(x+\alpha^6)(x+\alpha^{12})(x+\alpha^{24})(x+\alpha^{17})=x^5+x^4+x^3+x^2+1$。因此，所求 BCH 码的生成多项式 $g(x)=m_1(x)m_3(x)=x^{10}+x^9+x^8+x^6+x^5+x^3+1$。此码 $n-k=10$，为(31,21)码。

下面讨论 BCH 码的解码。首先根据式(3.18)所示校验矩阵求出校验子 S_1，S_2，…，S_{2t}：

$$S_i=r(\beta^i)=r_{n-1}\beta^{i(n-1)}+r_{n-2}\beta^{i(n-2)}+\cdots+r_2\beta^{2i}+r_1\beta^i+r_0 \quad (i=1,2,\cdots,2t) \tag{3.19}$$

其中，$(r_{n-1}r_{n-2}\cdots r_2r_1r_0)$为接收字，它为发送码字与错误图样之和。校验子由错误图样决定。设接收字中有 v 个错误($v\leqslant t$)，对应于错误图样的错误多项式为：

$$e(x)=e_{j_1}x^{j_1}+e_{j_2}x^{j_2}+\cdots+e_{j_v}x^{j_v} \tag{3.20}$$

其中，$j_1,j_2,\cdots,j_v$ 表示错误码元所在位置；$e_{j_1},e_{j_2},\cdots,e_{j_v}$ 为错误值，对于二进制码，它们为“1”。校验子可表示为：

$$S_i=e(\beta^i)=e_{j_1}(\beta^{j_1})^i+e_{j_2}(\beta^{j_2})^i+\cdots+e_{j_v}(\beta^{j_v})^i \quad (i=1,2,\cdots,2t) \tag{3.21}$$

解码的第二步是求解 $\beta^{j_1},\beta^{j_2},\cdots,\beta^{j_v}$ 得到错误位置。式(3.21)所示 $2t$ 个方程不是线

性的，难以求解。1961 年，Peterson 提出的解码方法中引入错误位置多项式 $\lambda(x)$：

$$\lambda(x)=(\beta^{j_1}x+1)(\beta^{j_2}x+1)\cdots(\beta^{j_v}x+1)=\sigma_v x^v+\sigma_{v-1}x^{v-1}+\cdots+\sigma_1 x+1 \quad (3.22)$$

由此定义，错误位置的倒数 $\beta^{-j_1},\beta^{-j_2},\cdots,\beta^{-j_v}$ 是 $\lambda(x)$ 的根。因此有：

$$e_{j_1}(\beta^{j_1})^i[\sigma_v(\beta^{j_1})^{-v}+\sigma_{v-1}(\beta^{j_1})^{-v+1}+\cdots+\sigma_1(\beta^{j_1})^{-1}+1]=0 \quad (3.23)$$

$$e_{j_2}(\beta^{j_2})^i[\sigma_v(\beta^{j_2})^{-v}+\sigma_{v-1}(\beta^{j_2})^{-v+1}+\cdots+\sigma_1(\beta^{j_2})^{-1}+1]=0 \quad (3.24)$$

……………

$$e_{j_v}(\beta^{j_v})^i[\sigma_v(\beta^{j_v})^{-v}+\sigma_{v-1}(\beta^{j_v})^{-v+1}+\cdots+\sigma_1(\beta^{j_v})^{-1}+1]=0 \quad (3.25)$$

将以上各等式相加，得到：

$$\sigma_v S_{i-v}+\sigma_{v-1}S_{i-v+1}+\cdots+\sigma_1 S_{i-1}+S_i=0 \quad (3.26)$$

因此，对于已求出的校验子 $S_1,S_2,\cdots,S_{2t}$，可列出 v 个线性方程，由它们解出错误位置多项式的系数 $\sigma_v,\sigma_{v-1},\cdots,\sigma_1$。当 $v=t$ 时，方程组为：

$$\sigma_t S_1+\sigma_{t-1}S_2+\cdots+\sigma_1 S_t=S_{t+1}$$

$$\sigma_t S_2+\sigma_{t-1}S_3+\cdots+\sigma_1 S_{t+1}=S_{t+2}$$

……………

$$\sigma_t S_t+\sigma_{t-1}S_{t+1}+\cdots+\sigma_1 S_{2t-1}=S_{2t} \quad (3.27)$$

在求出错误位置多项式后，可采用被称为“钱搜索”的方法求此多项式的根，其倒数为错误位置。此方法的实质是依次评估 β 的各次幂(β^{-i})是否为错误位置多项式的根。图 3.4 所示为二进制码的钱搜索方框图。从 $i=0$ 开始，每计算一次 D_i 后 i 加 1。$D_i=1$ 时，β^{-i} 是 $\lambda(x)$ 的根，码字中第 i 位错误，$e_i=1$；$D_i\neq1$ 时，$e_i=0$。

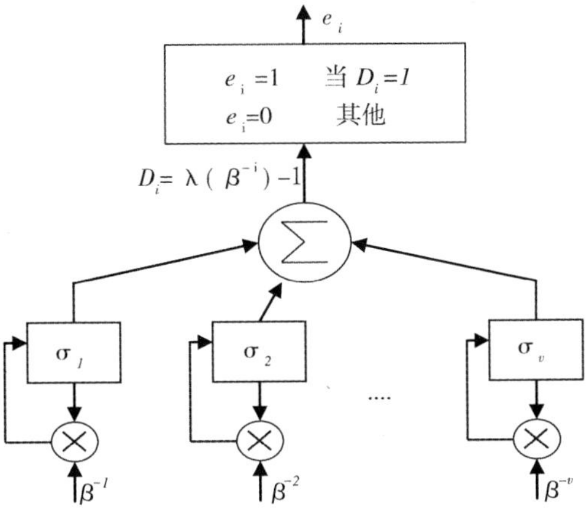

图 3.4　用于二进制 BCH 码的钱搜索

对于二进制码，求得错误位置后即可对接收字中错误位加 1(模 2 加法)，实现纠错。

例 3.5　继续例 3.4，如果接收字对应的多项式 $r(x)=x^{12}+x^{11}+x^8+x^7+x^2$，对此接收字的译码过程如下。第一步：计算校验子：$S_1=r(\alpha)=\alpha^{12}+\alpha^{11}+\alpha^8+\alpha^7+\alpha^2=(01110)+(00111)+(01101)+(10100)+(00100)=(10100)=\alpha^7$，$S_2=r(\alpha^2)=\alpha^{14}$，$S_3=$

$r(\alpha^3)=\alpha^8$，$S_4=r(\alpha^4)=\alpha^{28}$。第二步：设接收字中错误比特数 $v=t=2$，根据式(3.27)列出方程组：

$$\alpha^7\sigma_2+\alpha^{14}\sigma_1=\alpha^8$$
$$\alpha^{14}\sigma_2+\alpha^8\sigma_1=\alpha^{28}$$

解此方程，得 $\sigma_2=\alpha^{15}$，$\sigma_1=\alpha^7$，错误位置多项式 $\lambda(x)=\alpha^{15}x^2+\alpha^7x+1$。第三步：应用钱搜索求出错误位置多项式 $\lambda(x)$ 的根为 α^{21} 和 α^{26}，它们的倒数分别为 α^{10} 和 α^5，故错误多项式 $e(x)=x^{10}+x^5$。最后进行纠错，得到发送码字：$c(x)=x^{12}+x^{11}+x^{10}+x^8+x^7+x^5+x^2$。

由于 BCH 码的码长为 2^m-1 或其因子，实际中通常应用缩短的系统 BCH 码，即将 (n,k) 码的信息位缩短 j 位（编码时 j 个高位用 0 填充），形成 $(n-j,k-j)$ 码。

3.1.4 RS(Reed-Solomon)码

Reed-Solomon 码是 I. S. Reed 和 G. Solomon 于 1958 年提出的多进制循环码。它具有强大的纠错能力，其编解码算法及实现均已得到充分的研究和开发，从而被广泛应用。在第一代地面数字电视和移动多媒体广播系统中都采用 RS 码作为外码，例如在 DVB—T 中应用(204，188)RS 码，它是基于 $GF(2^8)$ 构造的能纠正不多于 8 个符号错误的(255，239)RS 码的缩短码。

RS 码为多进制循环码，其码字由 n（码长）个符号的序列构成，符号是 $GF(2^m)$ 的元素，每个符号对应于一个 m 位的二进制码。RS 码的编码和解码以符号为单位进行。

若 β 是 $GF(2^m)$ 中的 n 阶元素（n 为 2^m-1 或其因子），以 β 的 $2t$ 个次数连续的幂 β^{m_0}，β^{m_0+1}，…，β^{m_0+2t-1} 作为生成多项式的根，$g(x)=(x-\beta^{m_0})(x-\beta^{m_0+1})\cdots(x-\beta^{m_0+2t-1})$，在 $GF(2^m)$ 域上，它是 x^n+1 的因子。用此生成多项式构造的循环码称为 RS 码，它能纠正不多于 t 个符号的错误，码长为 n，信息符号数为 $n-2t$。通常应用本原元素 α 的 $2t$ 个次数连续的幂 $\alpha^0=1$，α，α^2，…，α^{2t-1} 作为 $g(x)$ 的根，形成码长为 2^m-1 的 RS 码。下面针对这种情况进行讨论。

RS 码的校验矩阵见式(3.28)，其中所有数量少于等于 $2t$ 的列都是线性独立的，所以此码能纠正不多于 t 个的符号错误。

$$\boldsymbol{H}=\begin{bmatrix} 1 & 1 & \cdots & 1 & 1 \\ \hline \alpha^{n-1} & \alpha^{n-2} & \cdots & \alpha & 1 \\ \hline \vdots & \vdots & \vdots & \vdots & \vdots \\ \hline \alpha^{(2t-1)(n-1)} & \alpha^{(2t-1)(n-2)} & \cdots & \alpha^{2t-1} & 1 \end{bmatrix} \tag{3.28}$$

例 3.6　在表 3.1 所示 GF(2^3)上构造码长为 7、能纠正不多于 2 个符号错误的(7,3) RS 码。该码的生成多项式 $g(x)=(x-1)(x-\alpha)(x-\alpha^2)(x-\alpha^3)=x^4+\alpha^2x^3+\alpha^5x^2+\alpha^5x+\alpha^6$。按照 3.1.2 节所述系统码的编码方法，在信息符号为 α^5，α^2 和 α^3 [$m(x)=\alpha^5x^2+\alpha^2x+\alpha^3$]时，系统码码字为 $c(x)=x^4m(x)+[x^4m(x)]\mathrm{mod}g(x)=\alpha^5x^6+\alpha^2x^5+\alpha^3x^4+\alpha^4x^3+\alpha^6x^2+\alpha x+1$。

RS 码的解码与二进制 BCH 码的解码类似。如 3.1.3 节所述，解码的第一步是由接收字($r_{n-1}r_{n-2}\cdots r_1r_0$)求出校验子 $S_i=r(\alpha^i)=r_{n-1}\alpha^{i(n-1)}+r_{n-2}\alpha^{i(n-2)}+\cdots r_1\alpha^i+r_0(i=0,1,\cdots,2t-1)$。第二步是按照式(3.26)列出求解错误位置多项式系数的方程组。假设接收字中有 $v=t$ 个符号错误，方程组为：

$$\sigma_tS_0+\sigma_{t-1}S_1+\cdots+\sigma_1S_{t-1}=S_t$$

$$\sigma_tS_1+\sigma_{t-1}S_2+\cdots+\sigma_1S_t=S_{t+1}$$

$$\cdots\cdots$$

$$\sigma_tS_{t-1}+\sigma_{t-1}S_t+\cdots+\sigma_1S_{2t-2}=S_{2t-1} \tag{3.29}$$

由此方程组解出 $\sigma_t,\sigma_{t-1},\cdots,\sigma_1$。接着同样可用钱搜索找出错误位置多项式的根，这些根的倒数为 α^{j_i}，从而得到错误符号的位置 $j_i(i=1,2,\cdots,v)$。然后可由线性方程组

$$S_i=e(\alpha^i)=e_{j_1}(\alpha^{j_1})^i+e_{j_2}(\alpha^{j_2})^i+\cdots+e_{j_v}(\alpha^{j_v})^i\quad(i=0,1,\cdots,2t-1) \tag{3.30}$$

解出错误值 $e_{j_1},e_{j_2},\cdots,e_{j_v}$。最后，根据错误值对接收字中相应位置的错误符号纠错。

下面介绍另一种方法，它与上述方法的不同在于解出 $\sigma_t,\sigma_{t-1},\cdots,\sigma_1$ 之后的步骤。为此我们首先介绍 GF(2^m)上的 DFT(离散傅立叶变换)及 IDFT(逆离散傅立叶变换)。时域多项式 $a(x)=a_{n-1}x^{n-1}+a_{n-2}x^{n-2}+\cdots+a_1x+a_0$ 的 $n(=2^m-1)$个系数 $a_j(j=0,1,\cdots,n-1)$经 DFT 得到频域多项式 $A(x)=A_{n-1}z^{n-1}+A_{n-2}z^{n-2}+\cdots+A_1z+A_0$ 的 $n(=2^m-1)$个系数 $A_i(i=0,1,\cdots,n-1)$。时域系数 a_j 与频域系数 A_i 的关系(DFT 和 IDFT)如下：

$$A_i=a(\alpha^i)=a_{n-1}\alpha^{i(n-1)}+a_{n-2}\alpha^{i(n-2)}+\cdots+a_1\alpha^i+a_0(i=0,1,\cdots,n-1) \tag{3.31}$$

$$a_j=A(\alpha^{-j})=A_{n-1}\alpha^{-j(n-1)}+A_{n-2}\alpha^{-j(n-2)}+\cdots+A_1\alpha^{-j}+A_0(j=0,1,\cdots,n-1) \tag{3.32}$$

由式(3.31)和式(3.32)可见：若 α^i 是 $a(x)$的根，则 $A_i=0$；若 α^{-j} 是 $A(x)$的根，则 $a_j=0$。

考察错误多项式 $e(x)=e_{j_1}x^{j_1}+e_{j_2}x^{j_2}+\cdots+e_{j_v}x^{j_v}$ 对应的频域多项式 $E(x)$的系数 E_i。由式(3.31)可知，$E_i=e(\alpha^i)=e_{j_1}(\alpha^{j_1})^i+e_{j_2}(\alpha^{j_2})^i+\cdots+e_{j_v}(\alpha^{j_v})^i(i=0,1,\cdots,n-1)$。对照式(3.30)可知：对于 $i=0,1,\cdots,2t-1$，频域系数为对应的校验子，即 $E_i=S_i$。而且，由 3.1.3 节的推导，式(3.26)可写成下式：

$$\sigma_vE_{i-v}+\sigma_{v-1}E_{i-v+1}+\cdots+\sigma_1E_{i-1}+E_i=0(i=0,1,\cdots,n-1) \tag{3.33}$$

根据这个公式，在已知 $\sigma_t,\sigma_{t-1},\cdots,\sigma_1$ 的情况下，可计算出 $E_{2t},E_{2t+1},\cdots,E_{n-1}$，从而得到频域错误多项式的全部系数。

因此，所述另一解码方法的第三步是利用已求出的 $\sigma_t,\sigma_{t-1},\cdots,\sigma_1$，由式(3.33)计算出 $E_{2t},E_{2t+1},\cdots,E_{n-1}$。再通过 IDFT 求出时域错误多项式的系数，得到错误符号位置及相应的错误值。解码的最后一步是将错误值与相应位置上的接收符号相加，完成纠错。此方法避开了错误位置多项式的求解，用 IDFT 代替求解线性方程组来求出错误值。

例 3.7 考察例 3.6 的 RS 码，设发送码字为 $c(x)=\alpha^5x^6+\alpha^2x^5+\alpha^3x^4+\alpha^4x^3+\alpha^6x^2+\alpha x+1$，接收字对应的多项式 $r(x)=\alpha^5x^6+\alpha x^5+\alpha^3x^4+\alpha^2x^3+\alpha^6x^2+\alpha x+1$。解码过程的第一步是计算校验子：$E_0=S_0=r(1)=\alpha^2$，$E_1=S_1=r(\alpha)=\alpha$，$E_2=S_2=r(\alpha^2)=0$，$E_3=S_3=r(\alpha^3)=\alpha^2$。第二步：设错误符号数 $v=t=2$，按式(3.29)列出方程组：

$$\alpha^2\sigma_2+\alpha\sigma_1=0$$

$$\alpha\sigma_2=\alpha^2$$

解得 $\sigma_2=\alpha,\sigma_1=\alpha^2$，故 $\lambda(x)=\alpha x^2+\alpha^2x+1$。下面，以此例分别说明上述两种方法。

方法 1：用钱搜索找出 $\lambda(x)$的根为 α^2 和 α^4，其倒数为 α^5 和 α^3，所以接收字中 r_5 和 r_3 为错误符号，$e(x)=e_5x^5+e_3x^3$。然后由校验子 $S_i=e(\alpha^i)(i=0,1,\cdots,2t-1)$列出 v 个方程：$S_0=\alpha^2=e_5+e_3$ 和 $S_1=\alpha=\alpha^5e_5+\alpha^3e_3$，解出 $e_5=\alpha^4$，$e_3=\alpha$。最后，通过 r_5+e_5 和 r_3+e_3 完成纠错。

方法 2：利用式(3.33)求出频域错误多项式的系数：$E_4=\sigma_1E_3+\sigma_2E_2=\alpha^2\alpha^2+0=\alpha^4$，$E_5=\sigma_1E_4+\sigma_2E_3=\alpha^2\alpha^4+\alpha\alpha^2=\alpha^4$，$E_6=\sigma_1E_5+\sigma_2E_4=\alpha^2\alpha^4+\alpha\alpha^4=\alpha$。然后进行 IDFT，得到时域错误多项式的系数：$e_0=e_1=e_2=0$，$e_3=\alpha$，$e_4=0$，$e_5=\alpha^4$，$e_6=0$。最后，进行纠错。

3.1.5 卷积码

1. 概述

卷积码是不同于分组码的另一类线性码，通常使用二进制卷积码。卷积码编码输出比特是输入比特序列中当前比特和前面若干比特的模 2 和，从而输出比特与若干输入比特之间存在约束关系，可根据此关系对接收序列进行纠错。由于卷积码编码器结构简单，通过删除某些输出比特可获得不同码率的缩短卷积码，以及在实际应用中有等同甚至优于分组码的性能(软判决首先应用于卷积码的解码中)等优点，第一代地面数字电视和移动多媒体广播系统都采用卷积码作为内码，例如 DVB—T 所用 1/2 码率卷积码的编码器如图 3.5 所示。它是输入 1 比特，输出 2 比特，约束长度为 7(含当前输入比特)的卷积码。$G_1(D)$和 $G_2(D)$为生成多项式。输出与输入的关系为：$X(D)=m(D)G_1(D)$和 $Y(D)=m(D)G_2(D)$。例如输入序列为 101(后面全为 0)，$m(D)=D^2+1$，$X(D)=D^8+D^7+D^4+D^3+D^2+1$，$Y(D)=D^8+D^5+D^4+D^2+D+1$，输出序列分别为 101110011 和 111011001。如果轮流输出 X 和 Y 序列中的比特(传输序列为 X_1Y_1)，此卷积码码率为 1/2；如果删去 X 和 Y 序列中的某些比特，传输的比特序列可构成码率大于 1/2 的缩短卷积码。DVB—T 传输标准规定：码率为 2/3 时，传输序列为 $X_1Y_1Y_2$；码率为 3/4 时，传输序列为 $X_1Y_1Y_2X_3$；码率为 5/6 时，传输序列为 $X_1Y_1Y_2X_3Y_4X_5$；码率为 7/8 时，传输序列为 $X_1Y_1Y_2Y_3Y_4X_5Y_6X_7$。

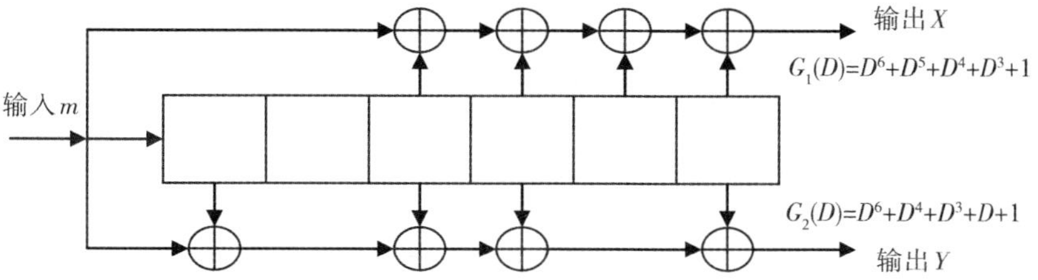

图 3.5　DVB—T 系统 1/2 码率卷积码编码器

卷积码记为(n,k,m)码，其中 n 为编码器输出序列数，k 为编码器输入序列数，m 为约束长度（不含当前输入比特）。卷积码也分为系统码和非系统码。如果输入的信息比特序列直接作为一个输出序列，此卷积码是系统码；否则，为非系统码。有些非系统码会发生误码传播，例如生成多项式为 $1+D$ 和 $1+D^2$ 的(2,1,2)码，当输入信息序列为全 1 时，输出的两个序列分别为 10000…(后面全零)和 11000…(后面全零)，如果传输中它们前面的 1(共 3 个)发生错误，接收序列变成全零，解码器将输出全零序列，即发生误码传播。这样的码是灾难性的，不可以应用。

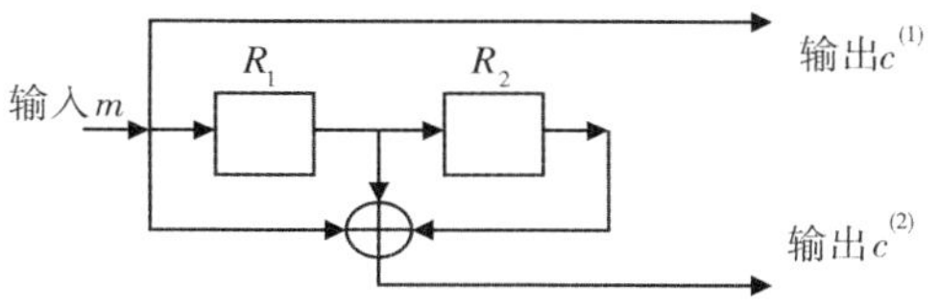

图 3.6　(2,1,2)卷积码编码器

卷积码的输出比特由当前输入比特和反映前 m 个输入比特的移位寄存器状态决定，其关系可用状态图和网格图表示。对于图 3.6 所示(2,1,2)卷积码编码器，对应的状态图和网格图分别示于图 3.7 和图 3.8。状态图所示为各种状态下输入一个比特时编码器的输出和转移到的状态；网格图所示为从全零状态出发，不同的输入序列所对应的输出和状态转移路径，例如从全零状态出发输入 10100，状态转移路径为：00→10→01→10→01→00，输出 $c^{(1)}$ 为 10100，$c^{(2)}$ 为 11011。

由于卷积码是线性码，两条不同路径所对应的输出序列间的汉明距离等于此两个序列的和序列与全零序列间的汉明距离，即此和序列的汉明重量。例如图 3.8 中，输入 10101 所对应的路径 B(00→10→01→10→01→10)的输出为 1101100110，输入 11010 所对应的路径 A(00→10→11→01→10→01)的输出为 1110001001，上述两个输入之和 01111 对应路径 00→00→10→11→11→11 的输出为 0011101111，即为路径 A 和 B 的输

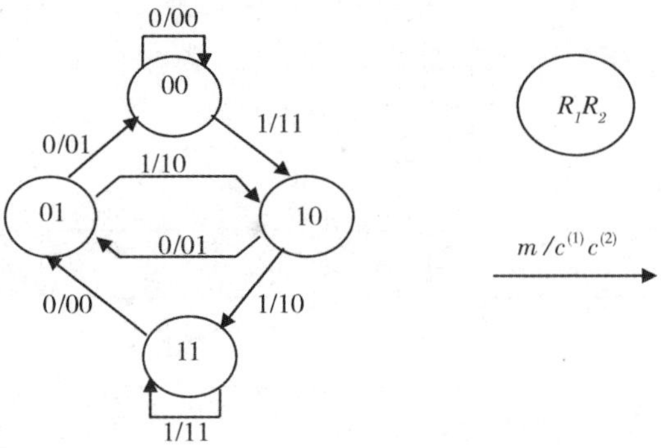

图 3.7 (2,1,2)卷积码的状态图

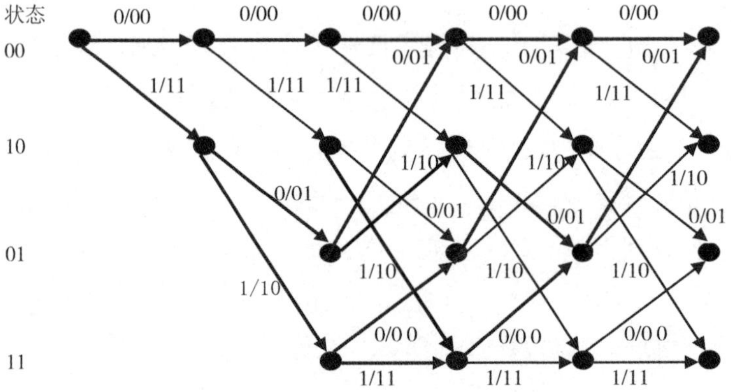

图 3.8 (2,1,2)卷积码的网格图

出之和，它们的汉明距离为输出序列的汉明重量 7。分析卷积码的性能时，通常考察从同一状态出发且首次进入同一状态的两条路径间的汉明距离。由以上说明可知：此汉明距离等于从全零状态出发并首次回到全零状态的路径与全零路径的汉明距离。图 3.8 中从全零状态出发并首次回到全零状态的路径有 00→10→01→00，00→10→11→01→00，00→10→01→10→01→00 和 00→10→11→11→01→00 等（图 3.8 中用加粗线表示），它们与全零路径的汉明距离分别为 4，4，6 和 6。这些汉明距离中的最小值称为卷积码的最小汉明距离，也称为自由汉明距离。

卷积码的编码器由移位寄存器和模 2 加法器构成，构造简单，运行速度快。

2. 硬判决维特比解码算法

1967 年，维特比（Viterbi）提出的硬判决卷积码解码算法采用最大似然准则。设未知的发送序列 $c=(c_0c_1c_2\cdots c_{n-1})$，接收机中解调器对接收的调制信号进行硬判决，给出接收比特序列 $r=(r_0r_1r_2\cdots r_{n-1})$。设信道无记忆，信道转移概率 $P(r_i=1|c_i=0)=P(r_i=0|c_i=1)=p(p<1/2)$，则似然函数为：

$$P(r|c)=P(r_0|c_0)P(r_1|c_1)\cdots P(r_{n-1}|c_{n-1})$$
$$=p^d(1-p)^{(n-d)} \tag{3.34}$$

其中 d 为接收序列中与发送序列不同的比特数。根据最大似然准则，对接收序列解码时应从所有可能的发送序列中选择使 $P(r|c)$ 最大的那个发送序列作为解码输出。由式(3.34)可知，即以与接收序列最接近(d 最小)的发送序列作为解码输出。这样，在发送序列等概率出现的条件下错误解码的概率最小。

因为可能的发送序列数随序列长度指数增大，计算所有可能的发送序列与接收序列的汉明距离 d 是不现实的，维特比解码算法在每接收到 n 个比特时对于到达同一状态的多条路径只保留一条相应的发送序列与接收序列的汉明距离最小的路径，因而保留的路径数等于状态数，大大减少了解码运算量。

对于(n,k,m)卷积码，维特比解码算法步骤如下：①在接收到 mn 个比特时，计算到达每个状态的各路径相应的发送序列与接收序列的汉明距离，对每个状态存储到达它的路径和相应的汉明距离。②以后每接收到 n 个比特时，对每个状态计算到达此状态的各路径相应的发送序列与接收序列的汉明距离(加到达此状态的支路汉明距离到上次存储的相关汉明距离上)，保留其中汉明距离最小的那条路径，称为幸存路径，删除其他路径。存储到达各状态的幸存路径和相应的汉明距离。步骤②重复进行，直到规定长度的解码序列被处理完毕。③比较幸存路径对应的汉明距离，将其中汉明距离最小的那条路径对应的信息比特序列作为解码输出。

如果编码时规定信息序列的最后 m 个比特为 0，使得最终进入全零状态，则在解码步骤②最后只有一条进入全零状态的幸存路径，它所对应的信息比特序列作为解码输出。

例 3.8 图 3.6 所产生的(2,1,2)卷积码的硬判决维特比解码。设发送的信息比特序列为 1011100，接收序列为 11,01,11,10,11,00,01，维特比解码过程中的幸存路径和相应的发送序列与接收序列间汉明距离如图 3.9 所示。以图 3.9b 为例说明如下：此次接收到 11，由网格图可知：进入状态 00 的路径有 00→00→00→00 和 00→10→01→00，它们与接收序列的汉明距离分别为 3+2=5 和 0+1=1，故保留路径 00→10→01→00；进入状态 10 的路径有 00→00→00→10 和 00→10→01→10，它们与接收序列的汉明距离分别为 3+0=3 和 0+1=1，故保留路径 00→10→01→10；进入状态 01 的路径有 00→00→10→01 和 00→10→11→01，它们与接收序列的汉明距离分别为 3+1=4 和 2+2=4，它们相等，故保留任意一条路径，图中保留 00→00→10→01；进入状态 11 的路径有 00→00→10→11 和 00→10→11→11，它们与接收序列的汉明距离分别为 3+1=4 和 2+0=2，故保留路径 00→10→11→11。此外，如果编码时约定信息序列的最后 m 个比特为 0，图3.9e所示解码步骤中应只保留进入 00 和 01 状态的路径，因为已知此次信息比特为 0；

同样，图 3.9f 中应只保留进入状态 00 的路径。如果没有上述约定，每次都对所有状态保留 1 条路径。最后选择汉明距离最小的路径对应的信息比特序列 1011100 作为解码输出，纠正了接收序列中一个错误比特。

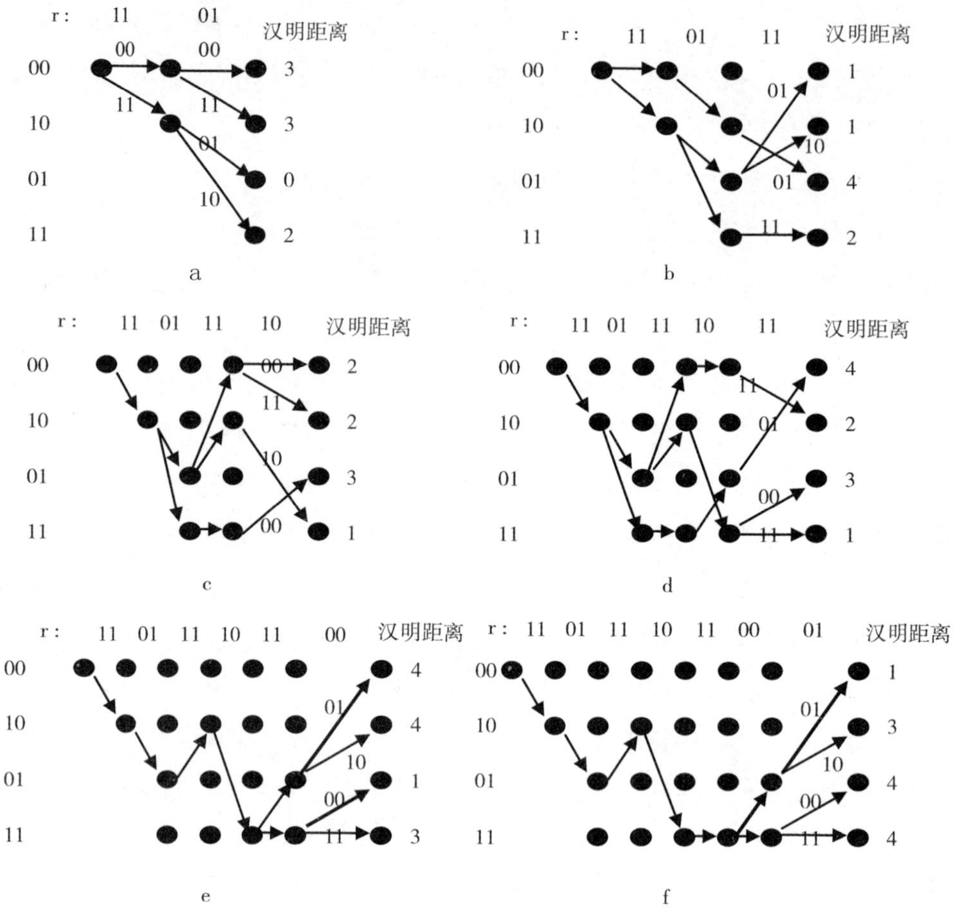

图 3.9　硬判决维特比解码

由例 3.8 可见，解码进行到图 3.9e 时 4 条幸存路径的前 4 次转移支路已相同，故可进行部分解码，给出这些支路对应的信息比特 1011 作为解码输出，从而减少解码器所需路径存储器的容量。

3.软判决维特比解码算法

与硬判决维特比解码以汉明距离作为路径的度量不同，软判决维特比解码采用归一化的概率 $P(r_i|c_i)$［参见式(3.35)和式(3.36)］作为路径的度量实现最大似然解码，从而更好地利用解调信号信息。它相对于硬判决解码有 2dB～3dB 的编码增益。

以 BPSK 调制为例，设高斯信道单边噪声功率密度为 N_0，发送比特 $c_i=0$ 时接收信号 $r_i=A+n_i$，发送比特 $c_i=1$ 时接收信号 $r_i=-A+n_i$，其中 n_i 为噪声，A 或 $-A$ 为发送信号。因此接收符号 r_i 概率密度为：

$$P(r_i|c_i=0)=\frac{1}{\sqrt{\pi N_0}}\exp\left[\frac{-(r_i-A)^2}{N_0}\right] \tag{3.35}$$

$$P(r_i|c_i=1)=\frac{1}{\sqrt{\pi N_0}}\exp\left[\frac{-(r_i+A)^2}{N_0}\right] \tag{3.36}$$

原则上可用此连续信道输出(r_i 为连续量)的归一化 $P(r_i|c_i)$作为路径的度量,进行软判决维特比解码。实际应用中对信道输出的连续量 r_i 进行量化,例如 8 电平量化,用 r_i 在相应量化区段的归一化概率作为路径的度量,以降低解码器复杂度并提高速度。量化带来的编码增益减小不大,8 电平量化时为 0.25dB。

例如 BPSK 调制,$A=1.8$,高斯信道 $N_0=2$ 的情况下,8 电平量化的路径度量见表 3.4。表 3.4 还给出了量化器输入(r_i)与输出(b_i)的关系及转移概率 $p(b_i=Q_j|c_i=0)$和 $p(b_i=Q_j|c_i=1)$的值,它们分别是发送比特为 0 和 1 条件下量化器输出为 Q_j 的概率,分别等于 $p(r_i|c_i=0)$和 $p(r_i|c_i=1)$[参见式(3.35)和式(3.36)]在对应的 r_i 区间上的积分值。

表 3.4　量化器的输入—输出关系和转移概率

输入(r_i)所在区段	输出(b_i)	转移概率		度量 $M(b_i\mid c_i)$	
		$p(b_i=Q_j\mid c_i=1)$	$p(b_i=Q_j\mid c_i=0)$	$c_i=1$	$c_i=0$
$-\infty<r_i\leqslant-1.8$	Q_1	0.50000	0.00016	349	0
$-1.8<r_i\leqslant-1.2$	Q_2	0.22575	0.00119	349	121
$-1.2<r_i\leqslant-0.6$	Q_3	0.15918	0.00685	347	211
$-0.6<r_i\leqslant0$	Q_4	0.07914	0.02773	336	290
$0<r_i<0.6$	Q_5	0.02773	0.07914	290	336
$0.6\leqslant r_i<1.2$	Q_6	0.00685	0.15918	211	347
$1.2\leqslant r_i<1.8$	Q_7	0.00119	0.22575	121	349
$1.8\leqslant r_i<\infty$	Q_8	0.00016	0.50000	0	349

归一化转移概率为:

$$q(b_i=Q_j|c_i=0)=\frac{p(b_i=Q_j|c_i=0)}{[p(b_i=Q_j|c_i=0)+p(b_i=Q_j|c_i=1)]} \tag{3.37}$$

$$\begin{aligned}q(b_i=Q_j|c_i=1)&=\frac{p(b_i=Q_j|c_i=1)}{[p(b_i=Q_j|c_i=0)+p(b_i=Q_j|c_i=1)]}\\&=1-q(b_i=Q_j|c_i=0)\end{aligned} \tag{3.38}$$

通常用对数似然函数作为路径的度量。一次转移路径(支路)的度量定义为 $\log q(b_i|c_i)(b_i=Q_1,Q_2,\cdots;c_i=0,1)$。为解码器运算方便,通常还用小于等于 $\alpha\log q(b_i|c_i)+\beta(\alpha,\beta$ 为大于零的实数)的最大整数代替 $\log q(b_i|c_i)$作为度量 $M(b_i|c_i)$,使它们为正整数。路径的度量 $M(b_0b_1b_2\cdots b_{n-1}|c_0c_1c_2\cdots c_{n-1})$等于各支路度量之和。表 3.4 所示为上述情况下度量 $M(b_i|c_i)$的值,其中取 $\alpha=100,\beta=349$。

按照最大似然解码准则，软判决维特比解码将到达同一状态的所有路径中度量最大的那一条作为幸存路径。

例 3.9　图 3.6 所产生的(2,1,2)卷积码的软判决解码。设发送序列与例 3.8 的发送序列相同，为(11,01,10,10,11,00,01)；量化的接收序列为(Q_5Q_5,Q_8Q_3,Q_2Q_8,Q_5Q_8,Q_2Q_2,Q_8Q_8,Q_8Q_1)。在解码器收到 Q_5Q_5,Q_8Q_3,Q_2Q_8 后到达状态 00 的路径有：00→00→00→00(对应发送序列为 00,00,00)和 00→10→01→00(对应发送序列 11,01,01)，它们的度量值分别为 $M(Q_5|0)+M(Q_5|0)+M(Q_8|0)+M(Q_3|0)+M(Q_2|0)+M(Q_8|0)=1702$ 和 $M(Q_5|1)+M(Q_5|1)+M(Q_8|0)+M(Q_3|1)+M(Q_2|0)+M(Q_8|1)=1397$，所以路径 00→00→00→00 为幸存路径。同样求出到达状态 10,01 和 11 的幸存路径及其度量值并存储它们。解码器收到 Q_5Q_8 后在已求出的幸存路径度量值的基础上计算路径的度量，找出幸存路径，存储它们和对应的度量值。如此进行下去，最后以度量值最大的幸存路径所对应的信息序列 1011100 作为解码输出。可见在例 3.9 的情况下，软判决解码完成了纠错。下面，考察此情况下的硬判决解码。接收机硬判决规则为：信道输出的连续量 $r_i>0$，判为 0；$r_i\leqslant 0$，判为 1。因此，例 3.9 中，硬判决的结果是(00,01,10,00,11,00,01)，可以验证，对此接收序列，硬判决解码不能实现纠错。

3.1.6　LDPC 码

LDPC 码是 Low Density Parity Check Codes(低密度奇偶校验码)的简称。它是一类二进制线性分组码，其校验矩阵中 1 的数量远小于 0 的数量，因而得名。Gallager 于 1962 年首次提出 LDPC 码，并给出用于二进制对称信道和模拟信道的 LDPC 解码方法。1996 年 Mackay 和 Neal 发表的研究结果表明：采用 Gallager 提出的基于置信度传播的迭代解码算法时 LDPC 码也具有接近 Shannon 极限的优异性能。此后，研究者在 LDPC 码的构造、编码实现、解码、性能分析及应用等方面开展了大量的研究，获得了丰硕的成果。LDPC 码首次应用于欧洲第二代卫星数字电视广播系统，欧洲第二代地面电视广播系统 DVB—T2 和我国地面电视广播传输系统也都采用 LDPC 码作为内码。

1. LDPC 码的定义与 Tanner 图

LDPC 码由其校验矩阵定义，校验矩阵中 1 的数量远小于 0 的数量，任意两列在相同位置上的 1 的数量不大于 1。校验矩阵一行中 1 的数量 k 称为该行的行重，一列中 1 的数量 j 称为该列的列重。如果各行有相同的行重 k，各列有相同的列重 j，则此 LDPC 码是规则的，记为(n,j,k)码，其中 n 为码字长度；否则，为非规则 LDPC 码。

Gallager 给出的(20,3,4)码的校验矩阵为：

$$
\boldsymbol{H}=\begin{bmatrix}
1&1&1&1&0&0&0&0&0&0&0&0&0&0&0&0&0&0&0&0\\
0&0&0&0&1&1&1&1&0&0&0&0&0&0&0&0&0&0&0&0\\
0&0&0&0&0&0&0&0&1&1&1&1&0&0&0&0&0&0&0&0\\
0&0&0&0&0&0&0&0&0&0&0&0&1&1&1&1&0&0&0&0\\
0&0&0&0&0&0&0&0&0&0&0&0&0&0&0&0&1&1&1&1\\
1&0&0&0&1&0&0&0&1&0&0&0&1&0&0&0&0&0&0&0\\
0&1&0&0&0&1&0&0&0&1&0&0&0&0&0&0&1&0&0&0\\
0&0&1&0&0&0&1&0&0&0&0&0&0&1&0&0&0&1&0&0\\
0&0&0&1&0&0&0&0&0&0&1&0&0&0&1&0&0&0&1&0\\
0&0&0&0&0&0&0&1&0&0&0&1&0&0&0&1&0&0&0&1\\
1&0&0&0&0&1&0&0&0&0&0&1&0&0&0&0&0&1&0&0\\
0&1&0&0&0&0&1&0&0&0&1&0&0&0&0&1&0&0&0&0\\
0&0&1&0&0&0&0&1&0&0&0&0&1&0&0&0&0&0&1&0\\
0&0&0&1&0&0&0&0&1&0&0&0&0&1&0&0&1&0&0&0\\
0&0&0&0&1&0&0&0&0&1&0&0&0&0&1&0&0&0&0&1
\end{bmatrix}
\tag{3.39}
$$

此矩阵可分为三个子矩阵，每个子矩阵有 5 行。第一个子矩阵：第 1 行在第 1～4 列为 1，其余为 0；第 2 行在第 5～8 列为 1，其余为 0；第 3 行在第 9～12 列为 1，其余为 0；第 4 行在第 13～16 列为 1，其余为 0；第 5 行在第 17～20 列为 1，其余为 0。第一个子矩阵行重为 4，列重为 1，任意两列最多在一个相同位置上有 1。下面的两个子矩阵是第一个子矩阵的列置换，置换时保证矩阵 $\boldsymbol{H}$ 中任意两列最多在一个相同位置上为 1。

LDPC 码校验矩阵不要求各行都是相互独立的。例如式(3.39)所示矩阵前 9 行相加(模 2)得到第 10 行，第 1～5 行及第 11～14 行相加(模 2)得到第 15 行。如果码长为 N，校验矩阵有 M 行，LDPC 码的码率 $R\geqslant(N-M)/N$。

1981 年 Tanner 提出 LDPC 码的图形表示法，后来被称为 Tanner 图。此图由两排节点和连接两排节点的连线组成，一排节点代表码字的各码元 x_n($n=1,2,\cdots N$，N 为码长)，称为码元节点，与校验矩阵的各列对应；另一排节点代表各校验关系 m，称为校验节点，对应校验矩阵的各行。如果码元 x_n 出现在某校验关系 m 中，即矩阵中 m 行 n 列的元素 H_{mn} 为 1，则该码元节点与该校验节点间存在连线；否则，不存在连线。因此，从 Tanner 图可清楚地看出各个校验关系所校验的码元及各码元所参与的校验关系。图 3.10 所示为式(3.39)校验矩阵对应的 Tanner 图。

在 Tanner 图中一些连线形成环路，构成环路的连线数称为环路的围长。最小环路围长是影响 LDPC 码性能的重要参数，最小围长越大，性能越佳。图 3.10 中用粗线表示

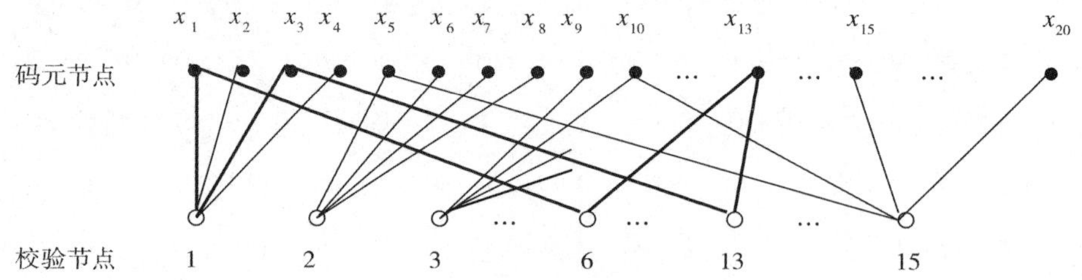

图 3.10 Tanner 图

一个环路,其围长等于 6。如果校验矩阵中某两列在两个相同位置上为 1,则形成围长为 4 的环路。例如:如果式(3.39)的矩阵中第 6 行为 1100…,则第 1 列和第 2 列在两个相同位置(第 1 行和第 6 行位置)上为 1,形成围长等于 4 的环路:$1 \to x_1 \to 6 \to x_2 \to 1$。这就是在定义 LDPC 码时要求任意两列在相同位置上的 1 的数量不大于 1 的原因。

对于码元节点,与其连线的校验节点越多(列重越大),它从校验关系得到的信息越多,从而其解码正确的可能性越大。对于校验节点,与其连线的码元节点越多(行重越大),从其他码元得到错误信息的可能性越大,其解码正确的可能性越小。

基于其构造方法,LDPC 码分为两类:一类是由计算机根据某些设计准则和要求的 Tanner 图结构特性(如围长、行重和列重的分布)搜索出的随机码;另一类是基于代数和组合的方法构造的 LDPC 码,后面将提到的 QC－LDPC 码就是这一类码。很多性能优异的 LDPC 码是随机码,其编码器复杂度高。后一类码的编码器简单快速,已找出不少性能优异的 QC－LDPC 码,它们被广泛应用。

2. LDPC 码的解码

LDPC 码的优异性能是通过其迭代解码算法获得的,算法适合于长码。LDPC 码获得广泛应用的原因除了性能优异外,还在于其解码器的复杂度低。LDPC 码的解码方法都是基于消息传递的迭代算法,也称为基于置信度传播的迭代算法。下面介绍 Gallager 提出的 BF(比特反转)算法、计权的 BF 算法、SPA(和积算法)。

(1)BF 算法

该算法由 Gallager 于 1962 年提出,它属于硬判决解码,采用大数逻辑译码算法。解码器输入接收码字为比特集合($y_1 y_2 \cdots y_N$)。在此算法中,解码器计算每个比特参与的所有校验方程,对不被满足的校验关系数量大于规定值的比特进行反转(0 改为 1,1 改为 0);然后对更改后的接收码字再进行校验方程计算和比特更改;如此重复进行,直到全部校验关系被满足。一个简化的 BF 算法如下:

第一步:计算校验方程。如果全部校验关系都满足,终止解码。

第二步:对于每个比特 $y_i(i=1,2,\cdots,N)$,找出它不满足的校验关系数 f_i。

第三步:比较 $f_i(i=1,2,\cdots,N)$,找出最大的那些 f_i 所对应的比特位置。

第四步：对上一步中找出的位置上的比特进行反转。

第五步：如果未达到规定的迭代次数，返回第一步；否则，结束解码。

例如对于式(3.39)所示校验矩阵生成的 LDPC 码进行解码。对于接收比特 y_1 计算 $y_1+y_2+y_3+y_4$，$y_1+y_5+y_9+y_{13}$ 和 $y_1+y_6+y_{12}+y_{18}$。如果计算结果均等于 1，说明它参与的 3 个校验关系都不满足，$f_1=3$，达到最大，解码器对 y_1 进行反转。

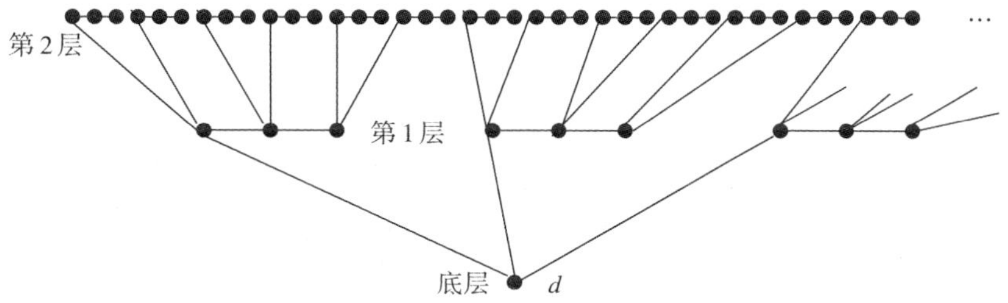

图 3.11　校验关系的树状结构

可用图 3.11 所示树状结构说明任一错误码元 d 如何在多于一个的码元错误传输的情况下被纠错。图中 d 以树的底层节点表示，由此节点升起的线表示码元 d 参与的校验关系，这些校验关系中的其他码元由第 1 层的节点表示。由第 1 层的节点升起的线表示相应码元参与的校验关系，这些校验关系中的其他码元由第 2 层的节点表示，如此进行下去，树可扩展到许多层。假设码元 d 和第 1 层上的某些码元有传输错误，则在第 1 轮解码步骤中第 2 层的无错码元和相应的校验关系将能纠正第 1 层的错误码元，这导致在第 2 轮解码步骤中码元 d 被纠正。这说明了在迭代解码中消息传递的作用。

(2)计权的 BF 算法

为更好地利用接收信号提供的信息，1971 年 Kolesnik 提出计权的大数逻辑译码算法。输入解码器的软判决接收序列为$(y_1 y_2 \cdots y_N)$，例如对于高斯信道和 BPSK 调制(比特 0 映射为 A，比特 1 映射为 $-A$)，$|y_i|$ 反映对该接收比特硬判决($y_i \geqslant 0$，判为 0；$y_i<0$，判为 1)的可靠性，它作为可靠性的度量用于 BF 算法。对于一个校验关系 m，用参与校验的码元的 $|y_i|$ 的最小值 $|y_i|_{\min}$ 作为对此校验的可靠性度量，值越大，说明此校验结果越可靠。它对由此校验关系计算出的校验和 s_m(由相应的硬判决接收码元模 2 相加得到)计权，即计算$(2s_m-1)|y_i|_{\min}$，称为此校验的计权值。校验关系被满足($s_m=0$)，计权值为负值；校验关系不被满足($s_m=1$)，计权值为正值。对于码字中第 n 个接收码元参与的所有校验关系，计算它们的计权值之和，记为 E_n。由以上分析可知，E_n 为负值，说明此接收码元正确的可能性大于错误的可能性，反之，错误的可能性大于正确的可能性；$|E_n|$ 越大，上述判断的可靠性越高。因此在计权的大数逻辑译码算法中，将 $E_n \leqslant 0$ 的接收码元判为正确；将 $E_n>0$ 的接收码元判为错误。

将计权的大数逻辑译码算法应用到 BF 迭代算法，计权的 BF 算法步骤如下：

第一步：计算校验和 $s_m(m=1,2,\cdots,M)$。如果全部校验关系都满足，终止解码。

第二步：对于每个接收比特 $z_n(n=1,2,\cdots,N)$，计算其参与的所有校验的计权值之和 E_n。

第三步：比较 $E_n(n=1,2,\cdots,N)$，找出最大的那些 E_n 所对应的接收比特位置。

第四步：对上一步中找出的位置上的接收比特进行反转。

第五步：如果未达到规定的迭代次数，返回第 1 步；否则，结束解码。

(3)SPA

该算法是 Gallager 于 1962 年提出的迭代解码算法，它基于各比特的后验概率计算，属于软输入/软输出解码。解码器输入是接收序列$(y_1y_2\cdots y_N)$。

首先我们举例说明在接收序列$(y_1y_2\cdots y_N)$的条件下，如何根据一个校验关系求出参与此校验的一个比特 x_n 为 1 或 0 的后验概率 $P(x_n=1\mid y_1y_2\cdots y_N)$或 $P(x_n=0\mid y_1y_2\cdots y_N)$。以式(3.39)所示校验矩阵第一行的校验关系为例，校验方程为 $x_1+x_2+x_3+x_4=0$。已知接收序列$(y_1y_2\cdots y_N)$条件下 $x_i=1$ 的概率 $q_i^1(i=2,3,4)$；$x_i=0$ 的概率 $q_i^0=1-q_i^1$。由校验方程可知：$x_2x_3x_4=000,011,101$ 或 110 时 $x_1=0$；$x_2x_3x_4=111,100,010$ 或 001 时 $x_1=1$。由此校验关系确定的 x_1 的概率：

$$P(x_1=0)=q_2^0q_3^0q_4^0+q_2^0q_3^1q_4^1+q_2^1q_3^0q_4^1+q_2^1q_3^1q_4^0$$

$$P(x_1=1)=q_2^1q_3^1q_4^1+q_2^1q_3^0q_4^0+q_2^0q_3^1q_4^0+q_2^0q_3^0q_4^1$$

不难得到：$P(x_1=0)-P(x_1=1)=(q_2^0-q_2^1)(q_3^0-q_3^1)(q_4^0-q_4^1)$。此结论可推广到具有更多比特的校验关系的情况，得到下面算法水平步骤中的式(3.43)。

下面用 $N(m)=\{n:H_{mn}=1\}$表示参与校验关系 m 校验的比特的集合，$N(m)\setminus n$ 表示此集合除比特 n 以外的比特集合；$M(n)=\{m:H_{mn}=1\}$表示比特 n 所参与的校验关系的集合，$M(n)\setminus m$ 表示此集合除校验关系 m 以外的校验关系集合。q_{mn}^0 和 q_{mn}^1 分别表示由 m 以外的其他校验关系获得的比特 n 为 0 或 1 的概率，$q_{mn}^0=1-q_{mn}^1$。r_{mn}^0 和 r_{mn}^1 表示由校验关系 m 和此校验关系中其他比特 n' 的 $q_{mn'}^1$[它们相互独立，由 m 以外的其他校验关系获得，$n'\in N(m)\setminus n$]求出的比特 n 为 0 或 1 的概率。

算法具有两个交替的部分，在其中 r_{mn} 和 q_{mn} 被迭代更新。算法通过多次迭代产生所有比特的后验概率，根据最大后验概率准则进行解码。算法的步骤如下：

第一步：初始化。q_{mn}^0 和 q_{mn}^1 分别设定为接收值为 y_n 条件下发送码元为 0 的概率 f_n^0 和发送码元为 1 的概率 f_n^1。

在高斯信道和 BPSK 调制情况下，设码元 x_n 对应的发送信号值为 a($x_n=1$ 时)或 $-a$($x_n=0$ 时)，加性高斯噪声均值为 0，方差为 σ^2，解码器输入接收值 y_n 是发送信号值与噪声变量之和。设 1 和 0 等概率发送，则后验概率 f_n^1 与 f_n^0 的比值为：

$$\frac{P(x_n=1\mid y_n)}{P(x_n=0\mid y_n)}=\frac{P(y_n\mid x_n=1)}{P(y_n\mid x_n=0)}$$

$$= \exp(2ay_n/\sigma^2) \tag{3.40}$$

由 $P(x_n=1 \mid y_n)+P(x_n=0 \mid y_n)=1$，可得

$$f_n^1 = P(x_n=1 \mid y_n)=1/[1+\exp(-2ay_n/\sigma^2)] \tag{3.41}$$

$$f_n^0 = 1-f_n^1 \tag{3.42}$$

第二步：水平步骤。对每一个满足 $H_{mn}=1$ 的 (m,n) 更新 r_{mn}^0 和 r_{mn}^1。令 $\delta q_{mn}=q_{mn}^0-q_{mn}^1$，计算：

$$\delta r_{mn} = \prod_{n'\in N(m)\setminus n} \delta q_{mn'} \tag{3.43}$$

然后置 $r_{mn}^0=(1+\delta r_{mn})/2$ 和 $r_{mn}^1=(1-\delta r_{mn})/2$。

第三步：垂直步骤。对每一个满足 $H_{mn}=1$ 的 (m,n) 更新 q_{mn}^0 和 q_{mn}^1，计算：

$$q_{mn}^x = \alpha_{mn} f_n^x \prod_{m'\in M(n)\setminus m} r_{m'n}^x, \quad (x=0,1) \tag{3.44}$$

式中 α_{mn} 应如此选择，使得 $q_{mn}^0+q_{mn}^1=1$。也可以更新比特 n 的伪后验概率 q_n^0 和 q_n^1：

$$q_n^x = \alpha_n f_n^x \prod_{m\in M(n)} r_{mn}^x, \quad (x=0,1) \tag{3.45}$$

式中 α_n 应如此选择，使得 $q_n^0+q_n^1=1$。

第四步：根据 q_n^0 和 q_n^1 形成一个临时的逐比特解码结果。若此解码字满足所有的校验关系，此结果作为最终解码输出，该接收字的解码过程结束；否则，算法从水平步骤开始重复进行。如果达到规定的最大迭代次数（例如 100）而仍未出现正确的解码结果，也停止解码。

3. QC－LDPC（准循环低密度奇偶校验码）及其编码

对于多数的长 LDPC 码，特别是计算机生成的随机码，它们没有允许简单编码的有序结构，使得这些码的编码相对复杂。能实现低复杂度编码的一类有结构的 LDPC 码是 QC－LDPC，它可基于生成矩阵或校验矩阵用简单的移位寄存器等电路实现编码。设计良好的长 QC－LDPC 在误码性能方面与计算机生成的随机码一样良好，在实际应用中是随机码的强大竞争对手。

（1）QC－LDPC 的校验矩阵

QC－LDPC 的校验矩阵 $\boldsymbol{H}_{qc}$ 是由相同大小的子循环矩阵组成的 $c\times t(c\leqslant t)$ 阵列：

$$\boldsymbol{H}_{qc} = \begin{bmatrix} \boldsymbol{A}_{1,1} & \boldsymbol{A}_{1,2} & \cdots & \boldsymbol{A}_{1,t} \\ \boldsymbol{A}_{2,1} & \boldsymbol{A}_{2,2} & \cdots & \boldsymbol{A}_{2,t} \\ \vdots & \vdots & & \vdots \\ \boldsymbol{A}_{c,1} & \boldsymbol{A}_{c,2} & \cdots & \boldsymbol{A}_{c,t} \end{bmatrix} \tag{3.46}$$

其中 $\boldsymbol{A}_{i,j}$ 为 $b\times b$ 循环矩阵，其每一行是上一行的循环移位（向右移 1 个位置），第一

行是最后一行的循环移位。因此，其每一列是其左边一列的循环移位（向下移 1 个位置），第一列是最后一列的循环移位。可见一个循环矩阵的行和列有相同的重量，称其为循环矩阵的重量；列的集合（从下向上读）相同于行的集合（从左向右读）。因此，循环矩阵由其第一行（或第一列）完全表征，它称为循环矩阵的生成子。

校验矩阵 $\boldsymbol{H}_{qc}$ 应有以下结构特性：①每个循环矩阵 $\boldsymbol{A}_{i,j}$ 的重量小于其大小 b，使其是一个稀疏矩阵。②校验矩阵中任意两行（或两列）在相同位置上都为 1 的位置数不大于 1。这保证了 $\boldsymbol{H}_{qc}$ 中不可能有 4 个“1”在一个矩形的 4 个顶点上，其 Tanner 图上没有围长为 4 的环路，即围长至少等于 6。

例如，式(3.47)给出一个 $b=15$ 的循环矩阵。它是一个稀疏矩阵，重量为 4。该矩阵的生成子是 100010110000000。

$$
\boldsymbol{A}=\begin{bmatrix}
1&0&0&0&1&0&1&1&0&0&0&0&0&0&0\\
0&1&0&0&0&1&0&1&1&0&0&0&0&0&0\\
0&0&1&0&0&0&1&0&1&1&0&0&0&0&0\\
0&0&0&1&0&0&0&1&0&1&1&0&0&0&0\\
0&0&0&0&1&0&0&0&1&0&1&1&0&0&0\\
0&0&0&0&0&1&0&0&0&1&0&1&1&0&0\\
0&0&0&0&0&0&1&0&0&0&1&0&1&1&0\\
0&0&0&0&0&0&0&1&0&0&0&1&0&1&1\\
1&0&0&0&0&0&0&0&1&0&0&0&1&0&1\\
1&1&0&0&0&0&0&0&0&1&0&0&0&1&0\\
0&1&1&0&0&0&0&0&0&0&1&0&0&0&1\\
1&0&1&1&0&0&0&0&0&0&0&1&0&0&0\\
0&1&0&1&1&0&0&0&0&0&0&0&1&0&0\\
0&0&1&0&1&1&0&0&0&0&0&0&0&1&0\\
0&0&0&1&0&1&1&0&0&0&0&0&0&0&1
\end{bmatrix}\tag{3.47}
$$

由式(3.46)给出的 $\boldsymbol{H}_{qc}$ 和循环矩阵特性可以看出 QC－LDPC 的码字结构。每个码字 v 可分成 t 段：$v=(v_1,v_2,\cdots,v_t)$，每一段 $v_j\,(j=1,2,\cdots,t)$ 包含 b 个相继的码元，它们由 $\boldsymbol{H}_{qc}$ 中第 j 列循环矩阵校验。令 $v_j^{(m)}$ 表示 v_j 的 b 个码元向右循环移 m 个位置获得的矢量，称其为 v_j 的 m 次右循环移位。由循环矩阵特性可知：$v^{(m)}=[v_1^{(m)},v_2^{(m)},\cdots,v_t^{(m)}]$ 也是一个码字。这说明 QC－LDPC 码字有分段的循环结构。

(2) QC－LDPC 的系统－循环形式的生成矩阵

下面，分两种情况讨论如何从校验矩阵 $\boldsymbol{H}_{qc}$ 生成系统 QC－LDPC 码的生成矩阵。

情况 1：$\boldsymbol{H}_{qc}$ 的秩 r 等于矩阵的行数 cb，且存在秩为 r 的 $c\times c$ 子阵。

通过循环矩阵的列置换使校验矩阵 $\boldsymbol{H}_{qc}$ 的右边 c 列构成秩为 r 的 $c\times c$ 子阵 $\boldsymbol{D}$：

$$\boldsymbol{D}=\begin{bmatrix}\boldsymbol{A}_{1,t-c+1} & \boldsymbol{A}_{1,t-c+2} & \cdots & \boldsymbol{A}_{1,t}\\ \boldsymbol{A}_{2,t-c+1} & \boldsymbol{A}_{2,t-c+2} & \cdots & \boldsymbol{A}_{2,t}\\ \vdots & \vdots & \vdots & \vdots\\ \boldsymbol{A}_{c,t-c+1} & \boldsymbol{A}_{c,t-c+2} & \cdots & \boldsymbol{A}_{c,t}\end{bmatrix} \tag{3.48}$$

设 $\boldsymbol{H}_{qc}$ 的前$(t-c)b$ 列对应于$(t-c)b$ 个信息比特。要求的生成矩阵 $\boldsymbol{G}_{qc}$ 有以下形式：

$$\boldsymbol{G}_{qc}=\begin{bmatrix}\boldsymbol{G}_1\\ \boldsymbol{G}_2\\ \vdots\\ \boldsymbol{G}_{t-c}\end{bmatrix}=\begin{bmatrix}\boldsymbol{I} & \boldsymbol{0} & \cdots & \boldsymbol{0} & \boldsymbol{G}_{1,1} & \boldsymbol{G}_{1,2} & \cdots & \boldsymbol{G}_{1,c}\\ \boldsymbol{0} & \boldsymbol{I} & \cdots & \boldsymbol{0} & \boldsymbol{G}_{2,1} & \boldsymbol{G}_{2,2} & \cdots & \boldsymbol{G}_{2,c}\\ \vdots & \vdots & \vdots & \vdots & \vdots & \vdots & \vdots & \vdots\\ \boldsymbol{0} & \boldsymbol{0} & \cdots & \boldsymbol{I} & \boldsymbol{G}_{t-c,1} & \boldsymbol{G}_{t-c,2} & \cdots & \boldsymbol{G}_{t-c,c}\end{bmatrix}=[\boldsymbol{I}_{(t-c)b}\boldsymbol{P}] \tag{3.49}$$

其中 $\boldsymbol{I}$ 为 $b\times b$“1”矩阵，$\boldsymbol{0}$ 为 b×b 零矩阵，$\boldsymbol{G}_{i,j}(1\leqslant i\leqslant t-c,1\leqslant j\leqslant c)$为 $b\times b$ 循环矩阵。式(3.49)所示的生成矩阵称为系统一循环(QC)形式，生成系统码。$\boldsymbol{G}_{qc}$ 的左边部分 $\boldsymbol{I}_{(t-c)b}$ 为对角线上为 1 的$(t-c)b\times(t-c)b$“1”矩阵；右边部分 $\boldsymbol{P}$ 是$(t-c)\times c$ 循环矩阵阵列，称为 $\boldsymbol{P}$ 矩阵，它对应系统码码字的校验位。

$\boldsymbol{G}_{qc}$ 和 $\boldsymbol{H}_{qc}$ 应满足 $\boldsymbol{H}_{qc}\times\boldsymbol{G}_{qc}^T=\boldsymbol{0}$[$\boldsymbol{0}$ 为 $cb\times(t-c)b$ 零矩阵]，由此关系可从 $\boldsymbol{H}_{qc}$ 求出 $\boldsymbol{G}_{qc}$。由于构成 $\boldsymbol{P}$ 的 $\boldsymbol{G}_{i,j}$ 是循环矩阵，只需求出所有 $\boldsymbol{G}_{i,j}$ 的生成子 $g_{i,j}$ 即可得到 $\boldsymbol{G}_{qc}$。参见式(3.49)，$\boldsymbol{G}_{qc}$ 的子矩阵 $\boldsymbol{G}_i$ 的第一行 $g_i=(0\cdots0u0\cdots0g_{i,1}g_{i,2}\cdots g_{i,c})$，其中 $u=(10\cdots0)$，它是一个第一位为 1，其他 $b-1$ 位为 0 的矢量；0 为 b 位全是 0 的矢量。令 $\boldsymbol{Z}_i=(g_{i,1}g_{i,2}\cdots g_{i,c})$和 $\boldsymbol{M}_i$ 为 $\boldsymbol{H}_{qc}$ 的第 i 列循环矩阵$(1\leqslant i\leqslant t-c)$：

$$\boldsymbol{M}_i=\begin{bmatrix}A_{1,i}\\ A_{2,i}\\ \vdots\\ A_{c,i}\end{bmatrix} \tag{3.50}$$

则对于 $1\leqslant i\leqslant t-c$，由 $\boldsymbol{H}_{qc}\times g_i^T=\boldsymbol{0}$ 得到：

$$\boldsymbol{M}_iu^T+\boldsymbol{D}\boldsymbol{Z}_i^T=\boldsymbol{0} \tag{3.51}$$

因为 $\boldsymbol{D}$ 是满秩的方阵，它有逆矩阵 $\boldsymbol{D}^{-1}$，于是有：

$$\boldsymbol{Z}_i^T=\boldsymbol{D}^{-1}\boldsymbol{M}_i\boldsymbol{u}^T \tag{3.52}$$

由此式求出 $\boldsymbol{Z}_1,\boldsymbol{Z}_2,\cdots,\boldsymbol{Z}_{t-c}$，就得到 $\boldsymbol{G}_{qc}$ 中所有循环矩阵的生成子，从而得到生成矩阵 $\boldsymbol{G}_{qc}$。

情况 2：$\boldsymbol{H}_{qc}$ 的秩 $r<cb$，或 $r=cb$，但在 $\boldsymbol{H}_{qc}$ 中不存在秩为 r 的 $c\times c$ 子阵。

对此情况，首先找出 $\boldsymbol{H}_{qc}$ 中满足以下要求的循环矩阵列的最小数量 $k(c\leqslant k\leqslant t)$：这 k 列循环矩阵构成的 $c\times k$ 子阵 $\boldsymbol{D}^*$，其秩等于 r。通过置换循环矩阵列，形成一个新的 $c\times t$ 循环矩阵阵列 $\boldsymbol{H}_{qc}^*$，其最右边的 k 列循环矩阵构成阵列 $\boldsymbol{D}^*$。

$$\boldsymbol{D}^*=\begin{bmatrix}\boldsymbol{A}_{1,t-k+1} & \boldsymbol{A}_{1,t-k+2} & \cdots & \boldsymbol{A}_{1,t}\\ \boldsymbol{A}_{2,t-k+1} & \boldsymbol{A}_{2,t-k+2} & \cdots & \boldsymbol{A}_{2,t}\\ \vdots & \vdots & \vdots & \vdots\\ \boldsymbol{A}_{c,t-k+1} & \boldsymbol{A}_{c,t-k+2} & \cdots & \boldsymbol{A}_{c,t}\end{bmatrix} \tag{3.53}$$

要求的生成矩阵是一个$(\mathbf{tb-r})\times\mathbf{tb}$ 矩阵，它具有式(**3.54**)所示的形式，由子矩阵 $\boldsymbol{G}$ 和 $\boldsymbol{Q}$ 组成。子矩阵 $\boldsymbol{G}$ 是一个$(t-k)\times t$ 循环矩阵阵列，如式(3.55)所示。

$$\boldsymbol{G}_{qc}^*=\begin{bmatrix}\boldsymbol{G}\\ \cdots\\ \boldsymbol{Q}\end{bmatrix} \tag{3.54}$$

$$\boldsymbol{G}=\begin{bmatrix}\boldsymbol{I} & \boldsymbol{0} & \cdots & \boldsymbol{0} & \boldsymbol{G}_{1,1} & \boldsymbol{G}_{1,2} & \cdots & \boldsymbol{G}_{1,k}\\ \boldsymbol{0} & \boldsymbol{I} & \cdots & \boldsymbol{0} & \boldsymbol{G}_{2,1} & \boldsymbol{G}_{2,2} & \cdots & \boldsymbol{G}_{2,k}\\ \vdots & \vdots & \vdots & \vdots & \vdots & \vdots & \vdots & \vdots\\ \boldsymbol{0} & \boldsymbol{0} & \cdots & \boldsymbol{I} & \boldsymbol{G}_{t-k,1} & \boldsymbol{G}_{t-k,2} & \cdots & \boldsymbol{G}_{t-k,k}\end{bmatrix} \tag{3.55}$$

其中 $\boldsymbol{I}$ 是 $b\times b$“1”矩阵，$\boldsymbol{0}$ 为 $b\times b$ 零矩阵，$\boldsymbol{G}_{i,j}(1\leqslant i\leqslant t-k,1\leqslant j\leqslant k)$是 $b\times b$ 循环矩阵。通过置 $\boldsymbol{Z}_i=(g_{i,1}g_{i,2}\cdots g_{i,k})(i=1,2,\cdots,t-k)$中的 $bk-r$ 个线性相关码元（对应于 $\boldsymbol{D}^*$ 的线性相关列）为 0，解式(3.51)可得 $\boldsymbol{G}_{i,j}$ 的生成子 $g_{i,j}(j=1,2,\cdots,k)$，从而得到 $\boldsymbol{G}$。

式(3.54)中，子矩阵 $\boldsymbol{Q}$ 是一个$(kb-r)\times tb$ 矩阵。令 $d_1,d_2,\cdots,d_k$ 是 $\boldsymbol{D}^*$ 中第 1，第 2，…，第 k 个循环矩阵列中线性相关列的数量$(d_1+d_2+\cdots+d_k=bk-r)$，则 $\boldsymbol{Q}$ 有以下形式：

$$\boldsymbol{Q}=\begin{bmatrix}\boldsymbol{0}_{1,1} & \boldsymbol{0}_{1,2} & \cdots & \boldsymbol{0}_{1,t-k} & \boldsymbol{Q}_{1,1} & \boldsymbol{Q}_{1,2} & \cdots & \boldsymbol{Q}_{1,k}\\ \vdots & \vdots & \vdots & \vdots & \vdots & \vdots & \vdots & \vdots\\ \boldsymbol{0}_{k,1} & \boldsymbol{0}_{k,2} & \cdots & \boldsymbol{0}_{k,t-k} & \boldsymbol{Q}_{k,1} & \boldsymbol{Q}_{k,2} & \cdots & \boldsymbol{Q}_{k,k}\end{bmatrix} \tag{3.56}$$

其中 $\boldsymbol{0}_{i,m}(1\leqslant i\leqslant k,1\leqslant m\leqslant t-k)$是 $d_i\times b$ 零矩阵，$\boldsymbol{Q}_{i,j}(1\leqslant j\leqslant k)$是 $d_i\times b$ 部分循环矩阵，通过循环移位其第 1 行（每次向右移一个位置）d_i-1 次形成其余 d_i-1 行。令 $q_i=(0,0,\cdots,0,q_{i,1},q_{i,2},\cdots,q_{i,kb})$为 $\boldsymbol{Q}$ 的第 i 行子矩阵$[\boldsymbol{0}_{i,1}\boldsymbol{0}_{i,2}\cdots\boldsymbol{0}_{i,t-k}\boldsymbol{Q}_{i,1}\boldsymbol{Q}_{i,2}\cdots\boldsymbol{Q}_{i,k}]$的第 1 行，其前$(t-k)b$ 个比特为 0，后面 $w_i=(q_{i,1},q_{i,2},\cdots,q_{i,kb})$的 kb 比特中对应于 $\boldsymbol{D}^*$ 的线性相关列的 $kb-r$ 个比特（称为相关比特）有以下形式：$(0_1,\cdots,0_{i-1},u_i,0_{i+1},\cdots,0_k)$，其中 $0_s(s\neq i)$为 d_i 个 0，u_i 的第 1 个比特为 1，其余 d_i-1 位为 0。这意味着对于 $\boldsymbol{Q}$ 的每一行，相关比特中有一个为 1，其余的为 0。因此 w_i 中有 r 个码元是未知的，它们可以通过解以下方程得到：

$$\boldsymbol{D}^{*}\times w_{i}^{T}=0 \tag{3.57}$$

由求出的 $w_i(1\leqslant i\leqslant k)$，容易得到 $\boldsymbol{Q}_{i,j}(1\leqslant j\leqslant k)$ 的生成子，从而得到子矩阵 $\boldsymbol{Q}$。

由以上求解子矩阵 $\boldsymbol{G}$ 和 $\boldsymbol{H}$ 的方法可见，子矩阵中对应于 $\boldsymbol{D}$ 或 $\boldsymbol{D}^{*}$ 的线性相关列的 $kb-r$ 个码元作为信息比特被赋值，加上子矩阵左边的 $(t-k)b$ 个信息码元，总共 $tb-r$ 个信息码元。子矩阵 $\boldsymbol{Q}$ 有 $kb-r$ 行，$\boldsymbol{G}$ 有 $(t-k)b$ 行，生成矩阵 $\boldsymbol{G}_{qc}^{*}$ 有 $tb-r$ 行。这 $tb-r$ 行为线性无关的码字。

(3) QC－LDPC 的编码

下面说明 Zongwang Li 等 2006 年提出的基于 SRAA(移位寄存器一加法器一累加器)的两种 QC－LDPC 编码方法和 2008 年清华大学杨知行教授等提出的 PIPO 编码方法。

① 基于 SRAA 的串行 QC－LDPC 编码器

此编码电路基于 $\boldsymbol{G}_{qc}$ 中的矩阵 $\boldsymbol{P}$ 给出。令 $\boldsymbol{a}=[a_1,a_2,\cdots,a_{(t-c)b}]$ 是输入编码器的 $(t-c)b$ 比特的信息序列，将它分成等长度的 $(t-c)$ 段，即 $\boldsymbol{a}=(\boldsymbol{a}_1,\boldsymbol{a}_2,\cdots,\boldsymbol{a}_{t-c})$。第 i 段 $\boldsymbol{a}_i$ 包含 b 个相继的信息比特：$\boldsymbol{a}_i=[a_{(i-1)b+1},a_{(i-1)b+2},\cdots,a_{ib}]$。对应于 $\boldsymbol{a}$ 的码字 $\boldsymbol{v}=\boldsymbol{a}\times\boldsymbol{G}_{qc}$ 具有以下的系统码形式：$\boldsymbol{v}=(\boldsymbol{a},\boldsymbol{p}_1,\boldsymbol{p}_2,\cdots,\boldsymbol{p}_c)$，其中 $\boldsymbol{p}_j=(p_{j,1},p_{j,2},\cdots,p_{j,b})(1\leqslant j\leqslant c)$ 为一个由 b 个校验比特构成的段。参见式(3.49)，有

$$\boldsymbol{p}_j=\boldsymbol{a}_1\boldsymbol{G}_{1,j}+\boldsymbol{a}_2\boldsymbol{G}_{2,j}+\cdots+\boldsymbol{a}_{t-c}\boldsymbol{G}_{t-c,j} \tag{3.58}$$

令 $g_{i,j}^{(m)}$ 为生成子 $g_{i,j}$ 的 m 次 $(1\leqslant m\leqslant b)$ 循环(向右)移位，则有：

$$\boldsymbol{a}_i\boldsymbol{G}_{i,j}=a_{(i-1)b+1}g_{i,j}^{(0)}+a_{(i-1)b+2}g_{i,j}^{(1)}+\cdots+a_{ib}g_{i,j}^{(b-1)} \tag{3.59}$$

由式(3.58)和式(3.59)可见：在信息比特序列 $\boldsymbol{a}$ 输入编码器时可逐步计算出第 j 个校验段 $\boldsymbol{p}_j$：在第 k 步形成累加和 $s_{k,j}=\boldsymbol{a}_1\boldsymbol{G}_{1,j}+\boldsymbol{a}_2\boldsymbol{G}_{2,j}+\cdots+\boldsymbol{a}_k\boldsymbol{G}_{k,j}$ 并存储在寄存器中，第 $k+1$ 步按式(3.59)计算出 $\boldsymbol{a}_{k+1}\boldsymbol{G}_{k+1,j}$，并把它加到 $s_{k,j}$ 上得到 $s_{k+1,j}$，如此进行下去，直到计算出 $\boldsymbol{p}_j$。

第 j 个校验段 p_j 可用图 3.12 所示 SRAA 电路计算出。开始第一步时 $g_{1,j}^{(0)}$ 存储在反馈移位寄存器 B 中，移位寄存器 A 被清零，b 个与门实现输入信息比特 a_1 与 $g_{i,j}^{(0)}$ 的相乘，乘积 $a_1g_{1,j}^{(0)}$ 通过异或门与 A 中的值相加，累加和存入 A。第二步开始时，反馈移位寄存器 B 右移 1 位，B 中的内容为 $g_{i,j}^{(1)}$，输入信息比特 a_2 与 $g_{1,j}^{(1)}$ 相乘，乘积 $a_2g_{1,j}^{(1)}$ 与 A 中的值相加，得到累加和 $a_1g_{1,j}^{(0)}+a_2g_{1,j}^{(1)}$ 存入 A。如此进行下去，在第 b 步输入信息比特 a_b，经相乘和累加运算得到累加和 $\boldsymbol{a}_1\boldsymbol{G}_{1,j}$[参见式(3.59)]存于 A 中。接着逐比特输入 $\boldsymbol{a}_2$，重复以上步骤，得到累加和 $\boldsymbol{a}_1\boldsymbol{G}_{1,j}+\boldsymbol{a}_2\boldsymbol{G}_{2,j}$。对于后面输入的信息比特段如此重复以上步骤，最终得到累加和 $\boldsymbol{p}_j$[参见式(3.58)]。由以上讨论可见，$\boldsymbol{p}_j$ 的计算在 $(t-c)b$ 个时钟周期完成，每个时钟周期输入 1 个信息比特。

为了在输入信息比特序列的时间内完成编码，编码器采用并行工作的 c 个 SRAA 电路(如图 3.13 所示)。此编码器包含 $2cb$ 个双稳态电路，cb 个与门和 cb 个两输入异或门。

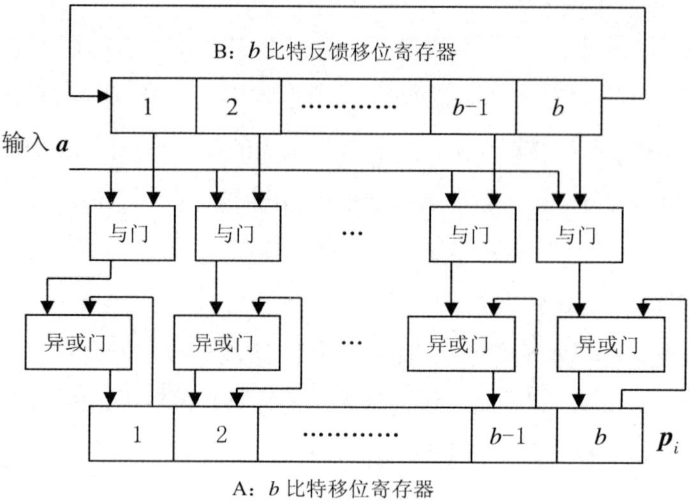

图 3.12　SRAA 编码器电路

由于此电路中信息比特是串行输入的，校验比特段是并行输出的，它被称为串行 QC－LDPC 编码器或 SIPO（串入并出）编码器。

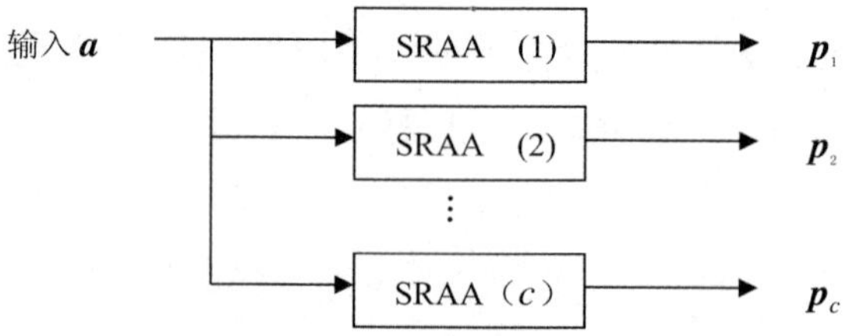

图 3.13　基于 SRAA 的串行 QC－LDPC 编码器

② 基于 SRAA 的并行 QC－LDPC 编码器

令生成矩阵 $\boldsymbol{G}_{qc}$ 中循环矩阵 $\boldsymbol{G}_{i,j}(1\leqslant i\leqslant t-c,1\leqslant j\leqslant c)$ 的第 1 列为 $h_{i,j}$，$h_{i,j}$ 的 m 次向下循环移位用 $h_{i,j}^{(m)}$ 表示，则由 $\boldsymbol{v}=(\boldsymbol{a},\boldsymbol{p}_1,\boldsymbol{p}_2,\cdots,\boldsymbol{p}_c)=\boldsymbol{a}\times\boldsymbol{G}_{qc}$ 和式(3.49)，得到第 j 校验段 $\boldsymbol{p}_j$ 中第 m 比特 $p_{j,m}$ 的表达式：

$$p_{j,m}=\boldsymbol{a}_1h_{1,j}^{(m-1)}+\boldsymbol{a}_2h_{2,j}^{(m-1)}+\cdots+\boldsymbol{a}_{t-c}h_{t-c,j}^{(m-1)} \tag{3.60}$$

因此 $p_{j,m}$ 可用 $(t-c)b$ 个两输入与门和 $(t-c)b-1$ 个两输入异或门形成（如图 3.14 所示）。

编码器逐次产生校验比特段 $\boldsymbol{p}_j$，其过程如下：首先将 $h_{1,j},h_{2,j},\cdots,h_{t-c,j}$ 并行装载到 $t-c$ 个反馈移位寄存器中，并形成 $\boldsymbol{p}_j$ 的第 1 比特 $p_{j,1}$；然后循环移位这些反馈移位寄存器 $b-1$ 次，产生 p_j 的其他 $b-1$ 个比特。可见产生一个校验段需要 b 个时钟周期，整个编码过程在 cb 个时钟周期中完成。此电路中信息比特是并行输入，校验比特段是串行输出，故被称为并行 QC－LDPC 编码器或 PISO（并入串出）编码器。

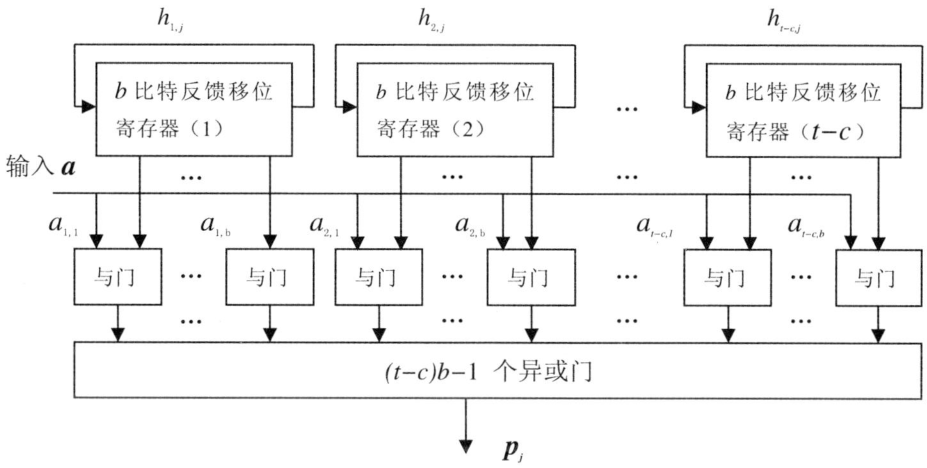

图 3.14　基于 SRAA 的并行 QC—LDPC 编码器

如果用 c 个图 3.14 所示电路并行产生所有的校验段，则在 b 个时钟周期中完成编码。当然，其所需器件是上述编码器的 c 倍。通过选择一次并行产生的校验段数量，可以实现编码速度与编码器复杂度之间的折中。

③PIPO(并入并出)QC—LDPC 编码器

此编码器按照式(3.58)设计，产生一个校验比特段 $\boldsymbol{p}_j$ 的步骤如下：第一步：b 个信息比特 $\boldsymbol{a}_1$ 和 $\boldsymbol{G}_{1,j}$ 的 b 比特生成子并行输入编码器，计算 $\boldsymbol{a}_1\boldsymbol{G}_{1,j}$，结果存入寄存器。第二步：输入 $\boldsymbol{a}_2$ 和 $\boldsymbol{G}_{2,j}$ 的生成子，计算 $\boldsymbol{a}_2\boldsymbol{G}_{2,j}$，结果累加到寄存器中，即得到 $\boldsymbol{a}_1\boldsymbol{G}_{1,j}+\boldsymbol{a}_2\boldsymbol{G}_{2,j}$。如此继续下去，共进行 $t-c$ 次后得到 $\boldsymbol{p}_j$ 并输出它。以此方法，所有校验段在 $(t-c)c$ 个时钟周期中获得。由于 b 通常比 t 和 $t-c$ 大得多，因此编码器的编码速度大大提高。编码器需要 1 个 b 比特寄存器、b^2 个两输入与门和 b^2 个两输入异或门。对于此方法，同样可在编码速度与复杂度之间进行折中。

3.2　调　制

在地面数字电视或移动多媒体广播系统中，纠错编码后的比特序列对载波进行调制，得到适合于在无线信道中传输的信号。已调载波信号的频谱必须限制在规定的频带内，例如系统采用 VHF/UHF 电视广播频道时，已调信号带宽限制在 8MHz 内。

3.2.1 QAM

对应于改变载波的幅度、频率或相位，基本的数字调制方式有 ASK(幅移键控)、FSK(频移键控)和 PSK(相移键控)。在地面数字电视或移动多媒体广播系统中应用较多的是 QAM，可看作是 ASK 和 PSK 的组合。

在数字调制中，比特序列以 m 个比特为一组进行分组，一组比特转换为一个已调信号（称为符号），此过程称为映射。所以可用符号数 M 应等于 2^m。根据 M 的不同，QAM 有 4QAM，16QAM，32QAM，64QAM，128QAM 和 256QAM 等。其中 4QAM 等同于 QPSK，BPSK 可看作是 QAM 的特例。设符号为矩形包络，时间宽度为 T_s，则第 i 个 QAM 符号可表示为：

$$\begin{aligned} S_i(t) &= A_i\cos(2\pi f_c t + \theta_i) \\ &= I_i\cos(2\pi f_c t) - Q_i\sin(2\pi f_c t), \quad iT_s \leqslant t \leqslant (i+1)T_s \end{aligned} \tag{3.61}$$

其中 $A_i^2 = I_i^2 + Q_i^2$，$\theta_i = \arctan(Q_i/I_i)$。

数字调制（除 FSK 外）通常用星座图表示，其中一个星座点 (I,Q) 代表一个可用的符号。星座点旁标出的一组比特表示这组比特映射到该符号。图 3.15 所示为地面数字电视广播传输系统国家标准中规定的 16QAM 星座图。

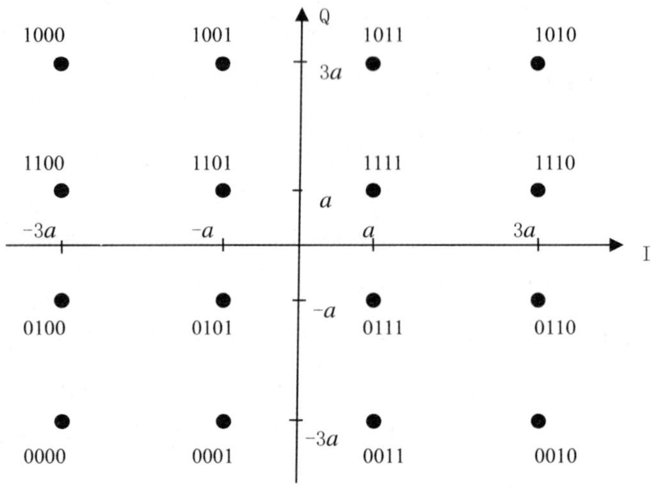

图 3.15　16QAM 星座图

通常采用 Gray（格雷）码进行映射，即映射到相邻（上下或左右）的两个星座点的两组比特相互间只有 1 个比特不同。这样当噪声或干扰使得解调器错误解调为相邻的星座点时（这种错误解调出现的概率大于错误解调为相距较远的星座点的概率），只产生 1 个错误比特，便于解码器纠错。图 3.15 所示星座图采用了 Gray 码。

发送信号 $S(t)$ 是符号 $S_i(t)$ 之和，为了限制其频带，$S_i(t)$ 不采用矩形包络。

$$S(t) = I(t)\cos(2\pi f_c t) - Q(t)\sin(2\pi f_c t) \tag{3.62}$$

其中 $I(t)$ 和 $Q(t)$ 分别为同相基带信号和正交基带信号，$I(t)$ 是 $\sum I_i\delta(t - iT_s)$ 通过基带滤波器的输出，$Q(t)$ 是 $\sum Q_i\delta(t - iT_s)$ 通过基带滤波器的输出。

图 3.16 所示为 QAM 调制器方框图，它是一个正交调制器。通常采用升余弦滚降滤波器作为调制器中的基带低通滤波器，或者等效地在发射端与接收端采用同样的平方根

升余弦滚降滤波器。工程中称此处理为基带脉冲成形。升余弦滚降滤波器的传递函数 $H(f)$ 在 $0\leqslant f\leqslant(1-\alpha)/2T_s$ 时等于 1；$f\geqslant(1+\alpha)/2T_s$ 时等于 0；f 在 $(1-\alpha)/2T_s$ 和 $(1+\alpha)/2T_s$ 之间：

$$H(f)=0.5+0.5\cos[\pi(2T_sf-1+\alpha)/2\alpha] \tag{3.63}$$

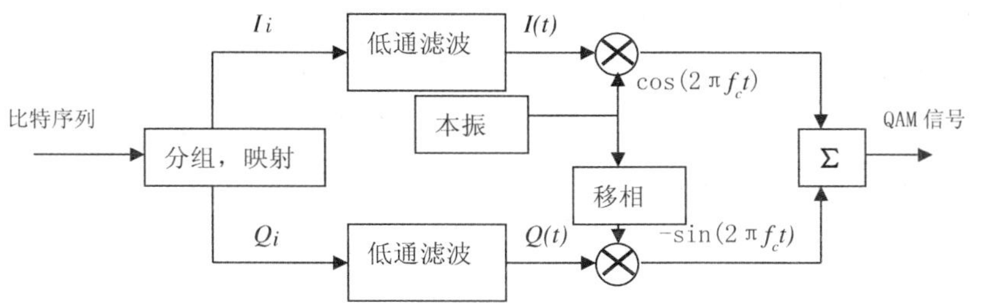

图 3.16　QAM 调制器方框图

其中 α 为升余弦滚降滤波器的滚降系数。工程中通常将 $(1+\alpha)/2T_s$ 作为基带信号带宽，对应的载波信号带宽为 $(1+\alpha)/T_s$。如前所述，载波信号带宽应小于频道带宽，为提高频谱利用率，通常 α 的值很小，我国地面数字电视传输系统选用 $\alpha=0.05$。升余弦滚降滤波器的冲激响应在 $t=jT_s$（j 为不等于 0 的整数）处为 0，从而避免了符号间的干扰。

大多数数字电视广播系统都设置多种映射方式，以适应不同的信道和应用。为了在选用各种映射方式时，调制器输出信号有相同的平均功率，需对星座点的坐标归一化。例如，图 3.15 所示 16QAM 映射下，如果各调制符号等概率出现，则符号的平均功率为 $0.5(2+10+10+18)a^2/4=5a^2$。对于 4QAM，其星座点坐标取 b 或 $-b$ 时，符号功率为 $0.5\times2b^2=b^2$。要使它们相等，应有 $a=b/\sqrt{5}$。若以 4QAM 为基准，16QAM，32QAM 和 64QAM 的归一化因子分别为 $1/\sqrt{5}$，$1/\sqrt{10}$ 和 $1/\sqrt{21}$。可见，随着 M 的加大，映射到一个符号的比特数加大，传输码率增大；但在相同平均功率下，星座图上符号间的欧氏距离减小，抗噪声和抗干扰的能力下降。因此，为获得相同的误码性能，M 越大，所需的 C/N（载噪比）越高。例如 DVB—T 标准给出的仿真结果中，对于同样的纠错码码率（1/2），高斯信道下维特比解码后达到 2×10^{-4} 的 BER 所需 C/N 分别为 3.1dB（4QAM），8.8 dB（16QAM）和 14.4 dB（64QAM）。

3.2.2　TCM（Trellis Coded Modulation，网格编码调制）

虽然维特比软判决解码将解调和解码结合起来取得了很好的效果，但纠错码的设计目标是汉明距离最大，在映射为调制符号后不能达到欧氏距离最大化，从而使软判决的优点得不到充分的发挥。1982 年 Ungerboeck 提出了 TCM，它是将卷积码与调制结合起来设计的一种方法，其目的是欧氏距离最大化。下面以美国 ATSC 数字电视标准（8VSB 系统）所用的 TCM 为例说明这种设计方法。

1. 调制符号集的分割

TCM 的基础是调制符号集的分割。集分割逐次将符号集或子集一分为二，形成各阶子集。随着分割次数的增加，子集中的符号数量减少，但符号间的最小欧氏距离增大。集分割方法应使得同一阶子集的最小欧氏距离相同并尽可能大。

ATSC 8VSB 系统采用 8ASK 调制方式，符号集包含 8 个符号：$S_0, S_1, \cdots, S_7$，其集分割如图 3.17 所示。其中 A_0 和 A_1 为符号集经一次分割得到的一阶子集，B_0, B_1, B_2 和 B_3 为符号集经两次分割得到的二阶子集。由图 3.17 可见，如果符号集的最小欧氏距离为 $d_{\min}$，则一阶子集的最小欧氏距离为 $2d_{\min}$，二阶子集的最小欧氏距离为 $4d_{\min}$。

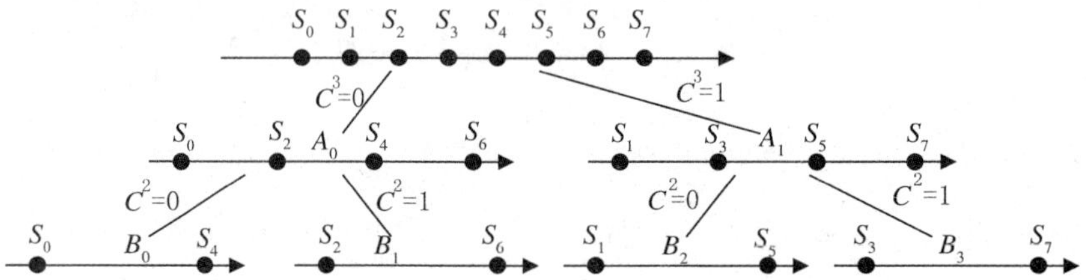

图 3.17 8ASK 调制符号集的分割

2. TCM

TCM 在集分割的基础上进行，其原理方框图如图 3.18 所示。每 k 个信息比特产生一个调制符号，调制符号集有 2^{k+r} 个符号。k 比特中的 k' 个比特经卷积编码产生 $k'+r$ 个比特，这些比特决定选用哪个 $(k'+r)$ 阶子集的符号；k 比特中的其他 $k-k'$ 比特确定选用子集中哪个符号。通常取 $r=1$。ATSC 8VSB 系统中的网格编码调制器如图 3.19 所示。其中 $k=2, k'=1, r=1$，采用 4 状态卷积码编码器，它输出的比特 C^3 和 C^2 决定映射符号所在子集，不经编码的比特 C^1 确定映射到子集中哪个符号，映射关系如图 3.19 所示。

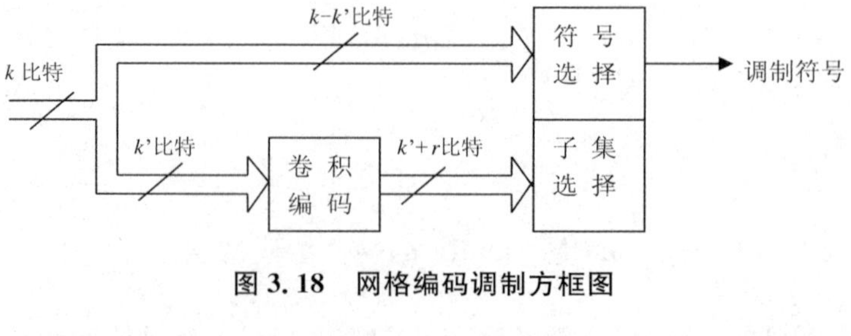

图 3.18 网格编码调制方框图

TCM 也可用状态转移图或网格图表示，只是每次状态转移都可能有 $2^{k-k'}$ 个不同的调制符号输出（并行转移支路），它们对应于 $k-k'$ 个不编码的信息比特。在设计 TCM 时，应尽可能保证：①网格图上并行转移支路的输出符号在同一个 $(k'+r)$ 阶子集内，以使

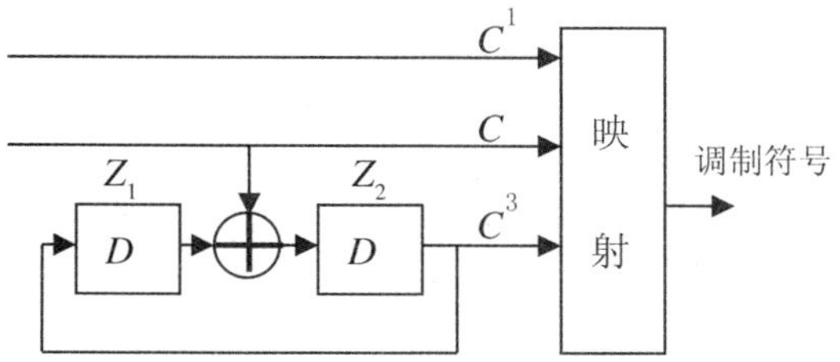

子集	调制符号	$C^1C^2C^3$
B_0	S_0	000
B_2	S_1	001
B_1	S_2	010
B_3	S_3	011
B_0	S_4	100
B_2	S_5	101
B_1	S_6	110
B_3	S_7	111

图 3.19　8ASK 网格编码调制器

它们的欧氏距离足够大。在所述 8ASK TCM 中,它们之间的欧氏距离等于 $4d_{\min}$。前面所述 TCM 方法(如图 3.18 所示)自动满足此要求。②从同一个状态出发的转移支路的输出符号在同一个尽可能高阶的子集中。③进入同一个状态的转移支路的输出符号在同一个尽可能高阶的子集中。这两个要求使得自由欧氏距离尽可能地大,以减小卷积码输出的 $k'+r$ 个比特的误码率。④尽可能等概率地使用符号集的各个符号。图 3.19 所示 8ASK TCM 的网格图示于图 3.20,其中并行支路用同一条线表示,在线上标明两个支路对应的输出符号,状态用 Z_1Z_2 表示。由图 3.20 可见,它满足上面所述要求。图 3.20 中还用粗线标出了从 00 状态出发又回到 00 状态的两条路径,它们之间的最小欧氏距离等于:$[d^2(S_0,S_2)+d^2(S_0,S_1)+d^2(S_0,S_2)]^{1/2}=3d_{\min}$;并行支路间的欧氏距离为 $d(S_0,S_4)=d(S_2,S_6)=d(S_1,S_5)=d(S_3,S_7)=4d_{\min}$。

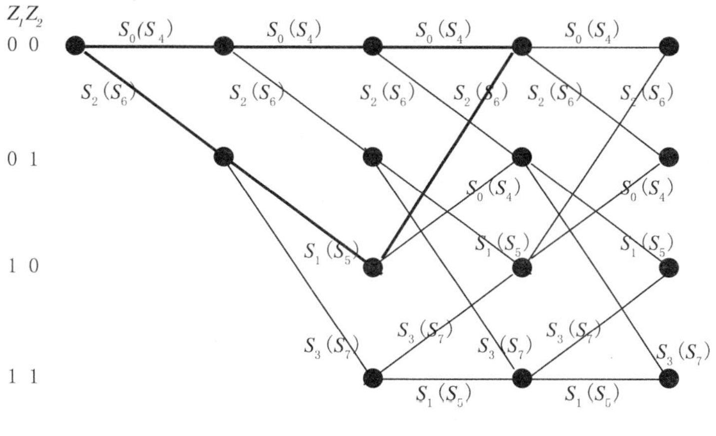

图 3.20　8ASK 网格编码调制的网格图

TCM 系统的接收信号采用维特比软判决算法进行解码。通常首先对于每组并行支路,根据接收信号与各并行支路调制符号的欧氏距离留下距离接收符号最近的调制符号对应的支路,删去其他的并行支路。由于并行支路调制符号在同一个 $k'+r$ 阶子集中,有较大的欧氏距离，这一步骤确定的 $k-k'$ 个不编码的信息比特有较高的可靠性。然后，像一般卷积码的解码那样进行软判决解码。

3.2.3　多载波调制

地面数字电视和移动多媒体广播传输系统广泛采用称为 OFDM(Orthogonal Frequency Division Multiplexing，正交频分复用)的多载波调制技术，其中数据比特对多个等频率间距(频率间距等于调制符号有效宽度的倒数)的载波进行调制，通常称这些载波为子载波。与一般的频分复用不同，子载波调制后的频谱重叠，但由于 OFDM 中子载波相互正交，这并不影响接收端的正确解调，理想状态下不产生子载波间的干扰。OFDM 系统分别采用 IDFT 和 DFT 实现调制和解调，通常采用它们的快速算法 IFFT(逆快速傅立叶变换)和 FFT(快速傅立叶变换)。

1. OFDM 信号及其频域与时域特性

设频道中心频率为 f_c，各子载波调制信号的包络为矩形，其时间宽度为 T_s，子载波数 N 为偶数。为满足子载波的正交性，子载波频率间距 Δf 应等于 $1/T_s$，子载波频率为 $f_c+k\Delta f(-N/2\leqslant k\leqslant N/2-1)$。映射到对应频率的子载波上的数据为 $d_k=I_k+jQ_k=A_ke^{j\theta_k}$，则 N 个子载波调制信号的和构成一个 OFDM 符号 $S(t)$：

$$S(t)=\sum_{k=-N/2}^{N/2-1}A_k\cos[2\pi(f_c+k\Delta f)t+\theta_k]$$

$$=\mathrm{Re}\Big[\sum_{k=-N/2}^{N/2-1}d_ke^{j2\pi(f_c+k\Delta f)t}\Big] \tag{3.64}$$

考察一个 OFDM 符号的频谱，它是各个子载波调制信号频谱的叠加。宽度为 T_s 的矩形包络子载波(频率为 f_k)的功率谱密度函数为 $p_k(f)$：

$$p_k(f)=\{\sin[\pi(f-f_k)T_s]/[\pi(f-f_k)T_s]\}^2 \tag{3.65}$$

在 f_k 处 $p_k(f_k)=1$。其距离 f_k 最近的零点出现在 $f_k\pm1/T_S$ 处。在 $f-f_k=\pm n/2T_S(n=3,5,7,\cdots)$ 处 $p_k(f)$ 出现副瓣，距离 f_k 越远，副瓣越低。例如 $f-f_k=30.5/T_s$ 时 $p_k(f)=1/9181$，它比 f_k 处低 39.6dB。地面数字电视和移动多媒体广播 OFDM 系统中子载波数 N 取值在 1000 以上，因而子载波频率间距相应较小，符号宽度 T_S 较长。这使得 OFDM 信号的频谱在两侧衰减很快，一般无须使用滤波器进行限带，不带来滚降系数导致的频谱利用率下降。DVB−T 标准将高端子载波谱密度出现首个零点的频率与低端子载波谱密度出现首个零点的频率之差定义为标称带宽。对于 8MHz 频道，其 2K 模式下子载波数 $N=1705$，子载波频率间距 Δf 为 4464Hz，标称带宽为 $1706\Delta f=7.615584$MHz。应该注意：OFDM 信号在两侧的衰减比单个子载波频谱的衰减慢，因为在标称带宽外的频谱分量功率是所有子载波在该频率处分量的功率和。在我国地面数字电视传输系统中有载波数为 1 和 3780 的两个选项，即使在多载波方式下其帧头还是单载波调制符号，因此仍然需用滚降滤波器限制频带。

由于 OFDM 符号是多个子载波调制后信号相加的结果，与单载波调制信号相比，它有较大的 PAR/PAPR（峰值功率与平均功率之比，简称峰均比）。子载波数较大时，OFDM 信号具有近似于高斯噪声的瞬时幅度分布。瞬时幅度分布可用 CCDF(x)（互补累积分布函数）描述，它给出幅度小于等于 x 的样值数与统计的样值总数之比。通常将此比值为 99.9%或 99.99%时的幅度值 x 对应为峰值功率，求出 PAPR。也就是说，它们是在忽略了占总样值数 0.1%或 0.01%的更大幅度的样值的条件下求出的。在相同平均功率条件下，PAPR 大的信号要求放大器有更大的线性工作范围，或者降低发射机的输出功率（称为“功率回退”），以保证发射信号不失真。

2. OFDM 信号的产生

OFDM 信号可通过基带信号对载波的正交调幅得到。由式（3.64），OFDM 符号 $S(t)$ 为

$$\begin{aligned} S(t) &= \mathrm{Re}\left[e^{j2\pi f_c t}\sum_{k=-N/2}^{N/2-1} d_k e^{j2\pi k\Delta f t}\right] \\ &= \mathrm{Re}\left[e^{j2\pi f_c t}[I(t)+jQ(t)]\right] \\ &= I(t)\cos(2\pi f_c t)-Q(t)\sin(2\pi f_c t) \end{aligned} \tag{3.66}$$

其中 $I(t)$ 和 $Q(t)$ 分别为 OFDM 基带信号的实部和虚部：

$$I(t)=\mathrm{Re}\left[\sum_{k=-N/2}^{N/2-1} d_k e^{j2\pi k\Delta f t}\right] \tag{3.67}$$

$$Q(t)=\mathrm{Im}\left[\sum_{k=-N/2}^{N/2-1} d_k e^{j2\pi k\Delta f t}\right] \tag{3.68}$$

基带信号在 $t=n\dfrac{T_s}{N}(n=0,1,2,\cdots,N-1)$ 时刻的样值 $D(n)$ 为：

$$\begin{aligned} D(n) &= \sum_{k=-N/2}^{N/2-1}\left[d_k e^{j2\pi kn/N}\right] \\ &= \sum_{k=0}^{N-1}\left[d_k e^{j2\pi kn/N}\right] \end{aligned} \tag{3.69}$$

其中对于 $-N/2$ 至 -1 的 k，通过令 $k'=N+k$，变换到 $N/2$ 至 $N-1$。由式（3.69）可见，样值 $D(n)(n=0,1,\cdots,N-1)$ 是频域调制数据 $d_k(k=0,1,\cdots,N-1)$ 的 IDFT。因此可以通过 IFFT 由映射到各子载波的数据求出 OFDM 基带符号的时域样值，经 D/A 转换得到同相和正交基带信号，再经射频载波的正交调制[参见式（3.66）]得到 OFDM 载波信号。

接收端通过对载波正交解调得到的基带信号样值进行 FFT，可得到解调的频域数据。

3. OFDM 符号的保护间隔

多载波调制系统中通常在 OFDM 符号前加宽度为 Δ 的保护间隔(Guard Interval, GI),以抵抗多径干扰。如果没有保护间隔,回波将造成符号间的干扰。保护间隔中信号主要有两种形式:CP(Cyclic Prefix,循环前缀)和已知信号。

如图 3.21 所示,将 OFDM 符号尾部宽度为 Δ 的部分复制为保护间隔信号,称它为 CP。由于在 T_s 中有整数个子载波,符号宽度 $T=T_s+\Delta$ 内各子载波信号都是连续的,T 中任意一段宽度为 T_s 的信号都是一个 OFDM 符号。当回波时延 τ 小于保护间隔的宽度 Δ 时,图中 T_s 区间内的接收信号为同一 OFDM 符号的主径信号与回波信号之和,因此不存在符号间干扰。DVB-T 系统采用 CP 作为保护间隔信号。应该指出:对于单个子载波,包括 CP 在内的符号功率谱密度函数表达式同式(3.65),但其中 T_s 应改为 T,谱的零点出现在 $f_k \pm m/T(m=1,2,\cdots)$处,一般不在其他子载波位置上。

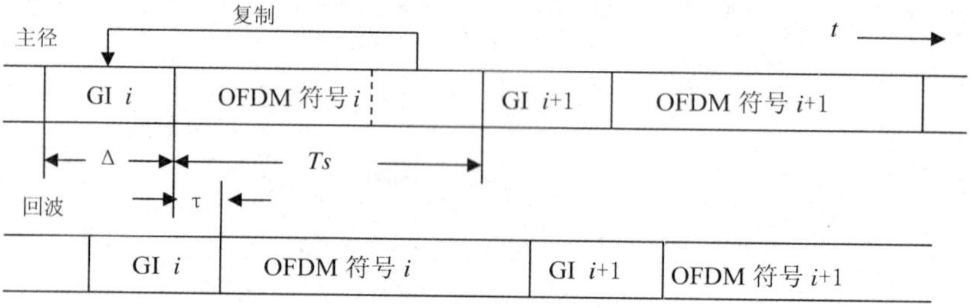

图 3.21 循环前缀保护间隔及其抗多径干扰作用

我国地面数字电视传输系统中的帧头可视为多载波调制时的保护间隔,帧头是由 PN 序列和前同步、后同步组成的已知数据信号,用于对单载波调制,提供同步和信道估计。在多径信道中存在帧头对 OFDM 符号的干扰,由于帧头信号是已知的,接收端根据信道估计求出的信道冲激响应得出帧头干扰的成分并从接收信号中减去,从而消除帧头对 OFDM 符号的干扰。

保护间隔的宽度 Δ 越大,能抵抗的回波时延越长。但是,加大保护间隔宽度导致传输码率和频谱利用率下降。因为在相同信道带宽的情况下 T_s 与子载波数 N 成正比,对于相同宽度的保护间隔,N 值大的系统频谱利用率下降比率小一些。

4. 导频与信道估计

虽然保护间隔能保护 OFDM 符号在多径信道中不被邻近符号干扰,但回波使得 OFDM 基带符号产生线性失真,不同频率的子载波有不同的幅度衰减和相移,即信道的传递函数 H_k 与频率有关。传递函数由回波的衰减量和时延值决定。例如对于频率为 f_k 的基带子载波信号 $d_k e^{j2\pi f_k t}$,衰减量为 A、时延为 τ 的单个回波情况下接收信号为 $d_k e^{j2\pi f_k t}(1+Ae^{j2\pi f_k \tau})$,信道的传递函数为 $H_k=1+Ae^{j2\pi f_k \tau}$。为了校正此线性失真,需要进行信道估计，求出传递函数 H_k。因此，在发送信号中提供用于进行信道估计的信号。所提供的信号有两类：频域信号（导频）和时域信号。

频域信号是 OFDM 符号中某些用已知数据按规定映射方式调制的子载波信号，这些子载波信号被称为导频。DVB－T 和 DVB－T2 系统都提供连续导频和离散导频用于进行信道估计。连续导频是在各个 OFDM 符号中序号固定的子载波信号，即连续导频位置不变；离散导频的位置随 OFDM 符号的时间序号按一定的规则周期性变化。接收端由导频子载波解调得到的数据和已知的发送导频符号求出导频子载波频率处的传递函数值，通过在频率或时间轴上的内插求出每个符号中所有子载波频率上的传递函数值，用于对相应符号的数据子载波解调数据进行均衡。导频设置降低了传输码率。

我国地面数字电视传输标准采用时域信号（帧头）进行信道估计。如前所述，此信号是已知的 PN 序列，自相关函数近似为 δ 函数，接收端通过将接收到的 PN 序列与本地产生的 PN 序列进行互相关运算得到信道的时域冲激响应，由此求出传递函数用于均衡。信道估计利用实时的帧头信息对每一帧（对每一个 OFDM 符号）进行，有利于移动接收。因为此时域信号同时起到保护间隔的作用，相比用导频进行信道估计的系统可获得较高的频谱利用率。此外，在单载波调制方式下，帧头可作为训练序列实现横向滤波器均衡。

3.3　交织技术

在地面数字电视和移动多媒体广播系统中通常应用交织技术：在发送端进行符号交织，改变符号序列中符号的传输顺序；接收端通过去交织还原符号在交织前序列中的顺序。被交织的符号可以是比特、字节或其他符号。按照其应用，交织可分为两类：时域交织和频域交织。时域交织将码字中或具有强相关性的比特或字节分散到传输序列中，信道产生的突发错误通过去交织分散到多个码字或卷积码比特序列中，从而获得抗突发干扰的能力。频域交织用于 OFDM 系统中，它将码字中或具有强相关性的比特组（映射数据）随机映射到各子载波，以提高系统抵抗频率选择性衰落的能力。交织方法可分为块交织和卷积交织。

3.3.1　块交织

块交织又称为分组交织或矩阵交织。通常，块交织器将其输入符号序列中的符号以逐列自上而下的顺序写入一个矩形存储器阵列中，每个存储单元存储一个符号。如图 3.22所示，该阵列有 r 行和 c 列，第 i 行第 j 列（$i=1,2,\cdots,r$；$j=1,2,\cdots,c$）的单元存储的符号记为 a_{ij}。

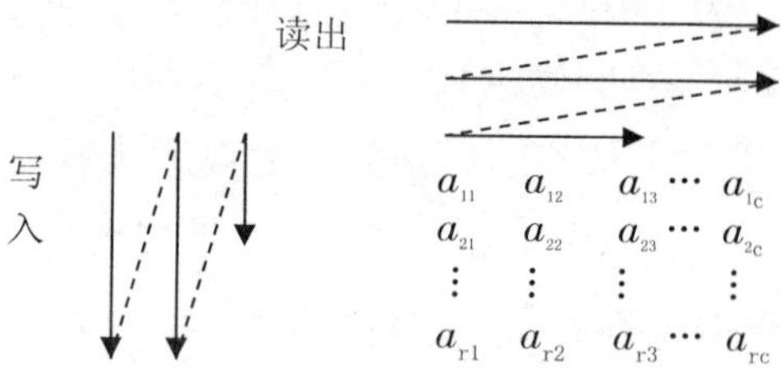

图 3.22 块交织器

当存储器阵列存满后,从第 1 行第 1 列的存储单元开始以逐行从左到右的顺序读出符号。可见,交织器输入符号序列为 $a_{11}a_{21}\cdots a_{r1}a_{12}a_{22}\cdots a_{r2}a_{13}\cdots a_{r3}\cdots\cdots a_{1c}a_{2c}\cdots a_{rc}$,交织器输出符号序列为 $a_{11}a_{12}\cdots a_{1c}a_{21}a_{22}\cdots a_{2c}a_{31}\cdots a_{3c}\cdots\cdots a_{r1}a_{r2}\cdots a_{rc}$。若以 $a_p(p=1,2,\cdots,rc)$表示块交织器的输入符号序列,以 $a_q(q=1,2,\cdots,rc)$表示块交织器的输出符号序列,则有 $p=(j-1)r+i$ 和 $q=(i-1)c+j$,即交织在 rc 个符号的块内进行,输入序列中序号为$(j-1)r+i$ 的符号在交织后符号序列中序号为$(i-1)c+j$。去交织器的操作与交织器相反,其输入符号序列以逐行从左到右的顺序写入存储器阵列,以逐列自上而下的顺序读出符号。在块交织中,由交织器和去交织器产生的总时延为 $2rc$ 个符号的传输时间。容易看出:如果交织器各列为一个码字,设该码能纠正一个符号的错误,信道产生的突发错误长度$\leqslant c$,去交织后错误分散到 c 个码字中,每个码字有一个错误符号,从而可被纠正。

块交织的特点是在一个块中进行交织。以上所述二维空间上的块交织可推广到多维空间上的块交织。我国地面数字电视传输标准中多载波系统采用多维块交织进行频域符号交织。交织块的大小等于系统子载波数 3780,交织器输入符号序列中符号序号 $p(0\leqslant p\leqslant 3779)$可写为 $p=1260i+420j+140k+70l+35m+7n+o(0\leqslant i\leqslant 2;0\leqslant j\leqslant 2;0\leqslant k\leqslant 2;0\leqslant l\leqslant 1;0\leqslant m\leqslant 1;0\leqslant n\leqslant 4;0\leqslant o\leqslant 6)$,交织器将序号为 p 的输入符号置于输出序列中序号 $q=540o+108n+54m+27l+9k+3j+i$ 处$(0\leqslant q\leqslant 3779)$。例如序号为 1400 $(i=k=1,j=l=m=n=o=0)$的输入符号被交织到输出序列中序号为 10 处。维数越大,交织的随机性越强。

还有一种称为随机交织的块交织,其交织到的位置由伪随机序列决定。图 3.23 所示为 DVB−T 系统 2K 模式频域符号交织器的地址产生原理。交织器输入符号序号为 q,对应的输出序号 $H(q)$为 11 比特的二进制字 D 对应的十进制值。D 的最高有效位 d_{10} 由双稳态电路 T 的状态决定,其余比特由反馈移位寄存器电路产生的伪随机字 $B=b_9b_8b_7b_6b_5b_4b_3b_2b_1b_0$ 经置换得到,例如 $d_0=b_9$ 等(如图 3.23 所示)。控制单元控制移位寄存器的移位和初始状态,并且每移位一次给出一个计数脉冲到双稳态电路 T 使其反转。若 i 表示计数脉冲数,$i=0$ 和 1 时,B 为全零;$i=2$ 时 $B=0000000001$,此后 B 由反馈移位寄存器电路形成。因为 D 对应的十进制值可能大于子载波数(2K 模式下为 1512),地址检查将满足要求的值作为地址 $H(q)$,并使 q 加 1。

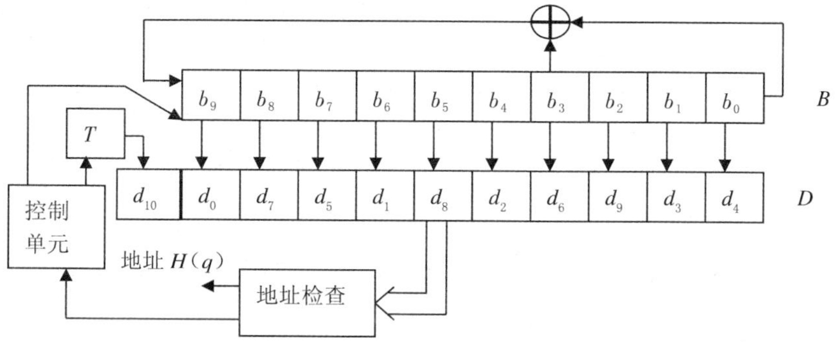

图 3.23 DVB—T 系统 2K 模式频域符号交织器的地址产生原理图

3.3.2 卷积交织

卷积交织器和去交织器的结构如图 3.24 所示。图中 I 表示支路总数,M,$2M$,…$(I-1)M$ 表示相应支路中先进先出存储单元的数量。交织器的输入由切换开关轮流循环接入各支路,经各支路不同的延时后输出。接收端的去交织器完成与交织相反的操作,将接收符号序列还原为发送端交织前的顺序。交织器中经支路 0 的符号直接输出,经支路 1 的符号延时 IM 个符号位置输出,…,经支路 $I-1$ 的符号延时 $I(I-1)M$ 个符号位置输出。由卷积交织和去交织产生的符号传输时延为 $I(I-1)M$。

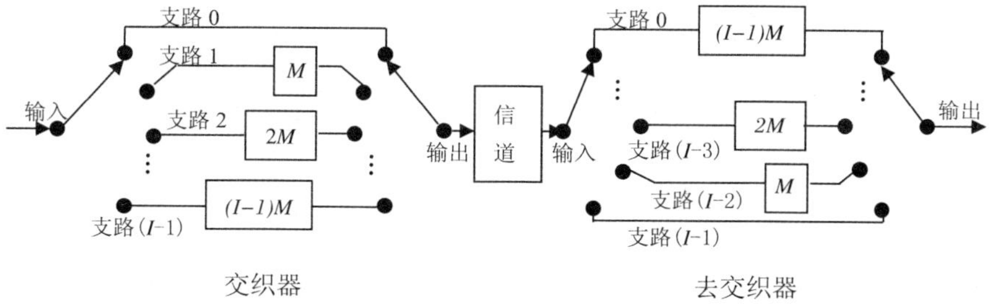

图 3.24 卷积交织器和去交织器

与块交织一样,卷积去交织器将信道产生的突发错误分散到不同的码字中,利用纠错码纠正随机错误的能力进行纠错。

参考文献

[1] W. W. Peterson and E. J. Welden, Error - Correcting Codes, The M. I. T. Press and John Wiley & Sons, Inc., 1961.

[2] Irving S. Reed and Xuemin Chen, Error - Control Coding for Data Networks, Kluwer Academic Publishers, 1999.

[3] R. G. Gallager, Low-Density Parity-Check Codes, IRE Transactions on Information Theory, 1962, IT - 8, pp. 21 - 28.

[4] D. J. C. MacKay, R. M. Neal, Near Shannon Limit Performance of Low Density Parity Check Codes, Electronics Letters, 1996. 8, Vol. 32, No. 18, pp. 1645 - 1646.

[5] Yu Kou, Shu Lin and Marc P. C. Fossorier, Low-Density Parity-Check Codes Based on Finite Geometries: A Rediscovery and New Results, IEEE Transactions on Information Theory, 2001. 11, Vol. 47, No. 7, pp. 2711 - 2736.

[6] Heng Tang, Jun Xu, Yu Kou, Shu Lin and Khaled Abdel-Ghaffar, On Algebraic Construction of Gallager and Circulant Low-Density Parity-Check Codes, IEEE Transactions on Information Theory, 2004. 6, Vol. 50, No. 6, pp. 1269 - 1279.

[7] Bassem Ammar, Bahram Honary, Yu Kou and Shu Lin, Construction of Low-Density Parity-Check Codes Based on Balanced Incomplete Block Designs, IEEE Transactions on Information Theory, 2004. 6, Vol. 50, No. 6, pp. 1257 - 1268.

[8] Zongwang Li, Lei Chen, Lingqi Zeng, Shu Lin and Wai H. Fong, Efficient Encoding of Quasi-Cyclic Low-Density Parity-Check Codes, IEEE Transactions on Communications, 2006. 1, Vol. 54, No. 1, pp. 71 - 81.

[9] Zhixing Yang, Qiuliang Xie, Kewu Peng and Jian Fu, A Fast and Efficient Encoding Structure for QC - LDPC Codes, International Conference on Communications, Circuits and Systems, 2008, Piscataway, NJ: IEEE, 2008, pp. 16 - 20.

[10] ATSC Standard A/53, ATSC Digital Television Standard, 1995.

[11] ETSI EN300744, Digital Video Broadcasting (DVB), Framing Structure, Channel Coding and Modulation for Digital Terrestrial Television, 1996.

[12] GB 20600 - 2006《数字电视地面广播传输系统帧结构、信道编码和调制》，中华人民共和国国家质量监督检验检疫总局、中国国家标准化管理委员会，2006 年 8 月 18 日。

第四章　ATSC 8VSB 与 DVB－T 地面数字电视广播传输系统

ATSC 8VSB 和 DVB－T 地面传输系统标准制定于 20 世纪 90 年代中期，已获得广泛应用。

4.1　ATSC 8VSB 地面数字电视广播传输系统

ATSC 8VSB 系统采用残留边带调制方式，支持在一个 6MHz 带宽的频道中传送 HDTV 节目，提供 19.39Mb/s 的净码率，频谱效率达到 3.2b/(s·Hz)。其系统发送端方框图如图 4.1 所示。输入 TS 数据经随机化后进行 RS(207,187)纠错编码、数据交织和网格编码，然后与同步数据复用，形成数据帧。随后插入导频，经 VSB 调制和 RF(射频)功率放大后送入发射天线。

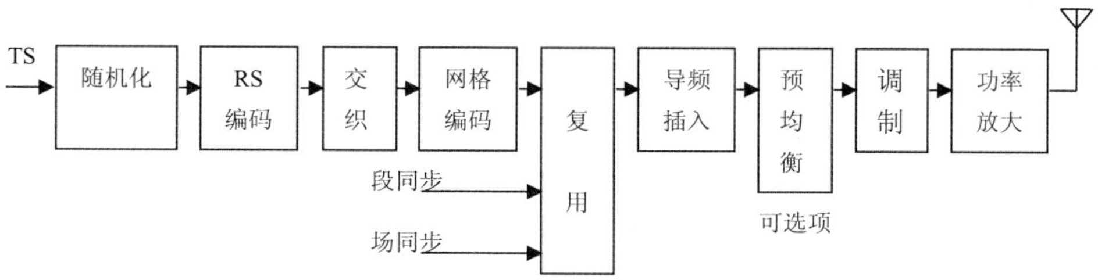

图 4.1　ATSC 8VSB 系统发送端方框图

4.1.1　数据随机化

随机化使比特流中 0 和 1 的出现更为随机，保证发射信号频谱的均匀性。ATSC 8VSB 系统不传送 TS 包中的同步字节，因此仅对同步字节以外的字节随机化，用于对数据字节随机化的字节由图 4.2 所示电路产生。图 4.2 中，带反馈的 16 位移位寄存器以字节时钟移位，产生最大长度序列；8 个寄存器的输出比特 $D_7, D_6, \cdots, D_0$ 构成用于随机化的字节，数据字节从 MSB(最高有效位)到 LSB(最低有效位)依次分别与 $D_7, D_6, \cdots, D_0$ 进行异或运算，完成数据字节的随机化。在开始对一个数据段的数据字节随机化之前，移位寄存器被初始化，图 4.2 中寄存器下方的 0 或 1 为其初始化值。

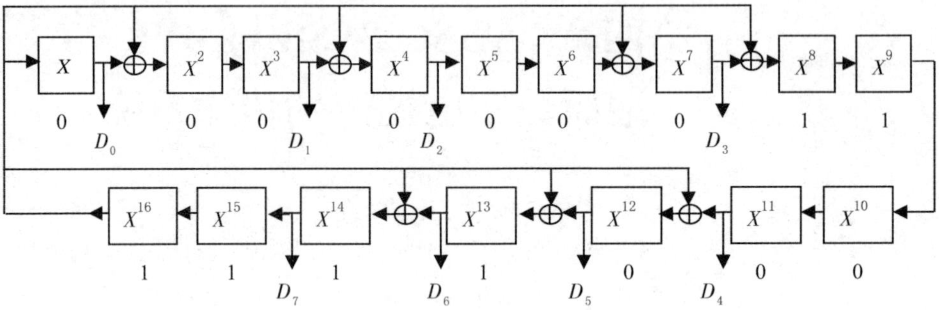

图 4.2　随机化字节产生电路

4.1.2　RS 编码与字节交织

ATSC 8VSB 系统中将随机化后的 187 字节(依次对应一个 TS 包的数据字节)编码成一个码长为 207 字节的 RS 码。该码具有纠正码字中 10 个随机字节错误的能力。它是 RS(255,235)的缩短码。

ATSC 8VSB 系统采用如图 4.3 所示的卷积交织器。它有 52 个通道，各通道中字节移位寄存器在一个字节进入其中时移位一次。下面分析一个 RS 码字的首字节和尾字节在交织器输出字节序列中的位置。设码字第一个字节经通道 1 直接输出，则码字最后一个字节经输入开关切换 206 次后进入通道 51，再经此通道字节移位寄存器移位 50×4＝200 次后到达输出端。因此在交织器输出字节序列中，尾字节在首字节后面 200×52＋206＝10616 个字节之后。由此可见：一个输入 RS 码字的字节分散到输出的 52 个数据段(一个数据段有 207 数据字节)中，即交织深度为 52 数据段，为一个数据场(312 数据

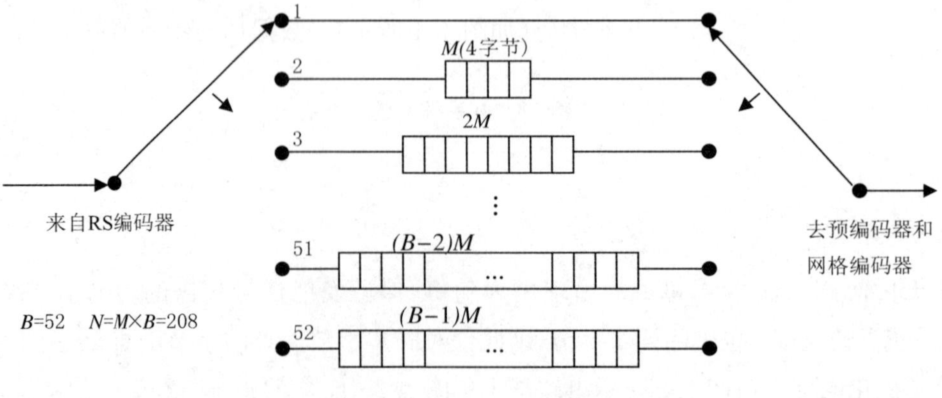

图 4.3　卷积交织器

段)的1/6,对应的传输时间约为 4ms。由于一个 RS 码字的 207 个字节分散到 52 数据段中,每数据段约 4 个字节。该码能纠正 10 个字节的错误,在突发错误信道下可抵抗长度为10/4＝2.5 数据段(对应 193μs)的突发错误。

交织器同步于数据场的第一个字节,该字节是经通道 1 直接到达输出端的 RS 码首字节。由于数据场中场同步以外的数据段数(312)是 52 的整数倍,输入开关切换 6×207 个循环(每循环切换 52 次)输入了 312 个 RS 码字后,下一个数据场的首字节通过通道 1。

4.1.3　网格编码与符号交织

ATSC 8VSB 系统采用 TCM(如图 4.4 所示)。网格编码器的两个输入比特 Y_1 和 Y_2 经码率为 2/3 的卷积编码得到比特 Z_0,Z_1 和 Z_2,它们映射到一维星座的 8 个星座点(8ASK 调制)。

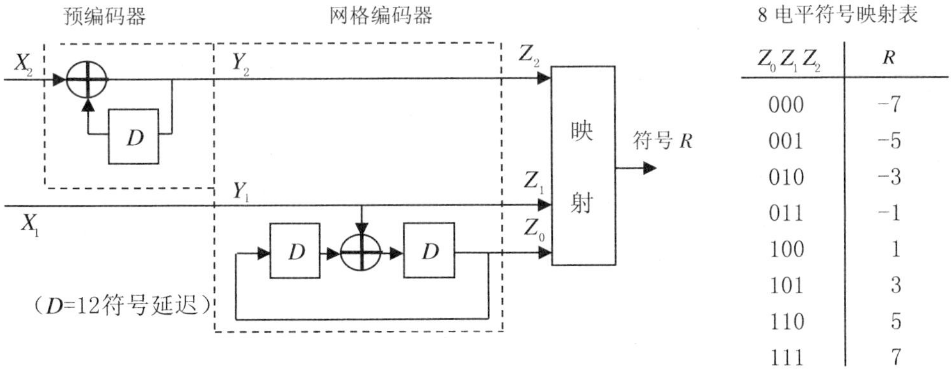

图 4.4　网格编码和符号映射

网格编码符号进行数据段内交织,交织方法类似于阵列交织,交织器如图 4.5 所示。其输入是卷积交织器输出数据,输入开关切换到某编码器时,送入此编码器一个字节,该字节按 MSB 到 LSB 的次序转换为 4 个 2 比特符号(b_7b_6,b_5b_4,b_3b_2 和 b_1b_0),2 比特符号的高位作为 X_2,低位作为 X_1 进行编码(如图 4.4 所示)。数据场同步后的第 1 个数据段段同步后面的第 1 个字节进入编码器 0。输出开关切换到某编码器时,该编码器给出一个符号($Z_0Z_1Z_2$)作为交织器输出(编码器中先编码的符号先输出)。显然,输入和输出开关的切换频率不等,但它们同步于数据场,即上述数据段段同步后的第 1 个字节进入编码器 0,输出数据场中场同步后第 1 个数据段段同步后面的第 1 个符号由该字节的 b_7 和 b_6 编码得到。如果将交织器输出的一个数据段(828 个符号)从第 1 个符号开始以每块 12 个符号分为 69 个块,则对于数据场的第 1 个数据段,各块的 12 个符号依次由编码器 0,1,2,…,11 输出。在数据段同步期间输出开关跳过 4 个编码器(使得插入段同步的 4 个符号后实际传输符号序列中同一编码器输出符号的间隔保持为 12 个符号),因而对于第 2 个数据段，各块的 12 个符号依次由编码器 4,5,…,11,0,1,2,3 输出。然后在接着的段同步期间输出开关又空进 4 步，第 3 个数据段输出各块的符号依次由编码器 8,9,10,11,0,…,6,7 输出。如此下去，第 4 个数据段输出各块的符号与第 1 个数据段一样，依次由编码器 0,1,2,…,11 输出。可见，此顺序每 3 个数据段循环一次。由于每场中除场同步外的数据段数(312)是 3 的整数倍，输出一场数据符号后输出开关回到该场开始交织时的位置，交织器输出编码器 0 的输出符号。

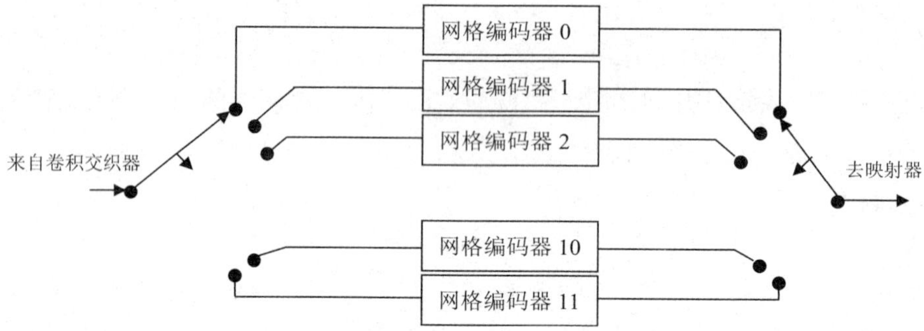

图 4.5 网格编码符号交织

由于段同步期间输出开关空进 4 步，造成先输入的某些字节在后输入字节之后才编码输出。分析交织器输出的前 4 个数据段可知，其中的符号与前 4 个输入数据段中 828 个字节的编码输出一一对应。因此交织器输入和输出以 4 个数据段为一组相互对应。每个数据场除场同步外的 312 数据段分成 78 组。

预编码器是为补偿接收机中的同频干扰抑制滤波器(可选用)的影响而设置的。在选用同频干扰抑制滤波器时，接收机的每个网格解码器先对输入的 8 电平符号进行梳状滤波，然后进行网格解码。图 4.6 所示为同频干扰抑制滤波器的结构。滤波器输出为传输符号序列中当前符号与前面第 12 个符号的差值，它有 15 个电平：$-14,-12,\cdots,-2,0,+2,\cdots,+12,+14$。梳状滤波器幅频特性为 $2|\sin\pi fT|$，其中 T 为 12 个符号的传输时间(ATSC 8VSB 系统中为 $12/10.76\mu s$)。在频率 $f=k/T$(k 为整数)时输出为 0，幅频特性中零点间隔为 $10760/12=897$kHz。对应到 6MHz RF 频道内有 6 个零点，同频道的 NTSC 模拟电视信号的图像载波、色副载波和伴音载波等主要成分都在零点附近，得到较大程度的抑制。

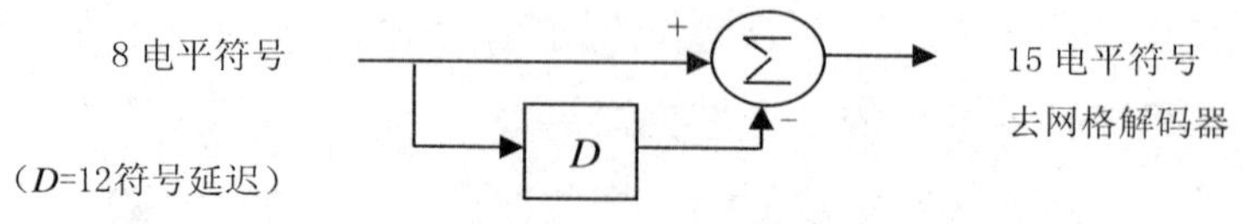

图 4.6 接收机中的同频干扰抑制滤波器

同频干扰抑制滤波器的应用导致系统白噪声性能下降3.5dB。其中，3dB是梳状滤波器中两路相互独立的噪声功率相加的结果，0.5dB是由预编码器的差分编码引起的。

4.1.4 帧结构与同步符号插入

映射得到的数据符号和用于同步等功能的同步符号以时分复用方式调制载波。帧结构说明传输的符号是如何组织的，图4.7所示为ATSC 8VSB系统帧结构。每个数据帧由两个数据场组成，每数据场包含313个数据段，其第1个数据段为数据场同步，其余312段传送RS(207,187)码经2/3码率的网格编码映射得到的符号。每个数据段由832个符号组成，前4个符号为段同步，后面828个符号为上述RS码经2/3码率的网格编码映射得到的符号。

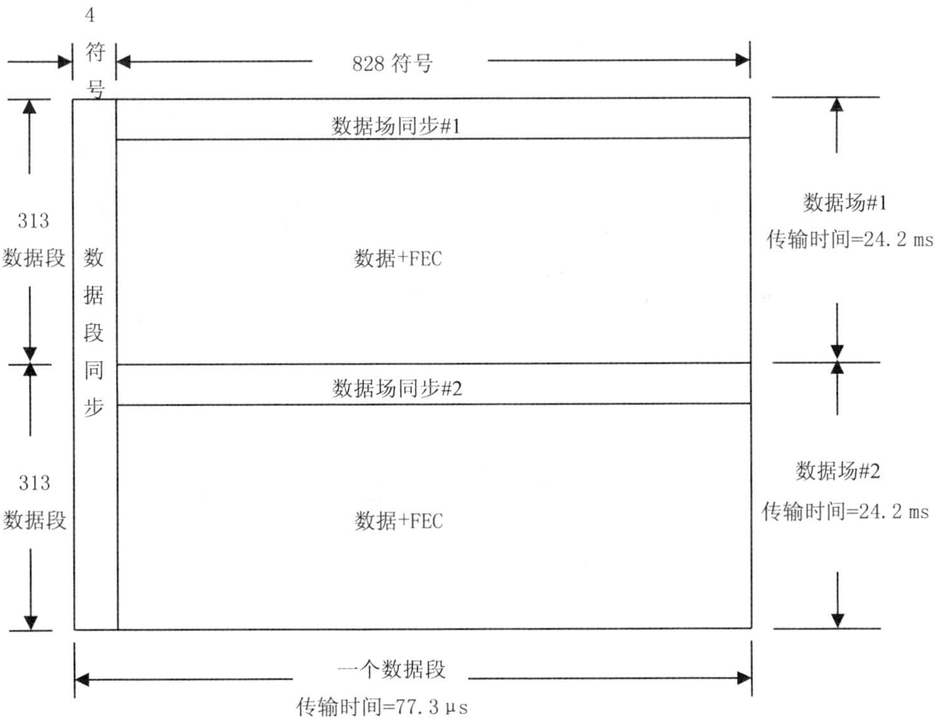

图4.7 ATSC 8VSB系统数据帧结构

ATSC 8VSB系统的符号传输速率规定为4.5×684/286兆符号/秒，近似为10.76兆符号/秒。由此得到图4.7所示一个数据段和一个数据场的传输时间。

数据段同步提供数据段同步信息，它还起到MPEG－2传送包中同步字节的作用。为提高其抵抗噪声和干扰的能力，数据段同步中的符号为2电平振幅键控符号：比特0映射到电平－5，比特1映射到电平＋5。系统规定段同步的4个符号依次为＋5，－5，－5和＋5，对应的比特为1，0，0，1。

数据场同步表示一个数据场的开始，它还包含用于接收机均衡器的训练序列。与段同步一样，场同步采用与段同步一样的 2ASK 映射方式。场同步的前 4 个符号与段同步相同，接着的 511 个符号为伪随机序列(PN511)，后面重复 3 个伪随机序列 PN63(中间的 PN63 每场取反一次，用来识别场)，随后 24 个符号传送系统信息，92 个符号留作备用，最后 12 个符号重复前一数据段的最后 12 个符号。

由上述帧结构和符号传输速率，ATSC 8VSB 系统净数据率为 $4.5\times(684/286)\times(312/313)\times(828/832)\times(187/207)\times2=19.28$Mb/s。由于接收机根据段同步恢复 TS 包同步字节，包括 TS 包同步字节在内的净数据率为 19.39Mb/s。

4.1.5 导频插入与调制

系统传送一个模拟导频信号，供接收机恢复载波。导频信号频率与被抑制载波的频率相同。加入导频的方法是在数据帧的每个符号上加上 1.25。这相当于在基带信号上加上一个直流信号，此直流对载波调制后产生所需导频信号。导频信号功率(1.25^2)比数据信号平均功率[$(7^2+5^2+3^2+1^2)/4$]低 11.3dB。加导频后信号平均功率为$(5.75^2+3.75^2+1.75^2+0.25^2+2.25^2+4.25^2+6.25^2+8.25^2)/8$，比未加导频时提高了 0.3dB。

插入导频的符号序列以 10.76 兆符号/秒的速率进入调制器，调幅得到的双边带信号滤除下边带信号后得到残留边带信号。滤波器具有线性相位平方根升余弦滚降特性。ATSC 8VSB 信号的频道占用情况如图 4.8 所示，导频和被抑制载波位于高于频道下边缘的频率 310kHz 处。

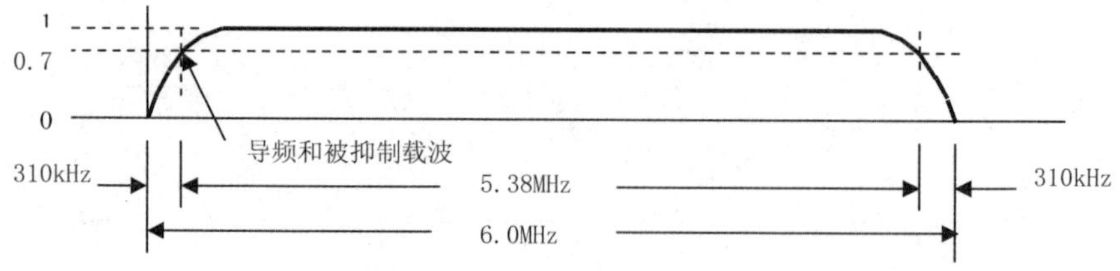

图 4.8 ATSC 8VSB 信号频道占用

4.1.6 功率放大与输出滤波器

调制产生的 RF 信号经发射机功率放大器放大到额定的平均功率，输出到发射天线。功率放大器特性的非线性将产生频道外的杂散发射。FCC 对 ATSC 8VSB 数字电视广播的带外发射提出了要求，即通常所说的发射信号频谱模板。以包括导频信号在内的发射机输出总功率为参考(0dB)，在带外距频道边缘 500kHz 处的发射功率(500kHz 测量带宽)应低于－47dB；在带外距频道边缘 6MHz 以外，杂散发射功率(500kHz 测量带宽)应低于－110dB。为满足此要求，发射机信号需通过一个带通滤波器后送入天线。

4.1.7　系统基本性能

地面数字电视广播系统中信号的PAPR是一个重要参数。通常在对信号瞬时功率值进行统计分析得到的CDF(累积分布函数)曲线上读出99.9%或99.99%时间内的PAPR(分贝数)，即相应有0.1%或0.01%的统计值大于读出PAPR所对应的峰值功率。测试表明，ATSC 8VSB信号99.9%时间内的PAPR为6.3dB。在相同的平均输出功率条件下，信号PAPR越大，要求的功率放大器线性范围越大。对于同一部发射机而言，为保证良好的线性，PAPR大的信号导致输出平均功率下降和发射机效率降低。发射机的非线性使得其输出信号PAPR略有减小，例如，在99.9%时间内的PAPR值下降约0.1dB。

高斯信道下的C/N门限是传输系统最基本的性能。它是在接收机输入端测得的成功接收所需的最小载波与噪声平均功率比。ATSC定义每秒发生2.5个错误的数据段为成功接收的门限，称为TOV(Threshold of Visibility，可视门限)。TOV对应的SER(Segment Error Ratio，数据段错误率)为1.93×10^{-4}，对应RS解码输出码流的BER为3×10^{-6}。相应标准给出ATSC 8VSB系统的高斯信道C/N门限为14.9dB。

4.2　DVB-T地面数字电视广播传输系统

DVB—T系统为UHF模拟电视广播频道的地面数字电视业务而设计。系统提供对来自模拟电视广播的同频道和邻频道干扰足够的抵抗能力。为获得最大的频谱效率，系统可以工作于单频网。除了8MHz间隔的频道外，DVB—T标准还给出了7MHz带宽的系统参数，它们的帧结构和编码、映射及交织方式是相同的。DVB—T是一个正交频分复用系统，规定了两种工作模式：2K模式和8K模式。2K模式适合于单发射机运行和具有有限发射机间距的下单频网，8K模式适用于单发射机运行和小的或大的单频网。系统可选用多种保护间隔长度，以适应不同的最大回波时延。系统允许使用不同等级的QAM调制和不同的内码码率，以在传输码率和传输的坚实性之间进行折中。系统还设计了两级分层的信道编码和调制，包括均匀星座和多分辨率星座，以实现高优先权码流和低优先权码流不同可靠水平的传输。

DVB—T系统的功能方框图如图4.9所示。系统输入为MPEG—2 TS，数字/模拟转换器输出的基带模拟信号通过正交调制实现频率转换，再经功率放大后送到发射天线。图4.9中虚线框为可选件，用于分层传输的情况。在分层传输的情况下，分解器将输入的TS分解为两个独立的MPEG传输流，它们经各自的处理后映射到信号星座上。

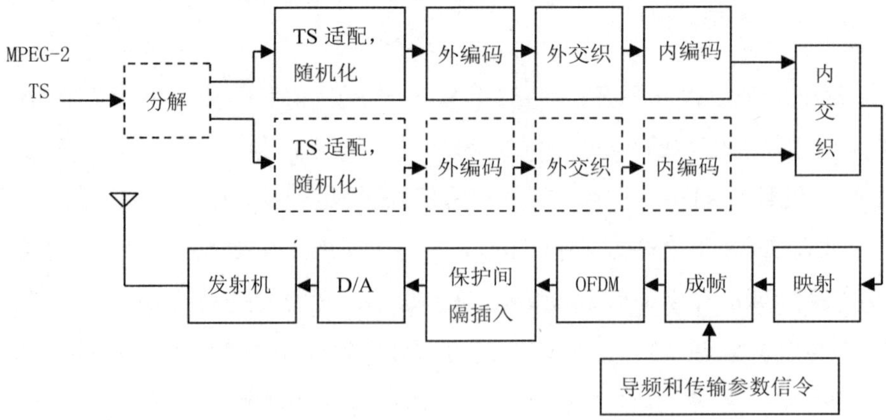

图 4.9 DVB—T 系统功能方框图

4.2.1 TS 适配与随机化

MPEG—2 传输复用包中除同步字节(47H)外的 187 字节进行随机化，使信号的能量扩散。图 4.10 是系统所用的随机化电路示意图。PRBS(伪随机二进制序列)产生器的生成多项式为 $1+X^{14}+X^{15}$。PRBS 的各比特与码流中相应比特进行异或运算，完成随机化。

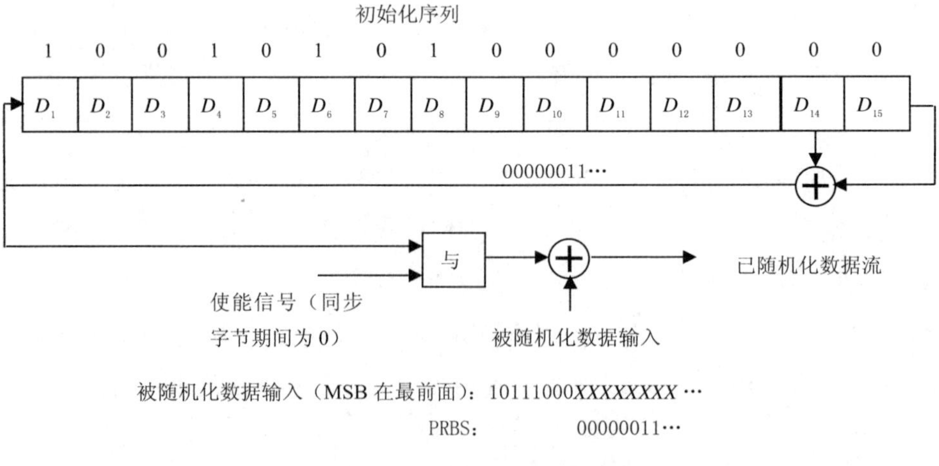

图 4.10 随机化电路示意图

随机化以 8 个输入数据包为一组进行，每一组第 1 个数据包的同步字节期间对寄存器初始化，参见图 4.10 中初始化序列。为向接收机去随机化电路提供起始信号，TS 适配器将每一组第 1 个数据包的同步字节由 47H 改为 B8H，使其不被随机化。初始化之后输出的 PRBS 第一比特应用于同步字节为 B8H 的数据包中跟在同步字节后面的第 1 个字节的第一比特。其他 7 个数据包的同步字节期间 PRBS 产生器继续工作，但此期间使能信号为0,从而已随机化数据流中这7个数据包的同步字节仍为47H。PRBS序列的周期为188×8−1=1503字节。

4.2.2　外编码与外交织

DVB−T系统采用RS(204,188)系统码作为外编码,它是RS(255,239)的缩短码,具有最多纠正码字中8个错误字节的能力。一个RS(204,188)码字被称作一个纠错保护包,其中16个校验字节跟在已随机化的数据包(188个信息字节)之后,同步字节作为一个信息字节受到保护。

纠错保护包序列进行外交织,它是图4.11所示的字节卷积交织,交织深度为$I=12$。

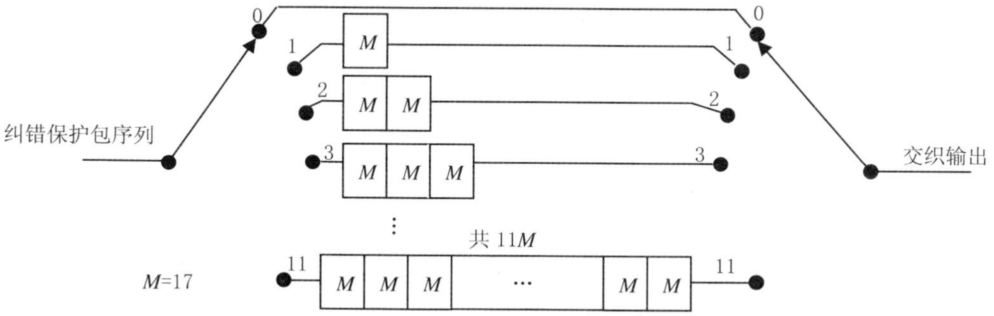

图4.11　外交织器结构

交织器由$I(=12)$个支路组成,它们通过输入切换开关轮流输入纠错保护包序列中的字节,输出开关与输入开关同步工作,每次接通一个支路时输入该支路一个字节,同时从该支路输出一个字节。每个支路是一个先进先出的移位寄存器,编号为j的支路寄存器有$17j$个单元,每个单元存储一个字节。每个保护包的同步字节通过支路0直接输出。输入开关切换17个循环输入一个保护包的204字节。经过交织,一个输入保护包的204字节分散到输出序列中长度为204×12=2448字节的一段中。

4.2.3　内编码

外交织器输出的比特流进行内编码。系统采用基于码率为1/2的64状态卷积码(称为母码)的收缩卷积码。通过删除母码的若干输出比特得到收缩卷积码,系统共有1/2,2/3,3/4,5/6和7/8等5种码率供选择。母码的生成多项式分别为$G_1=171_{OCT}$(对应于输出X)和$G_2=133_{OCT}$(对应于输出Y)。图4.12所示为母码的产生原理图。表4.1所示为各码率下的删节图样和输出比特次序。其中删节图样中0表示相应位置上输出比特(X或Y)被删除,1表示相应位置上输出比特被保留。输出比特序列中X_1首先被送出。映射为一个超帧开始处调制符号的比特字中的第一比特是同步字节的MSB位于卷积编码器输入处时的卷积码输出 X_1。

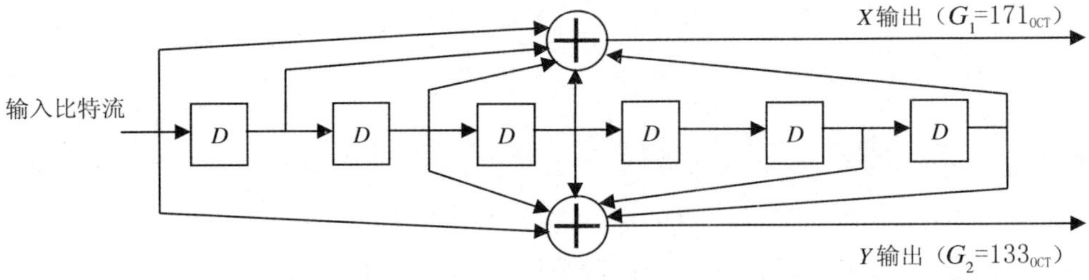

图 4.12 码率为 1/2 的 64 状态卷积码产生

表 4.1 删节图样和输出比特序列

码率	删节图样		输出比特序列
1/2	X:1	Y:1	X_1Y_1
2/3	X:10	Y:11	$X_1Y_1Y_2$
3/4	X:101	Y:110	$X_1Y_1Y_2X_3$
5/6	X:10101	Y:11010	$X_1Y_1Y_2X_3Y_4X_5$
7/8	X:1000101	Y:1111010	$X_1Y_1Y_2Y_3Y_4X_5Y_6X_7$

4.2.4 内交织

内交织由比特交织和其后的符号交织构成，它们都是基于块交织方法。

在非分层和分层传输模式下，内交织和映射的结构分别如图 4.13 和图 4.14 所示。输入的一路或两路内编码器输出比特流根据所选用的映射星座图分解为若干子比特流，它们分别进行比特交织，然后进行符号交织，再映射为调制符号。下面分别说明图中各功能块。

1. 码流分解

在非分层传输模式下，单个输入流 x_{di}(di=0,1,2,…)分解成 v 个子流 $b_{e,do}$(e=0,1,2,…,v−1;do=0,1,2,…)，其中 v=2(对于 QPSK)，v=4(对于 16QAM)或 v=6(对于 64QAM)。在分层传输模式下，输入的高优先权码流 x_{di}(di=0,1,2,…)分解成 2 个子流 $b_{e,do}$(e=0,1;do=0,1,2,…)；对于分层的 16QAM，输入的低优先权码流 x'_{di}(di=0,1,2,…)分解成 2 个子流 $b_{e,do}$(e=2,3;do=0,1,2,…)；对于分层的 64QAM，输入的低优先权码流 x'_{di}(di=0,1,2,…)分解成 4 个子流 $b_{e,do}$(e=2,3,4,5;do=0,1,2,…)。

码流分解时，输入流的比特依次轮流分配给各子流。以非分层传输模式为例，输入流分解为 v 个子流，输入流中比特 x_{di} 分配给 $e=d_i \bmod v$ 的子流，它在子流中的比特序号 d_o 为 d_i 除以 v 的商取整。例如 16QAM 情况下，x_5 对应为 $b_{1,1}$。

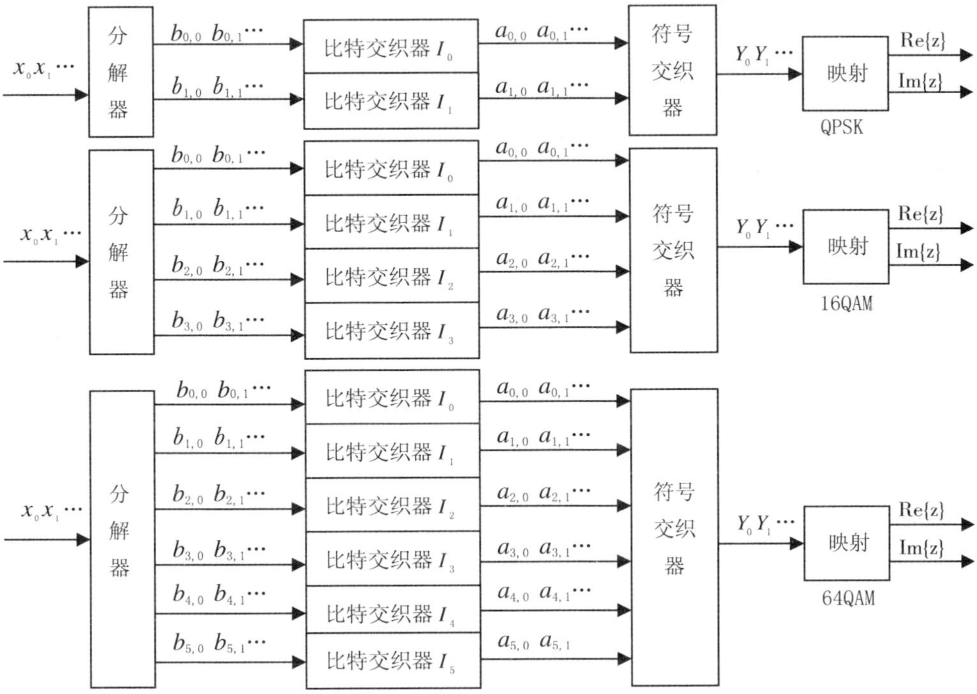

图 4.13　非分层传输模式下输入比特至输出调制符号的映射

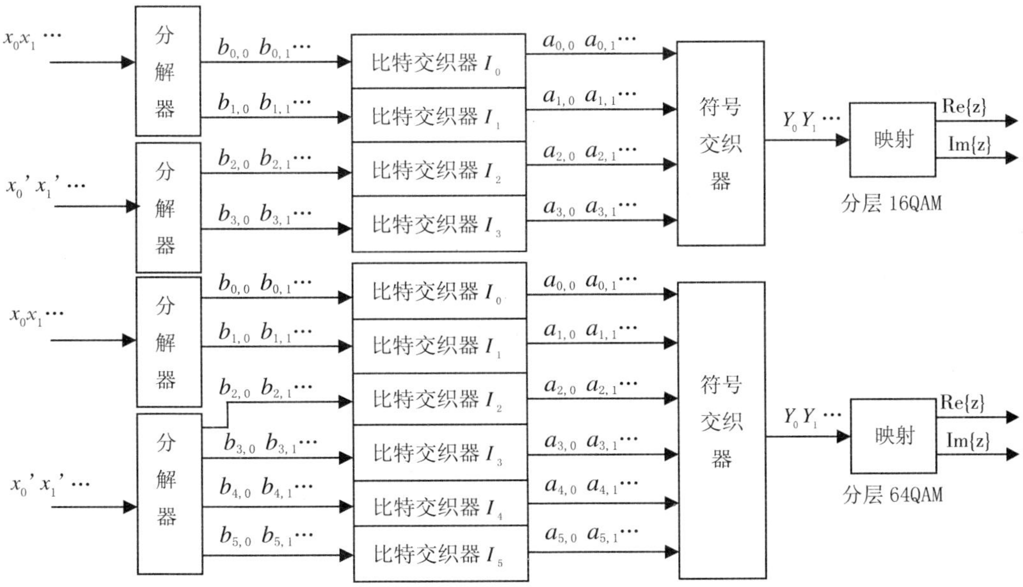

图 4.14　分层传输模式下输入比特至输出调制符号的映射

2. 比特交织

各子流独立进行比特交织，交织方式为带偏置的块交织，块的大小为 126，各交织器的偏置不同。对于 1 个 OFDM 符号块交织过程重复 12 次(2K 模式下)或 48 次(8K 模式下)(分别对应于数据子载波数1512或6048)。比特交织器的输入比特块为$b_{e,w}$($w=0,1,2,\cdots,125$),输出比特块为$a_{e,u}$($u=0,1,2,\cdots,125$),输入块中序号为w的比特在输出块中的序号u为:

$$\begin{aligned}
&u=w, && \text{对于交织器 } I_0\\
&u=(w+63)\bmod 126, && \text{对于交织器 } I_1\\
&u=(w+105)\bmod 126, && \text{对于交织器 } I_2\\
&u=(w+42)\bmod 126, && \text{对于交织器 } I_3\\
&u=(w+21)\bmod 126, && \text{对于交织器 } I_4\\
&u=(w+84)\bmod 126, && \text{对于交织器 } I_5
\end{aligned} \tag{4.1}$$

3.符号交织

v个比特交织器的输出被分组,形成对应于调制符号的数据符号。一个v比特的数据符号A_u由每个交织器输出中的一个比特构成,其中交织器I_0的输出比特为最高有效位(MSB),即$A_u=(a_{0,u},a_{1,u},\cdots,a_{v-1,u})$。为抵抗多径传输造成的频率选择性衰落,邻近的数据符号通过交织分散开,从而调制频率相互不邻近的数据子载波。因此,符号交织常称为频率交织。根据2K模式和8K模式下每个OFDM符号的有效数据子载波数(1512或6048),交织器将输入数据符号序列($A_0,A_1,\cdots,A_{1511}$)或($A_0,A_1,\cdots,A_{6047}$)中的符号进行位置置换,得到输出数据符号序列($Y_0,Y_1,\cdots,Y_{1511}$)或($Y_0,Y_1,\cdots,Y_{6047}$),此序列的数据符号依次调制一个OFDM符号的各个数据子载波。

图4.15和图4.16所示为2K和8K模式下的符号交织地址产生的方法。它们对$q=0,1,2,\cdots$依次计算出置换地址$H(q)$。对于偶数的OFDM符号,输入数据符号序列中序号为q的符号交织到输出符号序列序号$H(q)$处;对于奇数的OFDM符号,输入数据符号序列中序号为$H(q)$的符号交织到输出符号序列序号q处。下面以2K模式交织地址产生为例简要说明。反馈移位寄存器B产生长度为$2^{10}-1=1023$的最大长度二进制序列,寄存器B的各位输出$b_9,b_8,\cdots,b_0$被置换为寄存器D的$d_0,d_7,\cdots,d_4$(如图4.15所示),寄存器D的d_{10}由双稳态触发器状态决定。用i表示地址$H(q)$的计算次数,$i=0$时计算$H(0)$,每计算一次i加1,移位寄存器移位一次,双稳态触发器状态反转一次。i为偶数时,$d_{10}=0$;i为奇数时,$d_{10}=1$。计算$d_{10},d_9,\cdots,d_0$(d_{10}为MSB)对应的二进制值并检查此值,若它大于1511,则丢弃它,i加1,进入下一次计算;否则,此值作为求出的$H(q)$,i和q都加1后对下一个q计算$H(q)$。$i=0$和1时,置$b_9,b_8,\cdots,b_1,b_0$为00…00;$i=2$时,将$b_9,b_8,\cdots,b_1,b_0$初始化为00…01。

4.2.5　信号星座图与映射

DVB-T系统在一个OFDM帧中的所有数据载波采用均匀的QPSK,16QAM,

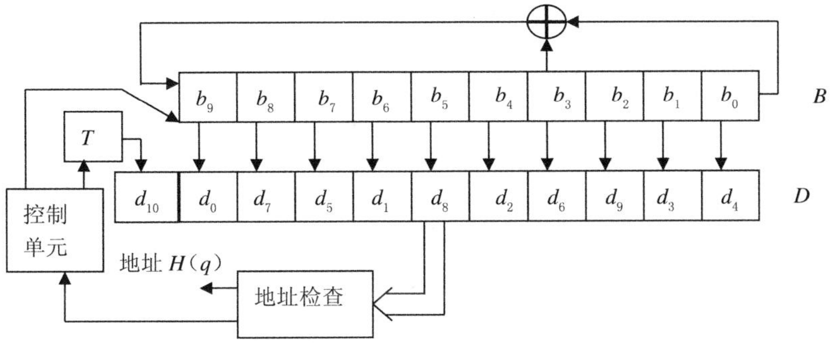

图 4.15 2K 模式下符号交织器地址产生原理图

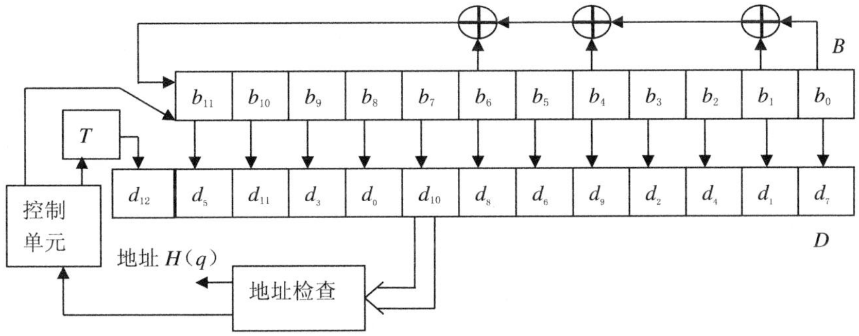

图 4.16 8K 模式下符号交织器地址产生原理图

64QAM 以及非均匀的 16QAM(α＝2 或 4)和 64QAM(α＝2 或 4)中的一种方式调制，它们的映射都是 Gray 映射，表 4.2 至表 4.4 所示为 v 比特的数据符号与映射到的星座复数调制符号 $z=I+jQ$ 间的关系。v＝2，4 和 6 时数据符号分别为 $y_{0,p}y_{1,p}$，$y_{0,p}\ y_{1,p}\ y_{2,p}\ y_{3,p}$ 和 $y_{0,p}\ y_{1,p}\ y_{2,p}\ y_{3,p}\ y_{4,p}\ y_{5,p}$，其中 p 为数据符号在符号交织器输出序列中的序号。

表 4.2 QPSK 映射

$y_{0,p}$	I	$y_{1,p}$	Q
0	+1	0	+1
1	−1	1	−1

表 4.3 均匀与非均匀 16QAM 映射

均匀 16QAM				非均匀 16QAM(α=2)				非均匀 16QAM(α=4)			
$y_{0,p}y_{2,p}$	I	$y_{1,p}y_{3,p}$	Q	$y_{0,p}y_{2,p}$	I	$y_{1,p}y_{3,p}$	Q	$y_{0,p}y_{2,p}$	I	$y_{1,p}y_{3,p}$	Q
00	+3	00	+3	00	+4	00	+4	00	+6	00	+6
01	+1	01	+1	01	+2	01	+2	01	+4	01	+4
11	−1	11	−1	11	−2	11	−2	11	−4	11	−4
10	−3	10	−3	10	−4	10	−4	10	−6	10	−6

表 4.4 均匀与非均匀 64QAM 映射

均匀 64QAM				非均匀 64QAM(α=2 或 4)					
$y_{0,p}y_{2,p}y_{4,p}$	I	$y_{1,p}y_{3,p}y_{5,p}$	Q	$y_{0,p}y_{2,p}y_{4,p}$	I		$y_{1,p}y_{3,p}y_{5,p}$	Q	
					α=2	α=4		α=2	α=4
000	+7	000	+7	000	+8	+10	000	+8	+10
001	+5	001	+5	001	+6	+8	001	+6	+8
011	+3	011	+3	011	+4	+6	011	+4	+6
010	+1	010	+1	010	+2	+4	010	+2	+4
110	−1	110	−1	110	−2	−4	110	−2	−4
111	−3	111	−3	111	−4	−6	111	−4	−6
101	−5	101	−5	101	−6	−8	101	−6	−8
100	−7	100	−7	100	−8	−10	100	−8	−10

为了使不同调制星座下的信号平均功率相等,符号 z 乘以一个归一化因子后再去调制数据子载波。表 4.5 所示为各种映射下数据符号的归一化因子。

表 4.5 各种星座图符号的归一化因子

映射方式	QPSK	16QAM			64QAM		
		均匀	α=2	α=4	均匀	α=2	α=4
归一化因子	$1/\sqrt{2}$	$1/\sqrt{10}$	$1/\sqrt{20}$	$1/\sqrt{52}$	$1/\sqrt{42}$	$1/\sqrt{60}$	$1/\sqrt{108}$

4.2.6 帧结构

传送的符号被组织成帧。每个帧由 68 个 OFDM 符号组成,4 个帧组成一个超帧。8K 模式下每个 OFDM 符号由 K=6817 个子载波构成;2K 模式下每个 OFDM 符号由 K=1705 个子载波构成。OFDM 符号参数见表 4.6。OFDM 符号包括两部分:宽度为 Tu 的有用部分和宽度为 Δ 的保护间隔。保护间隔是有用部分的部分循环接续,它插在有用部分的前面。保护间隔可选用表 4.7 所给出的 4 个数值,它们都是系统基本时钟周期T=7/64μs 的整数倍。

表 4.6 OFDM 符号参数(8MHz 频道带宽)

模式	子载波数 K	子载波最小序号(K_{min})	子载波最大序号(K_{max})	有用部分宽度(T_u)	子载波频率间隔($1/T_u$)	最低和最高子载波频率间隔
8K	6817	0	6816	896μs	1116Hz	7.61MHz
2K	1705	0	1704	224μs	4464Hz	7.61MHz

表 4.7　可选用的保护间隔宽度

模式	8K 模式				2K 模式			
保护间隔 Δ/T_u	1/4	1/8	1/16	1/32	1/4	1/8	1/16	1/32
有用部分宽度 T_u	8192T 896μs				2048T 224μs			
保护间隔宽度 Δ	2048T 224μs	1024T 112μs	512T 56μs	256T 28μs	512T 56μs	256T 28μs	128T 14μs	64T 7μs
符号宽度 $T_s=T_u+\Delta$	10240T 1120μs	9216T 1008μs	8704T 952μs	8448T 924μs	2560T 280μs	2304T 252μs	2176T 238μs	2112T 231μs

发送信号式(4.2)描述：

$$s(t)=Re\left[e^{j2\pi f_c t}\sum_{m=0}^{\infty}\sum_{p=0}^{67}\sum_{k=K_{\min}}^{K_{\max}}c_{m,p,k}\Psi_{m,p,k}(t)\right] \tag{4.2}$$

其中，$\Psi_{m,p,k}(t)=\begin{cases}e^{2\pi k'(t-\Delta-pT_s-68mT_s)/T_u}, & (p+68m)T_s\leqslant t\leqslant(p+68m+1)T_s\\ 0, & 其他\end{cases}$

k 为子载波序号；p 为 OFDM 符号序号；m 为传输帧序号；f_c 为射频载波频率。k'为相对于中心序号的子载波序号：$k'=k-(K_{\max}+K_{\min})/2$；$c_{m,p,k}$表示序号为 m 的帧中序号为 p 的 OFDM 符号的第 k 个子载波的复数调制符号。

4.2.7　导频

OFDM 符号的某些子载波被参考信息调制，其发送的值是接收机已知的。这些子载波以“提升”的功率发送。导频可被接收机用于频率同步、时间同步、帧同步、信道估计、传输模式认定，也可用于跟踪相位噪声。导频包括离散导频和连续导频。

1. 离散导频子载波位置

离散导频在一帧的相继 4 个 OFDM 符号中有不同位置。若 I 为符号在帧中的序号($I=0,1,\cdots,67$)，序号为 $k=K_{\min}+3(I\bmod 4)+12p$($p$ 为大于等于 0 的正整数，$k\leqslant K_{\max}$)的子载波是离散导频子载波。对于 $I\bmod 4=0$ 的符号，离散导频子载波序号为 0，12，24，…，1704(2K 模式)或 6816(8K 模式)，共 143(2K)或 569(8K)个；对于 $I\bmod 4=1,2$ 和 3 的符号，离散导频子载波序号分别为 3，15，27，…，1695(2K 模式)或 6807(8K 模式)和 6，18，30，…，1698(2K 模式)或 6810(8K 模式)和 9，21，33，…，1701(2K 模式)或 6813(8K 模式)；后 3 类符号中有 142(2K)或 568(8K)个离散导频。

2. 连续导频子载波位置

在 2K 模式下，一个 OFDM 符号中有 45 个连续导频子载波；在 8K 模式下，一个 OFDM 符号中有 177 个连续导频子载波。它们的序号不随 OFDM 符号序号 I 改变。对

于 Imod4＝0 的符号，有 12(2K 模式)或 45(8K 模式)个连续导频与离散导频位置重合；对于 Imod4＝1，2 和 3 的符号，有 11(2K 模式)或 44(8K 模式)个连续导频与离散导频位置重合。

3. 每个符号导频子载波数量

由于每个符号中部分连续导频与离散导频的位置重合，每个符号中共有 176(2K 模式)或 701(8K 模式)个导频子载波。

4. 导频子载波的调制

导频子载波采用功率提升的 BPSK 调制。若 W_k 为调制序号为 k 的导频子载波的比特(0 或 1)，它映射为调制符号 C_k，实部等于 $2(1/2-W_k)\times4/3$，虚部为 0。

调制各导频子载波的比特 W_k 由图 4.17 所示 PRBS 产生器给出。PRBS 初始化后产生的第一个输出比特对应于第一个有效子载波(序号为 $K_{\min}$)，以后对应于序号递增的每个有效子载波(不管它是不是导频子载波)产生一个新的比特。

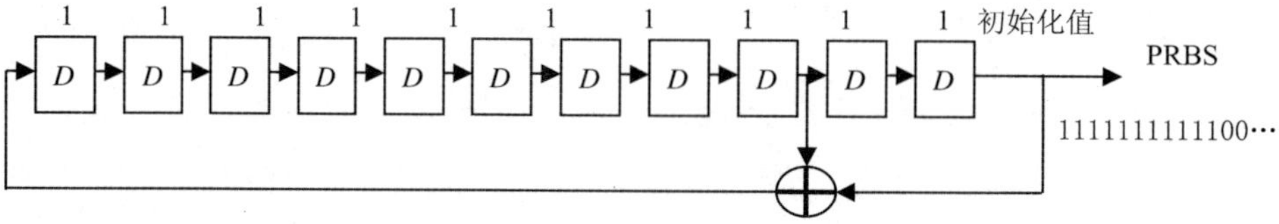

图 4.17　伪随机二进制序列产生

4.2.8　TPS(传输参数信令)

为传送关于信道编码和调制的相关参数，2K 和 8K 模式下分别有 17 和 68 个子载波用于并行传输 TPS。所有 OFDM 符号的 TPS 子载波位置相同。

TPS 定义在一个帧上。一个 TPS 块包含 68 比特，依次为 1 个初始比特、16 个同步比特、37 个信息比特和 14 个用于纠错的冗余比特。同步和信息比特(共 53 比特)进行 BCH(67，53，t＝2)系统编码，它是 BCH(127，113，t＝2)的缩短码。

一个 TPS 块在一个帧中传输。帧中第一个符号的 TPS 子载波传送初始比特序列。后面的 67 个符号依序每个符号传输一个比特，该比特并行调制所有的 TPS 子载波。可见 TPS 的传输有很高的可靠性。初始比特序列 W_k(k 为 TPS 子载波序号)由 PRBS 产生，用作初始化每个 TPS 子载波的调制。16 比特同步字为 0011010111101110(对应于超帧中第 1 和第 3 个 TPS 块)或其反码(对应于超帧中第 2 和第 4 个 TPS 块)。

TPS 子载波采用正常功率的 DBPSK 调制，其功率等于所有数据子载波功率的平均值。一帧的第 1 个 OFDM 符号(序号 p＝0)中，作为参考的初始比特序列 W_k 对子载波的调制为绝对调制，其对应的复数符号实部等于 $2(1/2-W_k)$，虚部为 0。TPS 块中其余

67 个比特 S_p 对符号 $p(p=1,2,\cdots,67)$ 的子载波 k 的调制按以下规则进行：对应的复数符号 $C_{p,k}$ 为

$$\begin{aligned}&\mathrm{Re}\{C_{p,k}\} = \mathrm{Re}\{C_{p-1,k}\};\mathrm{Im}\{C_{p,k}\} = 0, \quad \text{如果 } S_p=0\\&\mathrm{Re}\{C_{p,k}\} = -\mathrm{Re}\{C_{p-1,k}\};\mathrm{Im}\{C_{p,k}\} = 0, \quad \text{如果 } S_p=1\end{aligned} \tag{4.3}$$

4.2.9 超帧

4 个 OFDM 帧构成一个超帧。在各种工作模式下，一个超帧都传送整数个 RS204 字节包，以避免无用比特的填充。表 4.8 所示为一个超帧传送的 RS204 字节包数量。

表 4.8 一个超帧传送的 RS204 字节包数量

内码码率	QPSK		16QAM		64QAM	
	2K 模式	8K 模式	2K 模式	8K 模式	2K 模式	8K 模式
1/2	252	1008	504	2016	756	3024
2/3	336	1344	672	2688	1008	4032
3/4	378	1512	756	3024	1134	4536
5/6	420	1680	840	3360	1260	5040
7/8	441	1764	882	3528	1323	5292

一个超帧传送的 RS204 字节包数量等于 4×68×数据子载波数×映射为一个星座符号的比特数×内码码率/(8×204)。一个超帧中传送的第一个数据字节应是包同步字节。

4.2.10 净码率

净码率是系统每秒传输的有用数据比特数(含 TS 包同步字节)。表 4.9 所示为各种工作模式下的净码率值，在映射方式、内码码率和保护间隔相同的情况下，2K 和 8K 模式有相同的净码率。

表 4.9 净码率(Mb/s)

调制	内码码率	保护间隔			
		1/4	1/8	1/16	1/32
QPSK	1/2	4.98	5.53	5.85	6.03
	2/3	6.64	7.37	7.81	8.04
	3/4	7.46	8.29	8.78	9.05
	5/6	8.29	9.22	9.76	10.05
	7/8	8.71	9.68	10.25	10.56

续表

调制	内码码率	保护间隔			
		1/4	1/8	1/16	1/32
16QAM	1/2	9.95	11.06	11.71	12.06
	2/3	13.27	14.75	15.61	16.09
	3/4	14.93	16.59	17.56	18.10
	5/6	16.59	18.43	19.52	20.11
	7/8	17.42	19.35	20.49	21.11
64QAM	1/2	14.93	16.59	17.56	18.10
	2/3	19.91	22.12	23.42	24.13
	3/4	22.39	24.88	26.35	27.14
	5/6	24.88	27.65	29.27	30.16
	7/8	26.13	29.03	30.74	31.67

净码率计算公式如下：

$$净码率=OFDM 符号数据子载波数\times b\times 内码码率\times(188/204)/T_s \qquad (4.4)$$

其中 b 为对应于一个星座符号的数据符号比特数，T_s 为 OFDM 符号宽度(见表 4.7)。

4.2.11　系统基本性能

DVB—T 标准给出了高斯信道、Rice 信道和 Rayleigh 信道为了卷积码维特比解码输出码流的 BER 达到 2×10^{-4} 以下所需的最小 C/N。此 BER 值对应于 QEF 准则，即每小时发生的错误事件少于一个，对应于 RS 解码输出码流 BER$=10^{-11}$。仿真结果是在没有相位噪声的前提下基于完美的信道估计得出的。表 4.10 所示为非分层传输仿真结果。

表 4.10　非分层传输时达到准无错要求所需的 C/N

调制	QPSK					16QAM					64QAM				
码率	1/2	2/3	3/4	5/6	7/8	1/2	2/3	3/4	5/6	7/8	1/2	2/3	3/4	5/6	7/8
高斯信道	3.1	4.9	5.9	6.9	7.7	8.8	11.1	12.5	13.5	13.9	14.4	16.5	18.0	19.3	20.1
Rice 信道	3.6	5.7	6.8	8.0	8.7	9.6	11.6	13.0	14.4	15.0	14.7	17.1	18.6	20.0	21.0
Rayleigh 信道	5.4	8.4	10.7	13.1	16.3	11.2	14.2	16.7	19.3	22.8	16.0	19.3	21.7	25.3	27.9

仿真用的信道模型见表 4.11，表中列出 20 径回波的相对幅度和时延等数值。对于 Rice 信道，主径(直射波)功率为 20 径回波功率之和的 10 倍；对于 Rayleigh 信道，没有主径。

表 4.11　仿真用 Rice 信道和 Rayleigh 信道回波的衰减、相位和时延值

序号	幅度	时延(μs)	相位(rad)	序号	幅度	时延(μs)	相位(rad)
1	0.057662	1.003019	4.855121	11	0.295723	0.429948	5.928383
2	0.176809	5.422091	3.419109	12	0.350825	3.228872	3.053023
3	0.407163	0.518650	5.864470	13	0.262909	0.848831	0.628578
4	0.303585	2.751772	2.215894	14	0.225894	0.073883	2.128544
5	0.258782	0.602895	3.758058	15	0.170996	0.203952	1.099463
6	0.061831	1.016585	5.430202	16	0.149723	0.194207	3.462951
7	0.150340	0.143556	3.952093	17	0.240140	0.924450	3.664773
8	0.051534	0.153832	1.093586	18	0.116587	1.381320	2.833799
9	0.185074	3.324866	5.775198	19	0.221155	0.640512	3.334290
10	0.400967	1.935570	0.154459	20	0.259730	1.368671	0.393889

参考文献

[1] ATSC Standard A/53, ATSC Digital Television Standard, 1995.

[2] ATSC Standard A/54, Guide to the Use of ATSC Digital Television Standard, 1995.

[3] FCC Regulations 47 CFR 73.622(h).

[4] ETSI EN300744, Digital Video Broadcasting (DVB); Framing Structure, Channel Coding and Modulation for Digital Terrestrial Television, 1996.

[5] ETSI TR101190, Digital Video Broadcasting (DVB); Implementation Guidelines for DVB Terrestrial Services; Transmission Aspects, 1997.

第五章　我国地面数字电视广播传输系统

2006年，国家标准化管理委员会发布地面数字电视广播传输标准GB 20600—2006。标准规定了工作于UHF和VHF频段中8MHz带宽频道的地面数字电视广播传输系统。标准考虑到高清晰度电视广播、标准清晰度电视广播和多媒体业务的需求，支持固定、便携和移动等多种接收方式，支持单频网的应用。系统采用了先进的LDPC长码，降低了C/N门限值。系统中，OFDM方式采用不同于DVB—T频域同步/信道估计的时域同步/信道估计方案。由于用于同步/估计的PN序列替代了CP保护间隔，并且不再使用导频，从而提高了系统净码率。我国地面数字电视标准提供了两种载波模式：单载波模式（$C=1$）和多载波模式（$C=3780$）。两种载波模式具有统一带宽、统一传输码率、统一定时时钟、统一系统信息和统一帧结构，两种模式在发送端实现时的区别在于是否经过IFFT单元处理。

系统发送端原理如图5.1所示。数字电视地面广播传输系统发送端完成从输入数据码流到地面电视信道传输信号的转换。输入数据码流为MPEG—2 TS，它经过随机化、FEC（前向纠错）编码，然后进行从比特流到符号流的星座映射，再进行交织后形成基本数据块。基本数据块与系统信息组合（复用）后，经过帧体数据处理形成帧体。然后帧体与相应的帧头（PN序列）复接为信号帧（组帧），经过基带后处理转换为基带输出信号。该信号经正交上变频转换为射频信号。

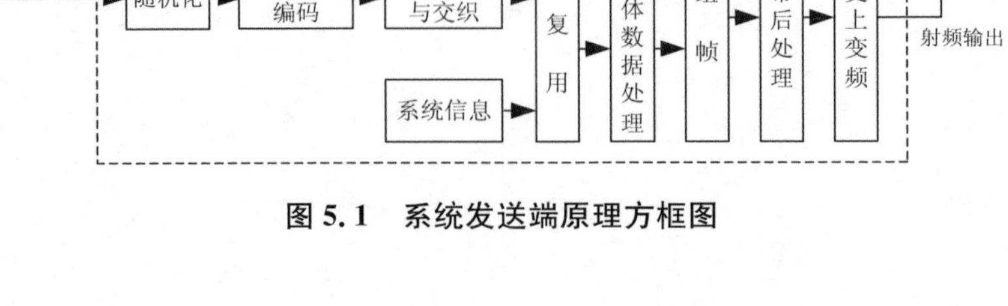

图5.1　系统发送端原理方框图

5.1　随机化

输入数据的随机化通过数据流(数据字节的MSB在前)与PRBS进行逐位模2加法运算实现。PRBS由图5.2所示的LFSR(线性反馈移位寄存器)生成,其生成多项式$G(x)=1+x^{14}+x^{15}$。LFSR在每个信号帧传送的第一个TS包开始时复位到初始相位100101010000000。

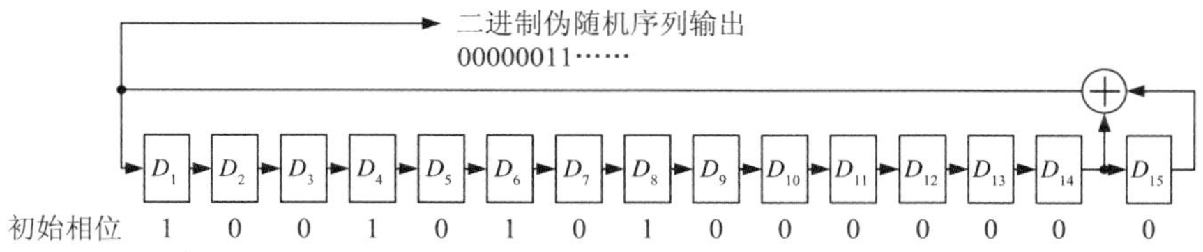

图5.2　二进制伪随机序列产生方框图

5.2　FEC编码

随机化后的比特流接着进行FEC编码。FEC编码由外码(BCH码)和内码(LDPC)级联构成。外码的作用主要在于在LDPC解码出现误码率不再随C/N的增大而下降的情况时进一步减小误码率,即克服误码基底现象。系统提供三种不同编码效率的编码方式,其参数见表5.1。

内码为BCH(762,752)码,由BCH(1023,1013)系统码缩短而成。编码时,在已随机化数据码流的752比特之前添加261个比特“0”,构成1013个信息比特,编码成码长为1023比特(信息位在前)的BCH(1023,1013)码字。然后去除先前加入的前261个比特“0”,得到BCH(762,752)码字。BCH(1023,1013)码的生成多项式$G(x)=1+x^3+x^{10}$。该码有纠正码字中1个错误比特的能力。一个TS包(188字节)编码成2个BCH(762,752)码字。

表5.1　三种纠错编码方式的参数

编号	块长[比特]	信息比特	对应的编码效率
码率1	7488	3008	0.4
码率2	7488	4512	0.6
码率3	7488	6016	0.8

三种不同码率的FEC码的结构分别为:

1. 码率为0.4的FEC(7488,3008)码

4个BCH(762,752)码字的3048比特作为信息比特编码为一个LDPC(7493,3048)

码字，然后将此码字的前 5 个校验比特删除，得到 FEC(7488,3008)码字。

2. 码率为 0.6 的 FEC(7488,4512)码

6 个 BCH(762,752)码字的 4572 比特作为信息比特编码为一个 LDPC(7493,4572)码字，然后将此码字的前 5 个校验比特删除，得到 FEC(7488,4512)码字。

3. 码率为 0.8 的 FEC(7488,6016)码

8 个 BCH(762,752)码字的 6096 比特作为信息比特编码为一个 LDPC(7493,6096)码字，然后将此码字的前 5 个校验比特删除，得到 FEC(7488,6016)码字。

系统采用 QC－LDPC，上述三种 LDPC 的生成矩阵 $\boldsymbol{G}_{qc}$ 具有式(5.1)所示的矩阵形式。

$$\boldsymbol{G}_{qc}=\begin{bmatrix} \boldsymbol{G}_{0,0} & \boldsymbol{G}_{0,1} & \cdots & \boldsymbol{G}_{0,c-1} & \boldsymbol{I} & \boldsymbol{0} & \cdots & \boldsymbol{0} \\ \boldsymbol{G}_{1,0} & \boldsymbol{G}_{1,1} & \cdots & \boldsymbol{G}_{1,c-1} & \boldsymbol{0} & \boldsymbol{I} & \cdots & \boldsymbol{0} \\ \vdots & \vdots & \boldsymbol{G}_{i,j} & \vdots & \vdots & \vdots & \ddots & \vdots \\ \boldsymbol{G}_{k-1,0} & \boldsymbol{G}_{k-1,1} & \cdots & \boldsymbol{G}_{k-1,c-1} & \boldsymbol{0} & \boldsymbol{0} & \cdots & \boldsymbol{I} \end{bmatrix} \tag{5.1}$$

其中，$\boldsymbol{I}$ 是 127×127 阶单位矩阵，$\boldsymbol{0}$ 是 127×127 阶零阵，$\boldsymbol{G}_{i,j}$ 是 127×127 循环矩阵($0\leqslant i\leqslant k-1,0\leqslant j\leqslant c-1$)。$127k$ 为 LDPC 码字中的信息比特数，$127(k+c)$ 为 LDPC 码字长度(7493)。对于 LDPC(7493,3048)：$k=24,c=35$；对于 LDPC(7493,4572)：$k=36$，$c=23$；对于 LDPC(7493,6096)：$k=48,c=11$。

$\boldsymbol{G}_{i,j}$ 为循环矩阵，其每一行都是上一行的向右循环移位一位，方阵的第一行是此方阵的最后一行的向右循环移位一位；此方阵的每一列都是左一列的向下循环移位一位，并且第一列是最后一列的向下循环移位一位。称 $\boldsymbol{G}_{i,j}$ 的第一行 $g_{i,j}=(u_0,u_1,\cdots,u_{126})$ 为其生成子。

GB 20600－2006 给出了三种 LDPC 的各循环矩阵的生成子，但它是以$(u_{126},u_{125},\cdots,u_1,u_0)$的形式给出的，且为 128 比特，其最前面的一位应丢弃。例如，对 LDPC(7493,3048)生成矩阵中 $\boldsymbol{G}_{0,0}$ 给出的生成子为 $44DB4147E6075A92E878EB68C44DD51F(H)$。对应的比特序列是 0100 0100 1101 …0001 1111，最前面的 0 应被丢弃，对应的 $g_{0,0}=(u_0,u_1,\cdots,u_{126})=(1,1,1,1,1,0,0,0,\cdots 0,0,1,0,0,0,1)$。

LDPC 编码时，BCH 码字按顺序输入编码器时，最前面的比特是 BCH 码字中第一个信息比特。LDPC 编码器输出码字中校验位在前，信息位在后。图 5.3 所示为 FEC(7493,3048)编码示意图。

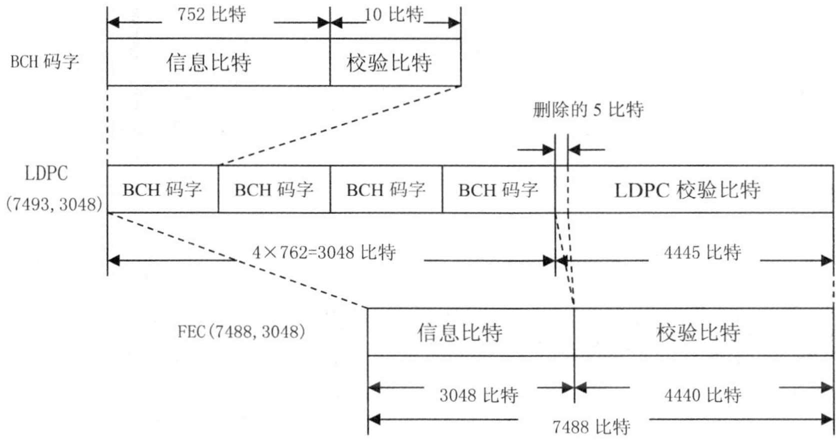

图 5.3　FEC(7488,3048)编码示意图

5.3　星座映射

FEC 编码产生的比特流转换成均匀的 nQAM(n：星座点数)符号流(最先进入的 FEC 编码比特作为数据符号的 LSB，即 b_0)。系统包含以下几种星座映射关系：64QAM，32QAM，16QAM，4QAM，4QAM－NR。各种星座图都采用 Gray 映射，相邻(上、下、左和右)星座符号对应的数据符号间只有 1 比特不同。星座图已考虑功率归一化要求，使各种星座映射下信号的平均功率趋同。

5.3.1　64QAM 映射

对于 64QAM，一个 6 比特的数据符号映射为一个星座符号。FEC 编码输出的数据流被拆分成 6 比特为一组的数据符号($b_5b_4b_3b_2b_1b_0$)，星座符号的同相分量 I 由 $b_2b_1b_0$ 确定，正交分量 Q 由 $b_5b_4b_3$ 确定。I 和 Q 的取值为－7，－5，－3，－1，1，3，5 和 7。其星座映射如图 5.4 所示。

5.3.2　32QAM 映射

对于 32QAM，一个 5 比特的数据符号映射为一个星座符号。FEC 编码输出的数据流被拆分成 5 比特为一组的数据符号($b_4b_3b_2b_1b_0$)，星座符号的同相分量 I 和正交分量 Q 的取值为－7.5，－4.5，－1.5，1.5，4.5 和 7.5。其星座映射如图 5.5 所示。

5.3.3　16QAM 映射

对于 16QAM，一个 4 比特的数据符号映射为一个星座符号。FEC 编码输出的数据

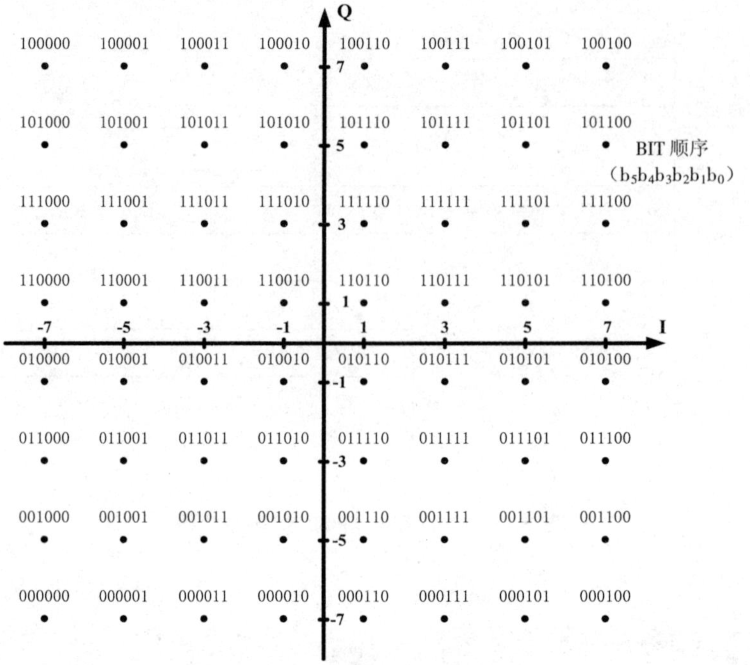

图 5.4　64QAM 映射

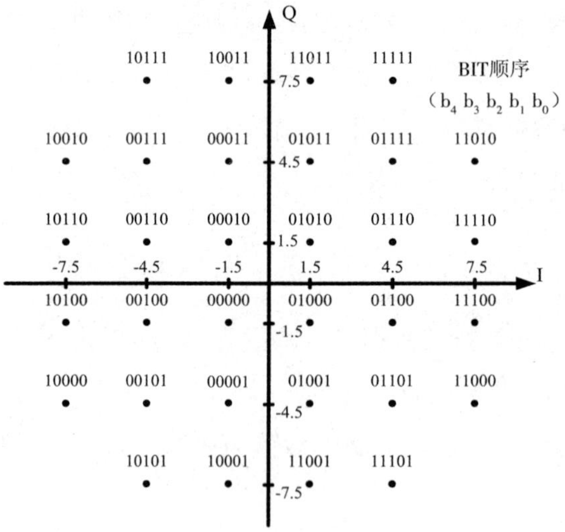

图 5.5　32QAM 映射

流被拆分成 4 比特为一组的数据符号($b_3b_2b_1b_0$)，星座符号的同相分量 I 由 b_1b_0 确定，正交分量 Q 由 b_3b_2 确定。I 和 Q 的取值为−6，−2，2 和 6。其星座映射如图 5.6 所示。

5.3.4　4QAM 映射

对于 4QAM，一个 2 比特的数据符号映射为一个星座符号。FEC 编码输出的数据流被拆分成 2 比特为一组的数据符号(b_1b_0)，星座符号的同相分量 I 由 b_0 确定，正交分量 Q

由 b_1 确定。I 和 Q 的取值为－4.5 和 4.5。其星座映射如图 5.7 所示。

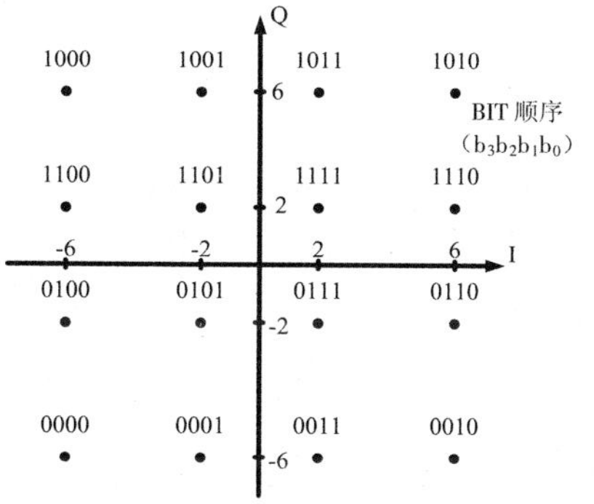

图 5.6　16QAM 映射

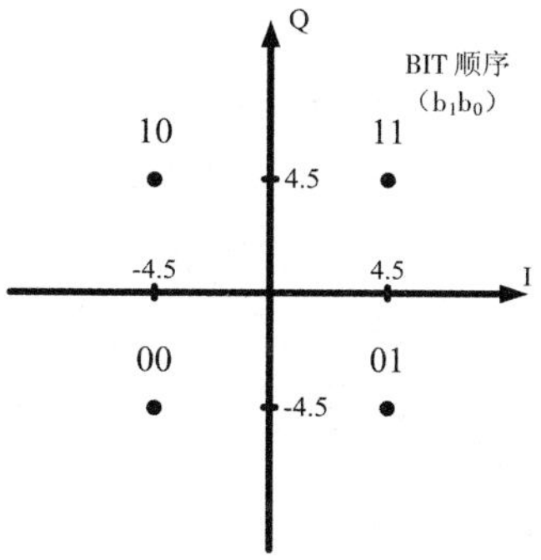

图 5.7　4QAM 映射

5.3.5　4QAM－NR 映射

4QAM—NR 映射方式是在 4QAM 映射之前增加 NR 准正交编码映射。按照后文 5.4 节描述的卷积交织方法对 FEC 编码后的数据流进行基于比特的交织，然后进行一个 8 比特到 16 比特的 NR 准正交预映射，再把预映射后每 2 个比特按照 4QAM 调制方式映射到星座符号，直接与系统信息复接。

NR 映射关系描述如下：

NR 映射将输入的每 8 个信息比特 $x_0x_1x_2x_3x_4x_5x_6x_7$ 编码映射为一个 16 个比特字 $x_0x_1x_2x_3x_4x_5x_6x_7y_0y_1y_2y_3y_4y_5y_6y_7$。校验比特 $y_0, y_1, y_2, y_3, y_4, y_5, y_6$ 和 y_7 由式(5.2)求出。例如 00000001 编码为 16 比特字 0000000111111110。

$$
\begin{aligned}
y_0&=x_7+x_6+x_0+x_1+x_3+(x_0+x_4)(x_1+x_2+x_3+x_5)+(x_1+x_2)(x_3+x_5)\\
y_1&=x_7+x_0+x_1+x_2+x_4+(x_1+x_5)(x_2+x_3+x_4+x_6)+(x_2+x_3)(x_4+x_6)\\
y_2&=x_7+x_1+x_2+x_3+x_5+(x_2+x_6)(x_3+x_4+x_5+x_0)+(x_3+x_1)(x_5+x_0)\\
y_3&=x_7+x_2+x_3+x_4+x_6+(x_3+x_0)(x_4+x_5+x_6+x_1)+(x_4+x_5)(x_6+x_1)\\
y_4&=x_7+x_3+x_4+x_5+x_0+(x_4+x_1)(x_5+x_6+x_0+x_2)+(x_5+x_6)(x_0+x_2)\\
y_5&=x_7+x_4+x_5+x_6+x_1+(x_5+x_2)(x_6+x_0+x_1+x_3)+(x_6+x_0)(x_1+x_3)\\
y_6&=x_7+x_5+x_6+x_0+x_2+(x_6+x_3)(x_0+x_1+x_2+x_4)+(x_0+x_1)(x_2+x_4)\\
y_7&=x_0+x_1+x_2+x_3+x_4+x_5+x_6+x_7+y_0+y_1+y_2+y_3+y_4+y_5+y_6
\end{aligned}
\tag{5.2}
$$

其中，加法为模 2 加法运算，乘法为模 2 乘法运算。

5.4　符号交织

星座映射得到的符号流进行时域符号交织，在 $C=3780$ 模式下还要进行频域符号交织。

5.4.1 时域符号交织

时域符号交织编码在多个信号帧的基本数据块之间进行，采用基于星座符号的卷积交织器(如图 5.8 所示)。图中变量 B(=52)表示交织宽度(支路数目)，变量 M 表示交织深度(延迟缓存器大小)。进行符号交织的基本数据块的第一个符号通过支路 0。交织/解交织的总时延为 $M\times(B-1)\times B$ 符号。取决于应用情况，可选用以下两种工作模式。模式 1：$M=240$ 符号，称为短交织；模式 2：$M=720$ 符号，称为长交织。

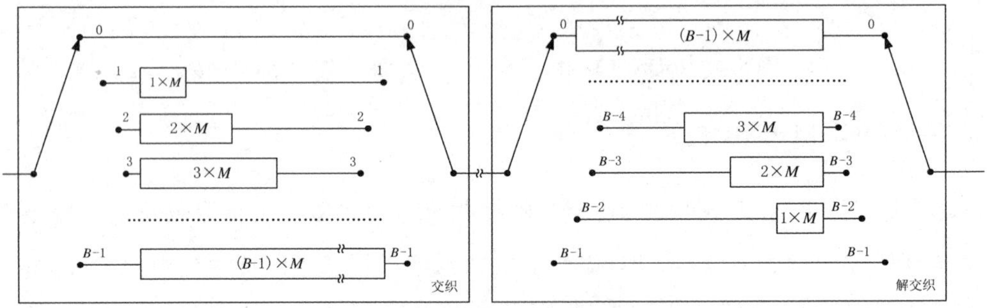

图 5.8 卷积交织和解交织原理图

一个信号帧基本数据块的 3744 个传送数据的星座符号经交织器输入开关切换 72 个循环全部进入交织器，它们分散到交织器输出序列中长度约为 $M\times(B-1)\times B$ 个符号的符号段中，从而分散到 $L=M\times(B-1)\times B/3744$ (长交织模式下为 510，短交织模式下为 170)个信号帧中传输。表 5.2 所示为上述数量信号帧的传输时间。由以上分析可知，由于采用大交织深度的符号卷积交织，结合长 LDPC 的强纠错能力，系统可获得抵抗较长时间信号衰落和脉冲干扰的能力。

表 5.2 一个信号帧的基本数据块符号时域交织后分散到的信号帧数量和对应传输时间

交织深度 M	帧头长度	一个基本数据块的符号分散到的信号帧数量(L)	L 个信号帧的传输时间(ms)
240	420	170	94.44
	595	170	98.38
	945	170	106.25
720	420	510	283.33
	595	510	295.14
	945	510	318.75

4QAM−NR 调制方式下，在映射之前对 FEC 编码后的数据流按照图 5.8 进行比特卷积交织。

5.4.2　频域符号交织

频域交织仅用于 $C=3780$ 模式，目的是将一个信号帧的星座符号随机地调制到帧体(OFDM 符号)包含的 3780 个有效子载波上。频域交织采用帧体内的符号块交织，块的大小等于子载波数 3780。具体交织运算过程如下。

第一步：数组 $X[j]$($j=0,1,\cdots,35$)为 36 个系统信息符号，$X[k]$($k=36,37,\cdots,3779$)为 3744 个数据符号。为了使交织输出时 36 个系统信息符号集中放置，首先将这 36 个系统信息符号插入到 3744 个数据符号中，其插入位置集合为：

{0,140,279,419,420,560,699,839,840,980,1119,1259,1260,1400,1539,1679,1680,1820,1959,2099,2100,2240,2379,2519,2520,2660,2799,2939,2940,3080,3219,3359,3360,3500,3639,3779}。

插入后得到的序列用数组 $Z[i]$($i=0,1,2,\cdots,3779$)表示。其中 $Z[0]$,$Z[140]$,…,$Z[3639]$,$Z[3779]$为系统信息符号。该插入过程可以通过以下程序完成：

```
j=0;
k=36;
for(i=0; i<3780; i=i+1)
{
  if (i 为插入位置集合中的元素)
  {
      Z[i]=X[j];
      j=j+1;
  }
  else
  {
      Z[i]=X[k];
      k=k+1;
  }
}
```

第二步：将数组 $Z[p]$($p=0,1,2,\cdots,3779$)通过以下程序进行位置调换得到最终交织输出序列 $Y[q]$($q=0,1,2,\cdots,3779$)：

```
for(i=0; i<3; i=i+1)
for(j=0; j<3; j=j+1)
for(k=0; k<3; k=k+1)
```

for($l=0$; $l<2$; $l=l+1$)

for($m=0$; $m<2$; $m=m+1$)

for($n=0$; $n<5$; $n=n+1$)

for($o=0$; $o<7$; $o=o+1$)

$Y[o\times540+n\times108+m\times54+l\times27+k\times9+j\times3+i]=Z[i\times1260+j\times420+k\times140+l\times70+m\times35+n\times7+o]$

考察系统信息符号在输出序列中的位置可知,输出序列中 $Y[0]$到 $Y[17]$、$Y[3762]$到 $Y[3779]$为系统信息符号。

5.5 帧结构

系统的数据帧结构如图 5.9 所示,是一个四层结构。

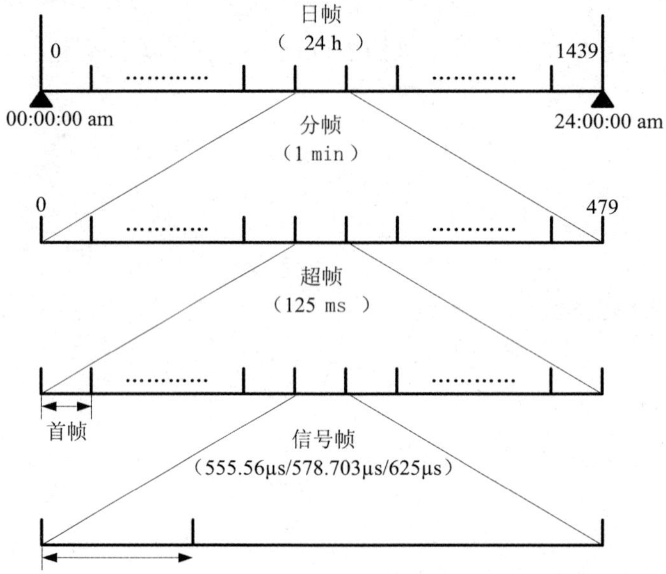

图 5.9 系统帧结构

信号帧是系统帧结构的基本单元,一个信号帧由帧头和帧体两部分时域信号组成。帧头和帧体信号的基带符号率相同(7.56Msps)。帧头部分由 PN 序列构成,帧头长度有三种选项。帧头信号采用 I 和 Q 相同的 4QAM 调制。帧体部分包含 36 个符号的系统信息和 3744 个符号的数据,共 3780 个符号。帧体长度是 500μs(3780×1/7.56μs)。

超帧定义为一组信号帧。超帧的时间长度为 125ms,8 个超帧为 1s,便于与定时系统(例如 GPS)校准时间。超帧中第一个信号帧定义为首帧,由系统信息的相关信息指示。分帧定义为一组超帧,其时间长度为 1min,包含 480 个超帧。帧结构的顶层称为日帧(Calendar Day Frame,CDF)。日帧由 1440 个分帧构成,以一个公历自然日为周期进行周期性重复,并与自然时间保持同步。

5.5.1　信号帧结构

信号帧由帧头和帧体两部分组成，为适应不同应用，定义了三种帧头模式。模式 1：帧头由 420 个符号构成，时间长度为 55.6μs；模式 2：帧头由 595 个符号构成，时间长度为 78.7μs；模式 3：帧头由 945 个符号构成，时间长度为 125μs。三种帧头模式所对应的信号帧的帧体长度和超帧的长度都相同。对于模式 1，每 225 个信号帧组成一个超帧（225×4200×1/7.56μs＝125ms）；对于模式 2，每 216 个信号帧组成一个超帧（216×4375×1/7.56μs＝125ms）；对于模式 3，每 200 个信号帧组成一个超帧（200×4725×1/7.56μs＝125ms）。

5.5.2　帧头

1. 帧头模式 1（PN420）

帧头模式 1 采用的 PN 序列是循环扩展的 8 阶 m 序列，可由一个 LFSR 实现，经“0”到＋1 值、“1”到－1 值的映射，转换为非归零的二进制符号。

长度为 420 个符号的帧头信号（PN420），由一个前同步、一个 PN255 序列和一个后同步构成。前同步和后同步定义为 PN255 序列的循环扩展，其中前同步长度为 82 个符号，后同步长度为 83 个符号（如图 5.10 所示）。LFSR 的初始条件确定产生的 PN 序列的相位。在一个超帧中共有 225 个信号帧。每个超帧中各信号帧的帧头采用不同相位的 PN 信号作为信号帧识别符。

前同步 82 个符号	PN255	后同步 83 个符号

图 5.10　PN420 结构

PN255 的生成多项式 $G(x)=1+x+x^5+x^6+x^8$。图 5.11 是 PN255 的产生示意图。基于 LFSR 的初始状态，可产生 255 个不同相位的 PN420 序列。为了尽量降低相邻序号的相关性，经过计算机优化选择，标准选用了其中的 225 个 PN420 序列（从序号 0 到序号 224）分别用于一个超帧中相应序号的信号帧。在每个超帧开始时 LFSR 复位到序号 0 的初始相位。在不要求指示帧序号时，所有的信号帧有相同的帧头，使用序号 0 的 PN 初始相位。

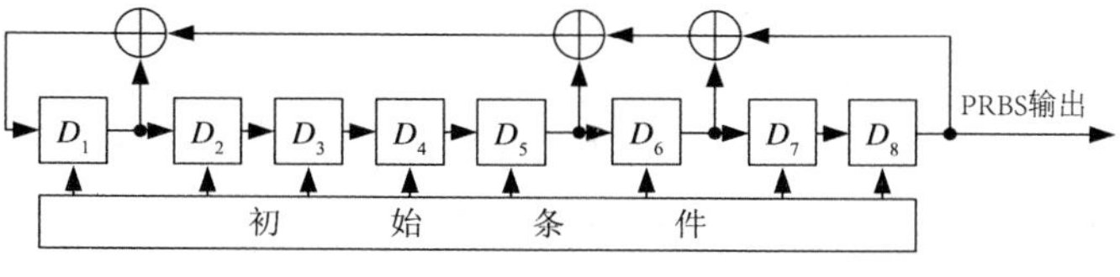

图 5.11　8 阶 m 序列的产生

帧头信号的平均功率是帧体信号平均功率的 2 倍。

2. 帧头模式 2(PN595)

帧头模式 2 采用的 PN 序列是 10 阶 m 序列的截短，帧头信号的长度为 595 个符号，它们由 PN1023 的前 595 个比特，经“0”到+1 值、“1”到−1 值的映射转换得到。

PN1023 的生成多项式 $G(x)=1+x^3+x^{10}$。图 5.12 是 PN1023 的产生示意图，在每个信号帧开始时，LFSR 被复位到初始相位 0000000001。每个超帧中的 216 个信号帧采用相同的 PN 序列作为帧头。

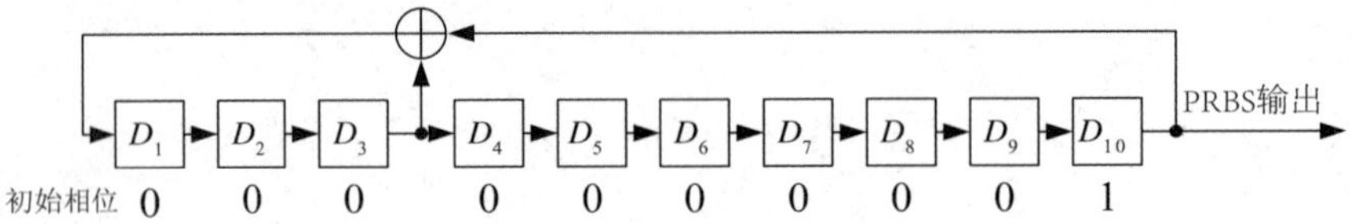

图 5.12　10 阶 m 序列的产生

帧头信号的平均功率与帧体信号的平均功率相同。

3. 帧头模式 3(PN945)

帧头模式 3 采用的 PN 序列是循环扩展的 9 阶 m 序列，可由一个 LFSR 实现，经“0”到+1 值、“1”到−1 值的映射，转换为非归零的二进制符号。

长度为 945 个符号的帧头信号(PN945)，由一个前同步、一个 PN511 序列和一个后同步构成。前同步和后同步定义为 PN511 序列的循环扩展，其中前同步长度为 217 个符号，后同步长度为 217 个符号(如图 5.13 所示)。LFSR 的初始条件确定产生的 PN 序列的相位。在一个超帧中共有 200 个信号帧。每个超帧中，各信号帧的帧头采用不同相位的 PN 信号作为信号帧识别符。

前同步 217 个符号	PN511	后同步 217 个符号

图 5.13　PN945 结构

PN511 的生成多项式 $G(x)=1+x^2+x^7+x^8+x^9$。图 5.14 所示为 PN511 的产生示意图。基于 LFSR 的初始状态，可产生 511 个不同相位的 PN945 序列。为了尽量降低相邻序号的相关性，经过计算机优化选择，标准选用了其中的 200 个 PN945 序列(从序号 0

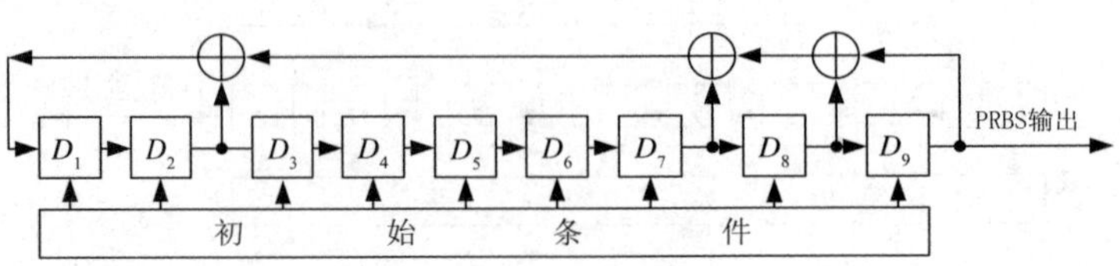

图 5.14　9 阶 m 序列的产生

到序号 199)分别用于一个超帧中相应序号的信号帧。在每个超帧开始时,LFSR 复位到序号 0 的初始相位。

帧头信号的平均功率是帧体信号平均功率的 2 倍。

在不要求指示帧序号时,所有的信号帧有相同的帧头,使用序号 0 的 PN 初始相位。

在三种帧头模式下,帧头信号均采用 $I=Q$ 的 4QAM 调制,PN 序列的一个比特映射为一个星座符号。

5.5.3　系统信息

信号帧的帧体部分包含 36 个符号的系统信息和 3744 个符号的数据,共 3780 个符号。系统信息为每个信号帧提供必要的解调和解码信息,包括符号星座映射模式、LDPC 编码的码率、交织模式信息、帧体模式信息等。本系统中预设了 64 种不同的系统信息组合模式,并采用扩频技术传输,以提高其传输的可靠性。

1. 系统信息定义

64 种系统信息组合在扩频前用 6 个信息比特($s_5s_4s_3s_2s_1s_0$)表示,其中 s_5 为 MSB。表 5.3 所示为第 3～0 比特对应的信息,第 4 比特(s_4)为交织信息:$s_4=0$ 表示交织模式 1(短交织),$s_4=1$ 表示交织模式 2(长交织)。第 5 比特(s_5)预留。

表 5.3　系统信息第 3～0 比特的定义

第 3～0 比特 ($s_3s_2s_1s_0$)	对应信息	第 3～0 比特 ($s_3s_2s_1s_0$)	对应信息
0000	奇数编号的超帧的首帧指示符	1000	保留
0001	4QAM, LDPC 码率 0.4	1001	16QAM, LDPC 码率 0.4
0010	4QAM, LDPC 码率 0.6	1010	16QAM, LDPC 码率 0.6
0011	4QAM, LDPC 码率 0.8	1011	16QAM, LDPC 码率 0.8
0100	保留	1100	32QAM, LDPC 码率 0.8
0101	保留	1101	64QAM, LDPC 码率 0.4
0110	保留	1110	64QAM, LDPC 码率 0.6
0111	4QAM－NR, LDPC 码率 0.8	1111	64QAM, LDPC 码率 0.8

2. 系统信息的扩频传输

6 比特系统信息通过以下步骤转换为 32 比特长的系统信息矢量:

第一步:基于基本 Walsh 块[参见式(5.3)]和 Walsh 块的系统化产生方法[参见式(5.4)]产生 32×32 的 Walsh 块,将其各行作为 32 位长的 Walsh 矢量,共 32 个。

$$W_2=\begin{bmatrix}1 & 1\\ & \cdots\cdots & \\ 1 & -1\end{bmatrix} \tag{5.3}$$

$$W_{2n}=\begin{bmatrix} H & H \\ \cdots\cdots & \\ H & -H \end{bmatrix} \tag{5.4}$$

其中 H 为上一阶的 Walsh 块，即 $W_{2(n-1)}$。例如对应 32×32Walsh 块第 0 行的矢量为全 1。

第二步：将上述 32 个 32 位长的 Walsh 矢量取反，连同原有的 32 个 Walsh 矢量一起，得到 64 个矢量。再将每个矢量经过"+1"到 1 值、"−1"到 0 值的映射，得到 64 个二进制矢量。

第三步：每个二进制矢量与一个长度为 32 位的随机序列逐位进行异或运算，得到相应的系统信息矢量。该随机序列由一个 5 比特 LFSR 产生一个长度为 31 位的最大长度序列，并在其后添加一个 0 而得到。

该 31 位最大长度序列的生成多项式 $G(x)=1+x+x^3+x^4+x^5$，初始相位为 00001，在每个信号帧开始时复位。图 5.15 所示为其产生电路的结构。32 位伪随机序列为 10000111001101111101000100101010。例如，它与全 1 的二进制矢量逐位异或运算得到的系统信息矢量为 01111000110010000010111011010101。

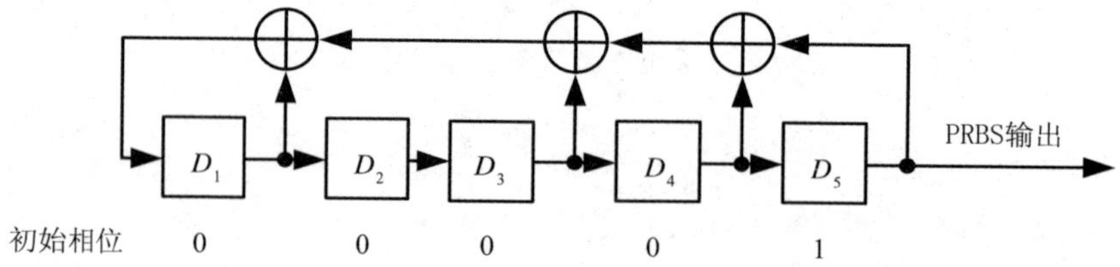

图 5.15　长度为 31 位的最大长度序列产生电路

对应于 64 个互不相同的二进制矢量，可得到 64 个 32 比特长的系统信息矢量，标准规定了 64 种系统信息与这 64 个系统信息矢量的一一对应关系。

第四步：采用 I、Q 相同的 4QAM 调制方式将 32 比特映射为 32 个复符号。在其前面再加 4 个复符号作为数据帧体模式的指示。$C=1$ 模式时对应于这 4 个复符号的 4 个比特为"0000"，$C=3780$ 模式时为"1111"。同样采用 I、Q 相同的 4QAM 调制方式将这 4 个比特映射为 4 个复符号。

5.5.4　帧体结构

36 个系统信息符号与信道编码和交织后的数据符号复合成帧体数据，其复用结构为：36 个系统信息符号连续排列于帧体数据的前 36 个符号位置（如图 5.16 所示）。

4 个帧体模式指示符号	32 个调制和码率等模式指示符号	3744 个数据符号

图 5.16　帧体数据结构

5.6 帧体数据处理与组帧

5.6.1 帧体数据处理

3744 个数据符号和 36 个系统信息符号复接后，经帧体数据处理形成帧体。帧体数据处理随系统采用单载波方式还是多载波方式而不同。

1. 单载波方式($C=1$)

令 $X(k)$ 为输入符号序列，则生成的帧体信号为：

$$FBody(k)=X(k) \tag{5.5}$$

2. 多载波方式($C=3780$)

$X(n)$ 为输入符号序列(频域符号交织器的输出)，它通过 IDFT 生成帧体信号：

$$FBody(k)=\frac{1}{\sqrt{C}}\sum_{n=0}^{C-1}X(n)e^{j2\pi nk/C}\quad (k=0,1,2,\cdots,3779) \tag{5.6}$$

5.6.2 组帧

帧头和帧体信号组帧为信号帧，以 7.56 兆符号/秒的符号速率转换为基带信号 Frame(t)。

在 $C=1$ 模式下，作为可选项，对组帧后形成的基带数据在±0.5 符号速率位置插入双导频。插入方式为从日帧的第一个符号(编号为 0)开始，在奇数符号上实部加 1、虚部加 0，在偶数符号上实部加－1、虚部加 0。从而在基带信号中加入一个频率为 3.78MHz 的余弦信号，转换到射频后成为载波频率±3.78MHz 处的两个导频。两个导频的总功率为数据信号平均功率的 $1/(2\times4.5^2)$，即低于数据信号平均功率 16dB。

5.7 基带后处理

由于帧头采用单载波方式传输，即使在 $C=3780$ 模式下也需要用成形滤波器限制信号带宽。国标系统采用滚降系数 $\alpha=0.05$ 的平方根升余弦(SRRC)滤波器。其奈奎斯特频率 $f_N(=1/2Ts)$ 为 3.78MHz(Ts 为输入信号的符号周期，等于 $1/7.56\mu s$)。$(1+\alpha)f_N=3.969$MHz。

由于滚降系数较小，实现时需采用高阶的 FIR 滤波器，所需资源较多。

5.8 射频信号

调制后的 RF 信号由下式描述：

$$S(t)=\mathrm{Re}\{\exp(j2\pi f_c t)\times[h(t)*\mathrm{Frame}(t)]\} \tag{5.7}$$

其中，$S(t)$为射频信号；fc 为载波频率；$h(t)$为 SRRC 滤波器的脉冲成形函数；$\mathrm{Frame}(t)$为组帧后的基带信号。$*$ 表示卷积运算。

5.9 基带信号频谱特性与频谱模板

5.9.1 基带信号频谱特性

成形滤波后基带信号(未插入双导频)的典型频谱特性如图 5.17 所示。

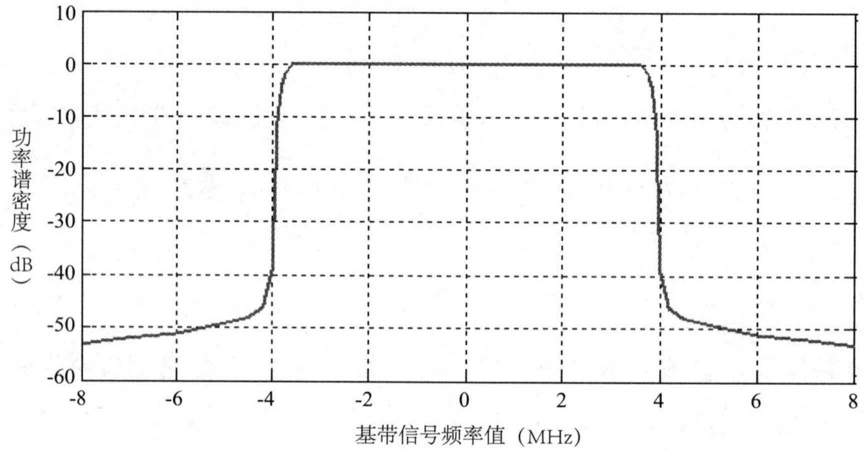

图 5.17 成形滤波后基带信号频谱特性

5.9.2 带外频谱模板

当数字电视发射机和模拟电视发射机(PAL 制模拟电视)位于同一个发射台，并且数字电视发射机使用的频道为模拟电视广播频道的上邻频道或下邻频道时，要求数字电视发射信号的频谱满足图 5.18 和表 5.4 所给出的带外频谱模板要求。所示的频谱模板在数字和模拟电视发射无极化辨识，且它们的辐射功率相同的情况下，满足模拟电视的最低保护需求。如果两个发射机的发射功率不同，需要按比例进行修正。

当数字电视信号的相邻频道用于其他服务(如发射功率更小)时，可能需要使用具有更高带外衰减的频谱模板。严格情况下的频谱模板由图 5.19 和表 5.5 给出。

图 5.18 和图 5.19 所示为所要求的带外分量信号功率(在 4kHz 带宽下测得)相对于

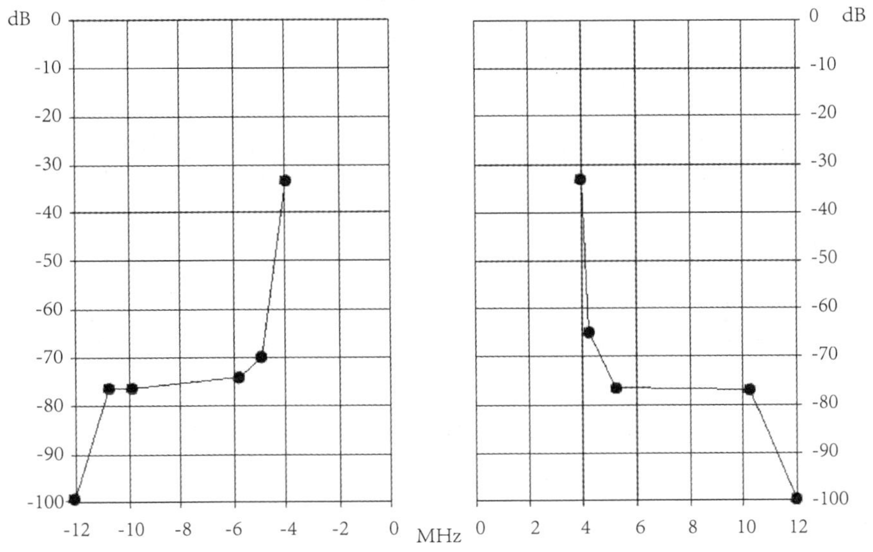

图 5.18　同一发射台的数字电视频道位于模拟电视频道上邻频道或下邻频道时的频谱模板

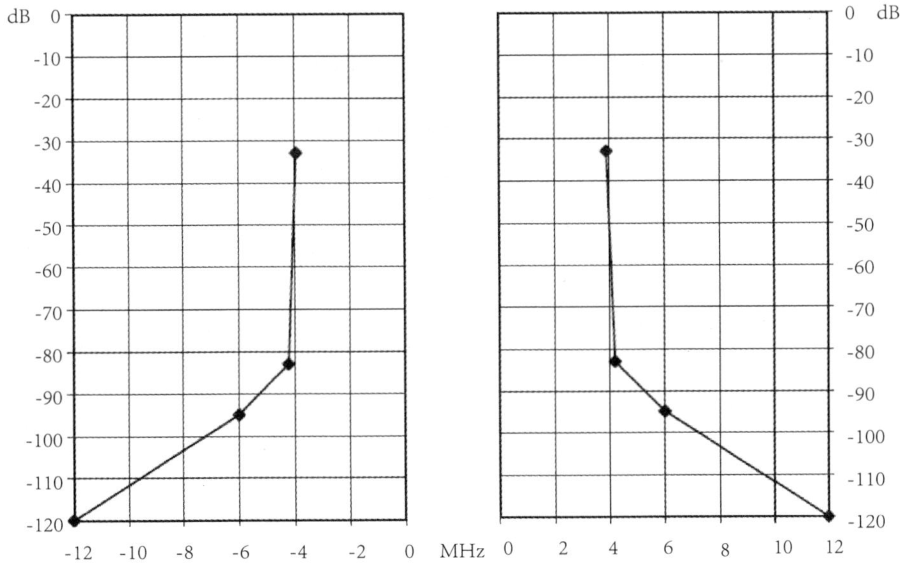

图 5.19　严格条件下的频谱模板

信号总功率(0dB)的衰减量。表 5.4 和表 5.5 所示为转折点频率及对应的衰减量。

为满足频谱模板的要求，需用带通滤波器滤除发射机输出信号中的带外频谱分量。

表 5.4 频谱模板的转折点

相对频率(MHz)	−12	−10.75	−9.75	−5.75	−4.94	−3.9
衰减(dB)	−100	−76.9	−76.9	−74.2	−69.9	−32.8
相对频率(MHz)	+12	+10.25	+6.25	+5.25	+4.25	+3.9
衰减(dB)	−100	−76.9	−76.9	−76.9	−64.9	−32.8

表 5.5 严格条件下频谱模板的转折点

相对频率(MHz)	−12	−6	−4.2	−3.8	+3.8	+4.2	+6	+12
衰减(dB)	−120	−95	−83	−32.8	−32.8	−83	−95	−120

为满足频谱模板的要求,需应用带通滤波器滤除发射机输出信号中的带外频谱分量。

5.10 系统基本性能

5.10.1 系统净荷数据率

系统净荷数据率 R_u 与调制方式、FEC 码率和帧头长度有关,其计算公式为:

$$R_u = R_s \times b \times R_{\mathrm{FEC}} \times (L_{\mathrm{data}} / L_{\mathrm{Frame}}) \tag{5.8}$$

其中,R_s 为符号传输速率(7.56Msps);b 为映射到一个星座符号的比特数,其值为 1(对于 4QAM−NR),2(对于 4QAM),4(对于 16QAM),5(对于 32QAM)或 6(对于 64QAM);R_{FEC}为 FEC 编码码率,其值为 3008/7488≈0.4,4512/7488≈0.6 或 6016/7488≈0.8;L_{data}为每个信号帧中有效数据符号数(3744 个符号);L_{Frame}为信号帧的长度,其值为 4200,4375 或 4725。

表 5.6 所示为不同模式组合下的系统净荷数据率。此系统净荷数据率覆盖了 4.81Mb/s~32.4Mb/s 的范围,可根据应用需要灵活选择。

表 5.6 系统净荷数据率(Mb/s)

信号帧长度		信号帧长度 4200 个符号		
FEC 码率		0.4	0.6	0.8
映射	4QAM−NR			5.414
	4QAM	5.414	8.122	10.829
	16QAM	10.829	16.243	21.658
	32QAM			27.072
	64QAM	16.243	24.365	32.486

续表

信号帧长度		信号帧长度 4375 个符号		
FEC 码率		0.4	0.6	0.8
映射	4QAM－NR			5.198
	4QAM	5.198	7.797	10.396
	16QAM	10.396	15.593	20.791
	32QAM			25.989
	64QAM	15.593	23.390	31.187
信号帧长度		信号帧长度 4725 个符号		
FEC 码率		0.4	0.6	0.8
映射	4QAM－NR			4.813
	4QAM	4.813	7.219	9.626
	16QAM	9.626	14.438	19.251
	32QAM			24.064
	64QAM	14.438	21.658	28.877

注：表中斜线表示该模式组合不在标准规范之内。

5.10.2　C/N 门限

正常接收所需的 C/N 与传输信道特性、星座映射方式和 FEC 编码码率有关。表5.7所示为各种星座映射方式和 FEC 编码码率的组合在高斯信道、Rice 信道和 Rayleigh 信道下实测的 C/N 门限值。如果测试中接收机输出码流的 BER 大于 3×10^{-6}，则判定为接收失败。测试所用信道模型见表 5.8 和表 5.9。表 5.7 所列 C/N 门限值可供固定接收条件下选择星座映射方式和 FEC 编码码率时参考，例如关于屋顶天线固定接收，参考 Rice 信道的数据；关于室内天线固定接收，参考 Rayleigh 信道的数据。实测 C/N 门限值与接收机的实现水平有关，实测性能比仿真结果差。

表 5.7　载噪比门限

模式		载噪比门限(dB)		
星座映射	FEC 码率	高斯信道	Rice 信道	Rayleigh 信道
4QAM－NR	0.8	2.0	2.5	4.0
4QAM	0.4	2.5	3.5	4.5
4QAM	0.6	4.5	5.0	7.0
4QAM	0.8	6.5	7.5	12
16QAM	0.4	8.0	9.0	10
16QAM	0.6	11	12	14

续表

模式		载噪比门限(dB)		
星座映射	FEC 码率	高斯信道	Rice 信道	Rayleigh 信道
16QAM	0.8	14	15	18
32QAM	0.8	16	16	21
64QAM	0.4	14	14	16
64QAM	0.6	17	17	20
64QAM	0.8	22	22	27

表 5.8　Rice 信道模型

路径	幅度(dB)	延时(μs)	路径	幅度(dB)	延时(μs)
主径	0	0	回波 10	−22.0	0.429948
回波 1	−19.2	0.518650	回波 11	−20.5	3.228872
回波 2	−36.2	1.003019	回波 12	−23.0	0.848831
回波 3	−26.4	5.422091	回波 13	−24.3	0.073883
回波 4	−21.8	2.751772	回波 14	−26.7	0.203952
回波 5	−23.1	0.602895	回波 15	−27.9	0.194207
回波 6	−35.6	1.016585	回波 16	−23.8	0.924450
回波 7	−27.9	0.143556	回波 17	−30.1	1.381320
回波 8	−26.1	3.324886	回波 18	−24.5	0.640512
回波 9	−19.3	1.935570	回波 19	−23.1	1.368671

表 5.9　Rayleigh 信道模型

路径	幅度(dB)	延时(μs)	路径	幅度(dB)	延时(μs)
回波 1	−7.8	0.518650	回波 11	−10.6	0.429948
回波 2	−24.8	1.003019	回波 12	−9.1	3.228872
回波 3	−15.0	5.422091	回波 13	−11.6	0.848831
回波 4	−10.4	2.751772	回波 14	−12.9	0.073883
回波 5	−11.7	0.602895	回波 15	−15.3	0.203952
回波 6	−24.2	1.016585	回波 16	−16.5	0.194207
回波 7	−16.5	0.143556	回波 17	−12.4	0.924450
回波 8	−25.8	0.153832	回波 18	−18.7	1.381320
回波 9	−14.7	3.324886	回波 19	−13.1	0.640512
回波 10	−7.9	1.935570	回波 20	−11.7	1.368671

参考文献

[1] GB 20600－2006《数字电视地面广播传输系统帧结构、信道编码和调制》，中华人民共和国国家质量监督检验检疫总局、中国国家标准化管理委员会，2006 年 8 月 18 日。

[2] 杨知行等：《地面数字电视传输技术与系统》，人民邮电出版社 2009 年版。

[3] GB/T 26666－2011《地面数字电视广播传输系统实施指南》，中华人民共和国国家质量监督检验检疫总局、中国国家标准化管理委员会，2011 年 6 月 16 日。

第六章 中国移动多媒体广播 CMMB

CMMB(China Mobile Multimedia Broadcasting，中国移动多媒体广播)是我国自主研发的面向移动终端的多媒体广播传输系统。它通过地面无线覆盖的方式，为 7 寸以下小屏幕、小尺寸、移动便携的手持终端(如手机、笔记本电脑、平板电脑、PDA、数码相机等接收设备)随时随地提供广播电视节目和信息服务等业务。

2006 年 11 月，广电总局公布了我国移动多媒体广播行业标准 GY/T220.1—2006。该标准定义了 30MHz～3000MHz 移动多媒体广播物理层的结构，规定了传输信号的帧结构、信道编码和调制方式以及传输指示信息。CMMB 的传输信号带宽可以选择为 2MHz 或者 8MHz，在这样的带宽内，可以同时提供一路或者多路独立的广播信道。这种灵活的带宽分配使得不同规模和提供不同业务的广播机构可以根据需要占用频带资源。同时，CMMB 为了满足不同业务、不同传输环境对信号质量不同的要求，提供了多种编码和调制方式以供选择。

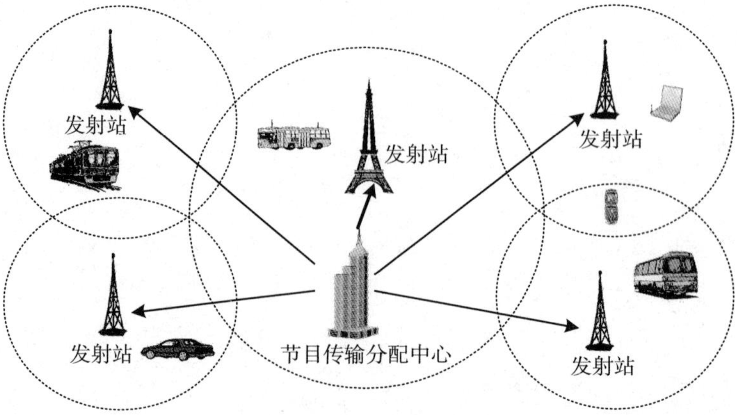

图 6.1 CMMB 地面覆盖网示意图

CMMB 信号主要以地面无线传播的方式进行覆盖传输(如图 6.1 所示)。节目传输分配中心通过光缆、微波等手段将节目信号分配到覆盖区域内各个发射站。各发射站通常以单频网的方式，使用相同的频率块，在同一时刻将调制好的多媒体广播射频信号进行发射。CMMB 信号可以支持手持、车载等多种终端。在覆盖网范围内，用户可以通过多种方式进行接收，例如固定接收、便携接收或者移动接收等等。CMMB 信号还可以支持较高速度的移动接收，例如火车或汽车等。

6.1　CMMB 系统概述

6.1.1　CMMB 系统物理层结构

CMMB 系统广播信道物理层通过物理层逻辑信道（PLCH）承载上层业务的传输通道。物理层逻辑信道分为控制逻辑信道（CLCH）和业务逻辑信道（SLCH），分别用于承载广播系统配置信息与广播业务信息。不同的业务逻辑信道可选用不同的编码和调制方式，以满足不同业务和不同传输环境的需要。业务逻辑信道的数量最多为 39 个。物理层中只有一个控制逻辑信道，采用固定的编码和调制方式。物理层逻辑信道的结构如图 6.2 所示。

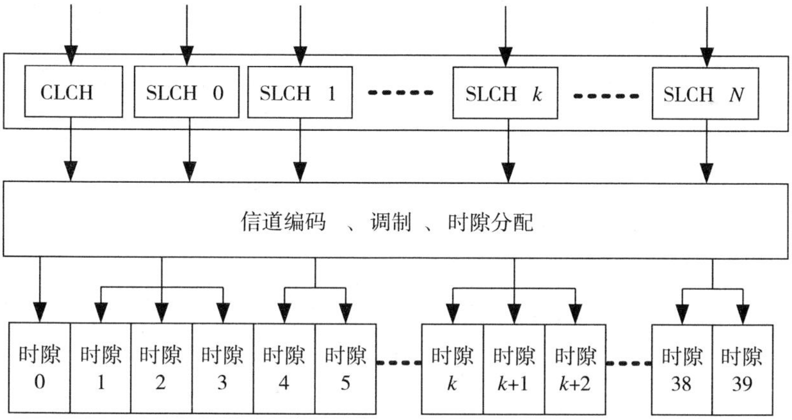

图 6.2　CMMB 物理层逻辑信道结构

控制逻辑信道的信道编码使用 RS(240,240)和编码率为 1/2 的 LDPC。为确保传输的可靠性，采用的调制方式为 BPSK(二相相移键控)。

业务逻辑信道的编码与调制方式可根据系统需要进行灵活配置，并将配置模式通过系统控制信息向终端进行广播，接收设备通过配置信息识别发射端的配置模式，进行自适应解调与解码。

表 6.1 所示为物理层选用不同的编码和调制参数时，系统所能提供的净数据率。

表 6.1 系统可提供的净数据率

带宽	信道配置			每时隙净数据量(kb)
	星座映射	LDPC 编码	RS 编码	
$B_f=8$ MHz	BPSK	1/2	(240,176)	50.688
	BPSK	1/2	(240,224)	64.512
	BPSK	3/4	(240,176)	76.032
	BPSK	3/4	(240,224)	96.768
	QPSK	1/2	(240,176)	101.376
	QPSK	1/2	(240,224)	129.024
	QPSK	3/4	(240,176)	152.064
	QPSK	3/4	(240,224)	193.536
	16QAM	1/2	(240,176)	202.752
	16QAM	1/2	(240,224)	258.048
	16QAM	3/4	(240,176)	304.128
	16QAM	3/4	(240,224)	387.072
$B_f=2$ MHz	BPSK	1/2	(240,176)	10.14
	BPSK	1/2	(240,224)	12.90
	BPSK	3/4	(240,176)	15.21
	BPSK	3/4	(240,224)	19.35
	QPSK	1/2	(240,176)	20.28
	QPSK	1/2	(240,224)	25.80
	QPSK	3/4	(240,176)	30.41
	QPSK	3/4	(240,224)	38.71
	16QAM	1/2	(240,176)	40.55
	16QAM	1/2	(240,224)	51.61
	16QAM	3/4	(240,176)	60.83
	16QAM	3/4	(240,224)	77.41

6.1.2 物理层帧结构与信号构成

CMMB一个非常重要的特点是信号帧划分为时隙。具体来说就是每个时隙持续25ms，相继的40个时隙组成一帧，因此每帧的长度为1s。这样做有两个好处：首先从帧长的角度看，每帧持续时间恰好为1s，这样只要系统中的设备能够精确定时，就能够立刻知道当前进行到哪一帧，从而完成帧的粗同步。另一方面从时隙的角度来看，一个CMMB系统内包含的往往不只是一种业务，每种业务都会包含整数个时隙，这样接收机就可以只在所需要的业务占用的那些时隙开机，其余时间可以采用关机状态，这样可以大量地节省能耗。系统中唯一的控制逻辑信道占用一个时隙，在时隙0中传送；时隙1～39用于业务逻辑信道，一个业务逻辑信道可占用一个或多个时隙。

CMMB 中每个时隙包含 1 个信标和 53 个 OFDM 符号，其中信标又包含 1 个发射机标识信号(S_{ID})和 2 个相同的同步信号(如图 6.3 所示)。

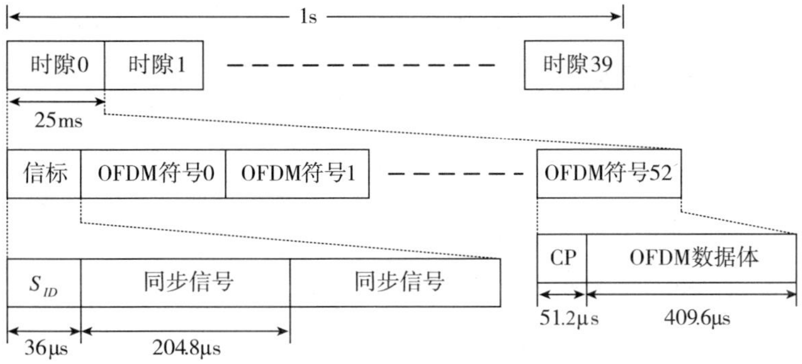

图 6.3　CMMB 中基于时隙划分的帧结构

1. 信标

如图 6.3 所示，信标由 1 个发射机标识信号(S_{ID})和 2 个相同的同步信号构成，并且都采用了 OFDM 方式传送。

发射机标识信号可以用 $S_{ID}(t)$ 表示，该信号承载的内容是用于标识不同发射机的发射机标识序列 $TxID$。$S_{ID}(t)$ 是一个频带受限的伪随机信号，长度记为 T_{ID}，取值为 $36.0\mu s$。发射机标识信号表达为：

$$S_{ID}(t)=\frac{1}{N_{ID}}\sum_{i=0}^{N_{ID}-1}X_{ID}(i)e^{j2\pi i\Delta f_{ID}(t-T_{IDCP})},\quad 0\leqslant t\leqslant T_{ID} \tag{6.1}$$

其中，N_{ID} 为发射机标识信号的子载波数(包括虚拟子载波)；$X_{ID}(i)$ 为承载发射机标识序列数据的 BPSK 信号；Δf_{ID} 为发射机标识信号的子载波间隔，取值为 39.0625kHz；T_{IDCP} 为发射机标识信号的循环前缀长度，取值为 $10.4\mu s$。

发射机标识信号的子载波数 N_{ID}(包括虚拟子载波)根据不同物理层的 B_f(射频带宽)取不同的值。当 B_f 为 8MHz 时，N_{ID} 取 256；当 B_f 为 2MHz 时，N_{ID} 取 64。

$X_{ID}(i)$ 与发射机标识序列 $TxID(k)$ 的关系如式(6.2)和式(6.3)所示：

B_f =8MHz：

$$X_{ID}(i)=\begin{cases}1-2\times TxID(i-1), & 1\leqslant i\leqslant 95\\ 0, & i=0 \text{ or } 96\leqslant i\leqslant 159\\ 1-2\times TxID(i-65), & 160\leqslant i\leqslant 255\end{cases} \tag{6.2}$$

B_f =2MHz：

$$X_{ID}(i)=\begin{cases}1-2\times TxID(i-1), & 1\leqslant i\leqslant 18\\ 0, & i=0 \text{ or } 19\leqslant i\leqslant 44\\ 1-2\times TxID(i-27), & 45\leqslant i\leqslant 63\end{cases} \tag{6.3}$$

序列 $TxID(k)$ 是长度为 191 比特($B_f=8\text{MHz}$)或 37 比特($B_f=2\text{MHz}$)的伪随机序列,共定义了 256 种序列。其中序列 0～127 为表示发射机所处地区的标识,插入到信号帧的偶数时隙(第 0,2,4,…)传送。序列 128～255 为表示同一地区内不同发射机的标识,插入到信号帧的奇数时隙(第 1,3,5,…)传送。所以每一个地区的每一台发射机都应在 0～127 号序列中选取一个,再在 128～255 号序列中选取一个,作为自己唯一的发射机标识信号。发射机标识序列由十六进制序列定义,该十六进制序列按照最高有效比特在先的顺序映射为二进制发射机标识序列。

同步信号 $S_b(t)$ 为频带受限的伪随机信号,长度记为 T_b ,取值为 204.8μs 。同步信号由下式定义:

$$S_b(t)=\frac{1}{N_b}\sum_{i=0}^{N_b-1}X_b(i)e^{j2\pi i\Delta f_b t},\quad 0\leqslant t\leqslant T_b \tag{6.4}$$

其中,N_b 为同步信号的子载波数;$X_b(i)$ 为分配在第 i 个子载波的 BPSK 数据,用于承载二进制伪随机序列 $PN_b(k)$;Δf_b 为同步信号的子载波间隔,取值为 4.8828125kHz。

同步信号的子载波数 N_b (包括虚拟子载波在内)根据不同物理层 B_f 的不同,分别取 2048($B_f=8\text{MHz}$)或 512($B_f=2\text{MHz}$)。

$X_b(i)$ 与二进制伪随机序列 $PN_b(k)$ 之间的关系如式(6.5)和式(6.6)所示:

$B_f=8\text{MHz}$:

$$X_b(i)=\begin{cases}1-2\times PN_b(i-1), & 1\leqslant i\leqslant 768\\ 0, & i=0 \text{ or } 769\leqslant i\leqslant 1279\\ 1-2\times PN_b(i-512), & 1280\leqslant i\leqslant 2047\end{cases} \tag{6.5}$$

$B_f=2\text{MHz}$:

$$X_b(i)=\begin{cases}1-2\times PN_b(i-1), & 1\leqslant i\leqslant 157\\ 0, & i=0 \text{ or } 158\leqslant i\leqslant 354\\ 1-2\times PN_b(i-198), & 355\leqslant i\leqslant 511\end{cases} \tag{6.6}$$

二进制伪随机序列 $PN_b(k)$ 由图 6.4 所示的线性反馈移位寄存器产生,生成多项式为 $x^{11}+x^9+1$。移位寄存器初始值对每个同步信号均相同,为 01110101101。

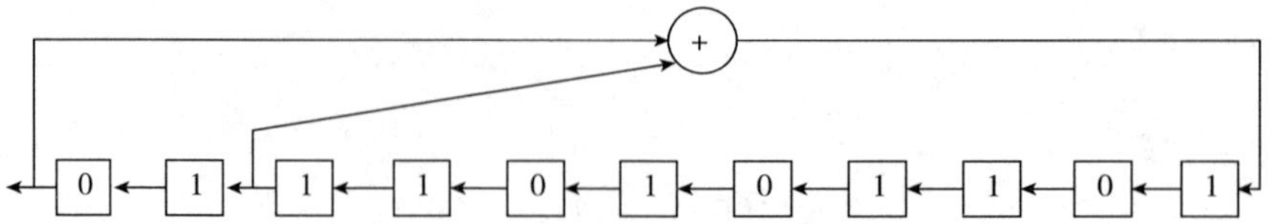

图 6.4　同步信号伪随机序列生成器

需要注意的是,从式(6.4)可以看出,同步信号虽然也是 OFDM 符号,但是两个同步信号都没有设置 OFDM 传输系统中的 CP。这是因为两个同步信号完全一样,本身就体现了循环特性，因此是作为一整段信号进行处理的，所以在两个同步信号之间就不再设置 CP。

2. OFDM 符号保护间隔

发射机标识信号、同步信号和相邻 OFDM 符号之间，通过长度 $T_{GI}=2.4\mu s$ 的保护间隔相互交叠(如图 6.5 所示)。相邻符号经过窗函数 $w(t)$ [参见式(6.7)]加权后，前一个符号的尾部保护间隔与后一个符号的头部保护间隔相互叠加。

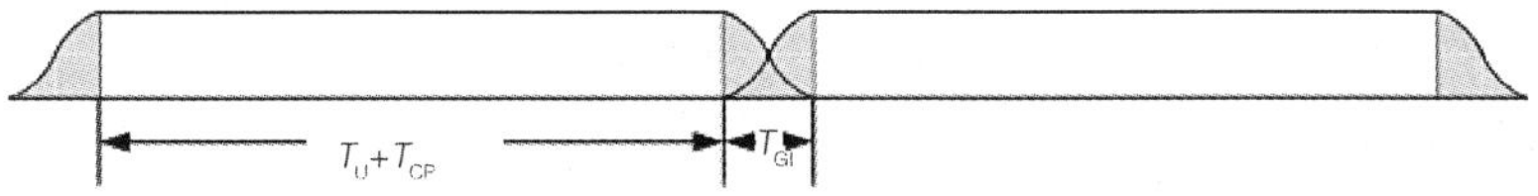

图 6.5　保护间隔交叠方式

$$w(t)=\begin{cases}0.5+0.5\cos(\pi+\pi t/T_{GI}), & 0\leqslant t\leqslant T_{GI}\\ 1, & T_{GI}<t<(T_s+T_{GI})\\ 0.5+0.5\cos(\pi+\pi t/T_{GI}), & (T_s+T_{GI})\leqslant t\leqslant(T_s+2T_{GI})\end{cases} \tag{6.7}$$

式中 T_s 为 OFDM 符号长度，它等于数据体长度 T_U 与前缀长度 T_{CP} 之和。对于发射机标识信号、同步信号和后面业务数据时隙中的 OFDM 符号来说，T_U 和 T_{CP} 都有不同的取值(见表 6.2)。

表 6.2　T_U 和 T_{CP} 取值

信号	T_U (μs)	T_{CP} (μs)
发射机标识信号	25.6	10.4
同步信号	409.6	0
OFDM 符号	409.6	51.2

保护间隔的生成方式与 CP 相同，也是通过将 OFDM 数据体的前面或者后面的一部分复制到整个符号后面或前面形成的(如图 6.6 所示)。

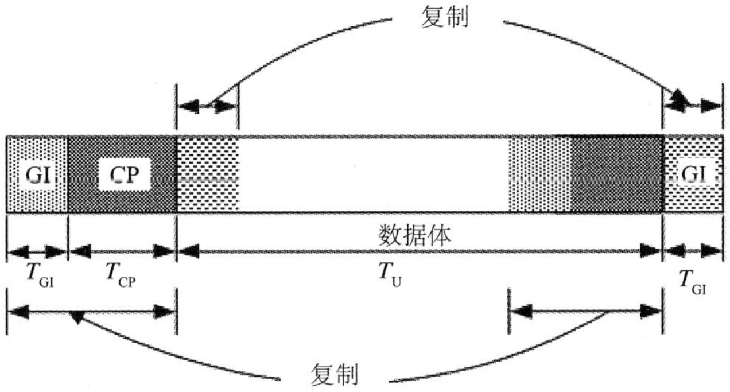

图 6.6　保护间隔生成方式

在 OFDM 符号(发射机标识信号和同步信号也是 OFDM 符号)间加入保护间隔的目的是避免 OFDM 符号前后端失真的影响。由于前后两个 OFDM 符号在连接处一般是不连续的,发射端的有限带宽使得在符号开始和结束时会呈现倾斜的上升沿和下降沿,也就是说在连接处产生很宽的频谱,从而在发送系统中连接处的信号产生较大的失真。应该指出,这个保护间隔是 CMMB 系统专门设置以消除这一小段失真的,与其他文献中所述 OFDM 传输系统中的保护间隔定义不同,传统文献中保护间隔在 CMMB 系统中称为“循环前缀”。

6.2 CMMB 发送端子系统

CMMB 采用了我国自主研发的 STiMi(Satellite & Terrestrial Interactive Multimedia Infrastructure)技术,该技术采用了时间分片技术,以减少手持终端的电能消耗。图 6.7 所示为发送端物理方框图。待传输信息是经过复用的一个或多个上层数据流,输出信号为射频信号。

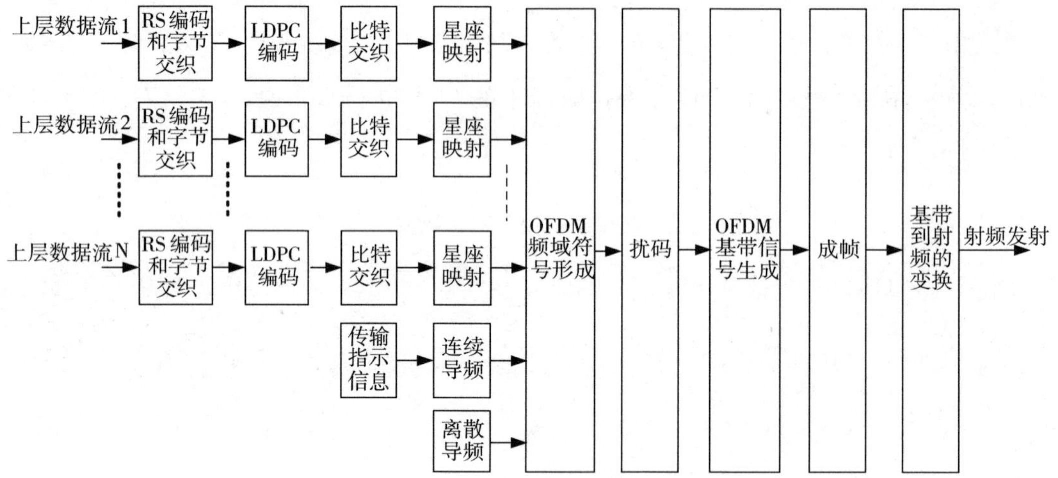

图 6.7 CMMB 传输系统发送端物理方框图

6.2.1 信道编码与交织

CMMB 的信道编码采用了 RS 编码和 LDPC 编码的级联,这是现在无线通信系统信道编码广泛采用的一种方案。因为这样做可以得到一个等效编码长度很长的信道编码,从而使信道编码效率尽可能接近香农极限。CMMB 采用 LDPC 编码作为内码,RS 编码作为外码。这样安排与 LDPC 编码的特性有关。LDPC 编码作为目前一种高效的信道编码,其纠错能力很强,但是它有个缺陷,就是它可能具有一个误码基底(Error Floor),即当解码的误码率降到一定程度时,即使再升高信噪比,LDPC 解码也无法使误码率进一步下降。为了解决这个问题,就需要使用一个没有误码平台的编码做进一步纠错。而

RS 编码以其优秀的纠正离散和连续错误的能力，完成进一步降低误码率的任务。

1. RS 编码

CMMB 系统中的 RS 码采用码长为 240 字节的 RS(240, K)截短码。K 为一个码字中信息序列的字节数，校验字节数为(240－K)。对应于 CMMB 提供的四种 RS 编码模式，K 共有四种取值，分别为 240，224，192 和 176。CMMB 中使用的 RS 编码是由原始的 RS(255, M)系统码通过截短产生的，其中 $M=K+15$。

RS 码的每个码元取自域 GF(256)，其域生成多项式为：

$$p(x)=x^8+x^4+x^3+x^2+1 \tag{6.8}$$

而 CMMB 中的 RS(240, K)通过如下方法截短：在 K 个输入信息字节 $(m_0, m_1, \cdots, m_{K-1})$ 前添加 15 个全“0”字节，组成原始的 RS(255, M)系统码输入序列 $(0, \cdots, 0, m_0, m_1, \cdots, m_{K-1})$，它编码后生成码字 $(0, \cdots, 0, m_0, m_1, \cdots, m_{K-1}, p_0, p_1, \cdots, p_{255-M-1})$，再从码字中删去添加的 15 个全“0”字节，即得到 240 字节的截短 RS 码字 $(m_0, m_1, \cdots, m_{K-1}, p_0, p_1, \cdots, p_{255-M-1})$。

2. 字节交织

RS 编码完成后数据送入字节交织器中。交织是一种简单的但是能有效提高系统抗突发差错能力的方法。它是指在发送端按照一定的规则打乱传输数据的顺序，在接收端再按照规则将收到的信息重新排序的处理方法。这个方法可以有效地将传输中发生的突发错误转化为随机错误，从而提高信道编码纠检错误的能力。交织本身不产生任何冗余，对传输效率没有影响，但是在突发错误的情况下，配合纠错编码使用可以将信道编码增益提高至少 3dB 以上。

CMMB 字节交织采用块交织方式，交织器的列数固定为 240，与 RS 码长相同，交织深度由行数 M_I 确定。字节交织器按列划分为信息区(图 6.8 左边阴影部分)和校验区

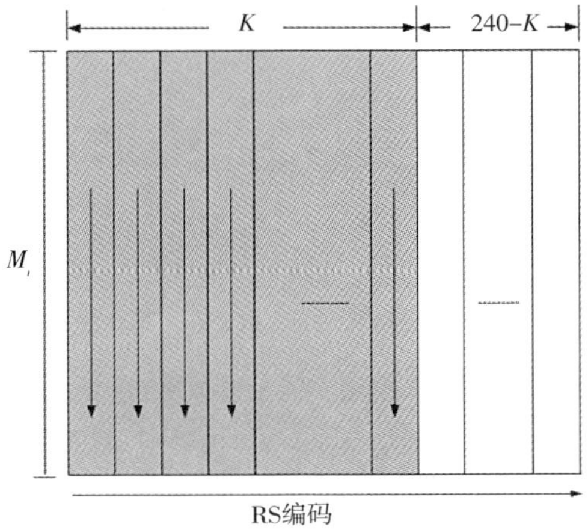

图 6.8　CMMB 字节交织器与 RS(240, K)编码的关系

(图 6.8 右边非阴影部分)。字节交织器的分区与 RS 码相适配:采用 RS(240, K)时,字节交织器第 0 列至第($K-1$)列存放信息字节。字节交织器中的每个字节由其在交织器中的坐标表示,例如位于交织器中第 s 行第 t 列的字节记为 $B_{s,t}$ 。

上层数据流输入字节交织器的方式是:二进制比特流按照低位优先的方式划分为字节,逐字节按列填充至字节交织器,字节交织器填充的列序号由 0 至($K-1$)升序排列。填充第 k 列时,首先填充 $B_{0,k}$ 字节,依次填充直至 $B_{M_I-1,k}$ 字节,第 k 列填充完成,下一字节填充至第 $k+1$ 列的第 0 字节,直至第($K-1$)列的第 M_I-1 个字节。

在字节交织器的第 r 行中 ($0\leqslant r\leqslant M_I-1$) ,信息区组成一个长度为 K 的信息序列 ($B_{r,0}, B_{r,1}, \cdots, B_{r,K-1}$) ,作为 RS(240,$K$)码的输入。RS(240,$K$)码的输出码字为 ($B_{r,0}$, $B_{r,1}, \cdots, B_{r,K-1}, p_{r,0}, p_{r,1}, \cdots, p_{r,239-K}$) ,其中 ($p_{r,0}, p_{r,1}, \cdots, p_{r,239-K}$) 为($240-K$)个校验字节。校验字节 $p_{r,i}$($0\leqslant i\leqslant 239-K$) 填充至字节交织器的 $B_{r,K}$ 至 $B_{r,239}$ 字节。

字节交织器按列顺序输出。首先输出第 0 列数据,直至输出第 239 列数据。输出第 k 列数据时 ($0\leqslant k\leqslant 239$) ,依次输出 $B_{0,k}, B_{1,k}, \cdots, B_{M_I-1,k}$ 字节。字节交织器中的全部字节($M_I\times 240$ 字节)映射在整数个完整时隙上发送,其中字节交织器的 $B_{0,0}$ 字节总是在时隙的起始点发送。

字节交织器有三种模式,每种模式下行数 M_I 取值如表 6.3 所示。其中,当带宽 $B_f=2\text{MHz}$ 时,交织模式由星座映射方式和 LDPC 码率共同决定:交织模式 1 仅用于 BPSK,模式 2 仅用于 QPSK,模式 3 仅用于 16QAM。

表 6.3 字节交织器参数 M_I

带宽	交织模式	1/2 LDPC 码	3/4 LDPC 码
$B_f=8\text{MHz}$	1	$M_I=72$	$M_I=108$
	2	$M_I=144$	$M_I=216$
	3	$M_I=288$	$M_I=432$
$B_f=2\text{MHz}$	1	$M_I=36$	$M_I=54$
	2	$M_I=72$	$M_I=108$
	3	$M_I=144$	$M_I=216$

3. LDPC 编码

经过 RS 编码和字节交织之后的数据按照低位比特优先发送的原则将每字节的 8 比特逐位送入 LDPC 编码器。字节交织器的 $B_{0,0}$ 字节的最低位映射在 LDPC 输入比特块的第一个比特。LDPC 编码配置见表 6.4。

表 6.4 LDPC 编码配置

码率	信息比特长度(K)	码字长度(N)
1/2	4608 比特	9216 比特
3/4	6912 比特	9216 比特

LDPC 输出码字 $C=\{c_0, c_1, \cdots, c_{9215}\}$由输入信息比特 $S=\{s_0, s_1, \cdots, s_{K-1}\}$和校验比特 $P=\{p_0, p_1, \cdots, p_{9215-K}\}$组成：

$$c_{COL\_ORDER(i)}=\begin{cases} p_i, & 0\leqslant i\leqslant 9215-K \\ s_{i+K-9216}, & 9216-K\leqslant i\leqslant 9215 \end{cases} \tag{6.9}$$

式中：$COL-ORDER(i)(i=0,1,\cdots,9215)$为码字比特映射向量(其值确定信息比特和校验比特在码字中的位置，可以在标准中查到)；K 为 LDPC 码信息比特长度，取值见表 6.2。

LDPC 编码的校验比特 $P=\{p_0, p_1, \cdots, p_{9215-K}\}$根据校验矩阵 $\boldsymbol{H}$ 求解如下方程得出：

$$\boldsymbol{H}\times\boldsymbol{C}^T=\boldsymbol{0} \tag{6.10}$$

式中：$\boldsymbol{0}$ 为$(9216-K)$行 1 列的全 0 列矢量；$\boldsymbol{H}$ 为 LDPC 奇偶校验矩阵。

4. 比特交织

LDPC 编码后的比特送到比特交织器进行交织。比特交织器采用 $M_b\times I_b$ 的块交织器，M_b 和 I_b 的取值见表 6.5。

表 6.5 比特交织器参数取值

带宽	M_b	I_b
$B_f=8$MHZ	384	360
$B_f=2$MHZ	192	144

LDPC 编码后的二进制序列按照从上到下的顺序依次写入块交织器的每一行，直至填满整个交织器，再从左到右按列依次读出(如图 6.9 所示)。比特交织器的输出与时隙同步，即时隙中传送的第一个比特始终定义为比特交织器输出的第一个比特。

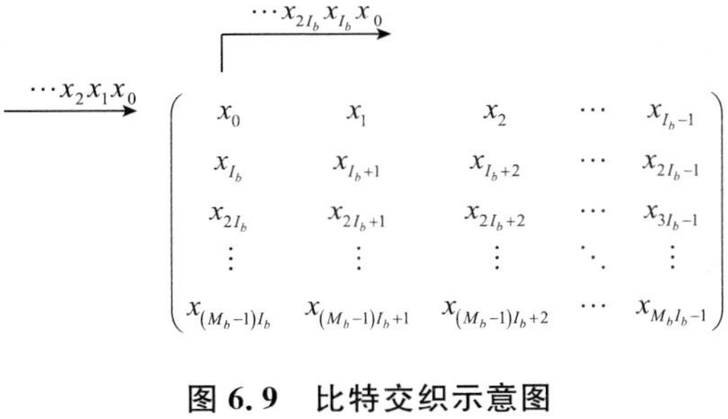

图 6.9 比特交织示意图

6.2.2 星座映射

经过比特交织之后的比特流 $b_0, b_1, b_2, \cdots$ 送到星座映射器中进行 BPSK、QPSK 和 16QAM 映射,变换为 I 值和 Q 值。各种符号映射加入功率归一化因子,使各种符号映射下信号的平均功率趋向一致。高阶调制虽然可以在一个符号内传输更多个信息比特,但是在相同的平均功率下星座点间的距离变小,因此对噪声的抵抗能力变弱。所以选用哪种星座图进行调制,需要根据实际情况在传输效率和可靠性之间进行折中。

BPSK 映射每次将 1 个输入比特 $b_i (i = 0,1,2,\cdots)$ 映射为 I 值和 Q 值,映射方式如图 6.10,星座图中已经包括了功率归一化因子。

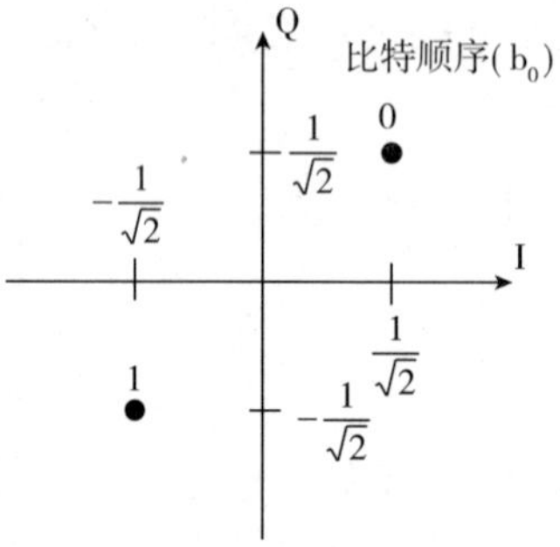

图 6.10 CMMB 中 BPSK 映射图

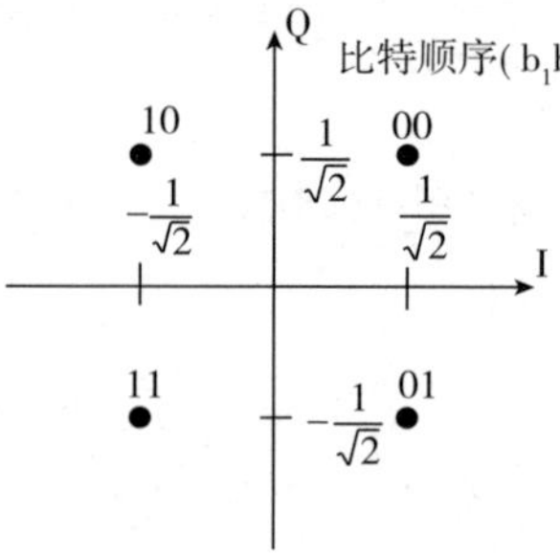

图 6.11 CMMB 中 QPSK 映射图

QPSK 映射每次将 2 个输入比特 $b_{2i}, b_{2i+1} (i = 0,1,2,\cdots)$ 分别映射为 I 值和 Q 值,映射方式见图 6.11,星座图中已经包括了功率归一化因子。

16QAM 映射每次将 4 个输入比特 $b_{4i}, b_{4i+1}, b_{4i+2}, b_{4i+3} (i = 0,1,2,\cdots)$ 映射为 I 值和 Q 值,映射方式见图 6.12,星座图中已经包括了功率归一化因子。将串行比特流分成每 4 比特一组,其中将 b_{4i} 和 b_{4i+2} (b_{4i+1} 和 b_{4i+3})的组合映射为虚部(实部),当 $b_{4i+2}b_{4i}$ ($b_{4i+3}b_{4i+1}$)为 00,01,11 和 10 时,对应的星座图上的电平分别为 $3/\sqrt{10}$, $1/\sqrt{10}$, $-1/\sqrt{10}$ 和 $-3/\sqrt{10}$ 。

在 QPSK 和 16QAM 星座映射中,星座点和其对应的比特序列之间的关系符合 Gray 编码,其特征是距离最近的两个星座点对应的比特序列之间只有一位不同,或者说这两个星座点比特序列之间的码距为 1。由于信道中存在噪声和干扰,解调时误判为与发射星座点相邻的星座点的概率大于误判为离发射星座点较远的星座点的概率,这些错误统计为误符号率。Gray 码使得最容易发生的符号误判只产生一个比特错误,因此,与不使用 Gray 码的映射系统相比,在相同的误符号率下,使用 Gray 码的映射系统具有较小的误比特率。

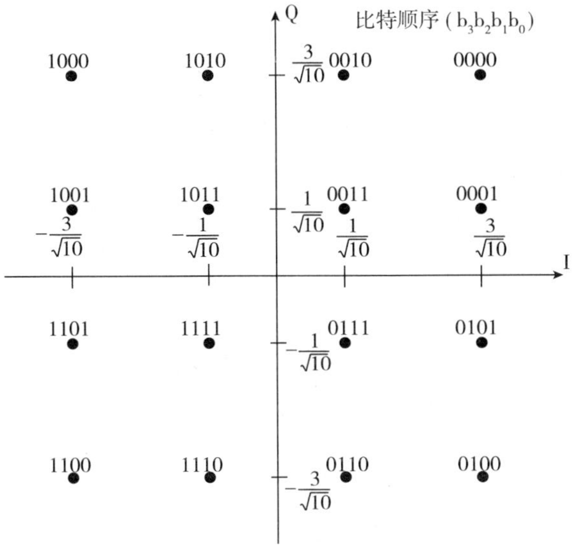

图 6.12　CMMB 中 16QAM 映射图

6.2.3　OFDM 频域符号生成

CMMB 使用的是 OFDM 方式，每一个 OFDM 符号是许多个子载波分别经过 BPSK、QPSK 或者 16QAM 调制的信号的叠加。换句话说，之前经过星座映射的数据，都要按照标准规定调制到各个 OFDM 子载波上。CMMB 规定了两种模式，分别包含不同的子载波数量：8MHz 带宽模式包含 3076 个子载波，2MHz 带宽模式包含 628 个子载波。这些子载波并非全部携带业务数据，其中一部分子载波被安排用于传输导频信号，这些子载波被接收机已知的数据调制。调制一个 OFDM 符号所有子载波的数据（包括导频信号和业务数据信号）的集合构成这个 OFDM 符号的频域信号。

CMMB 中使用了两种导频，一种是连续导频，一种是离散导频。离散导频的用处主要是在接收端进行信道估计。无线信道具有大尺度衰落和小尺度衰落，这些衰落使得信道增益起伏不定，这叫作信道的“不平坦”。这种不平坦随着时间和频率变化，当一个宽带、持续信号通过无线信道时，信号就会在不同的时间点和不同的频率点上有不同的增益，对信号造成严重影响。为了能够在接收端尽可能正确地接收到信号，必须要对衰落进行估计，并根据估计结果，对信号进行相应的补偿，这样就把“不平坦”信道弥补为“平坦”信道，这个过程叫作“均衡”。利用导频进行均衡的原理是：由于导频是发射端和接收端约定好的已知信号，当信号通过不平坦信道后，信号会发生畸变，这种变化同样反映在导频上，接收端可以将解调的导频信号与已知的导频信号相比较，得出畸变量，然后根据畸变量对解调的业务数据（I 和 Q）作出补偿。从均衡原理可以看出，导频实际上就是对信道特性进行抽样，因此为了能精确反映信道随时间和频率的变化，导频必须在频率间隔上小于信道的相关带宽，在时域上要小于信道的相关时间。但是导频也不能太多，这将使通信系统的传输效率极大地降低。连续导频和离散导频在一个时隙中时域和频域的分布位置如图 6.13 所示，图中每一行表示一个 OFDM 符号，每一个小格代表 OFDM 符号的一个子载波，N_V 为 OFDM 子载波个数，CMMB 中取值为 628 或 3076。图中纵向为时间方向，每一列中不同的小格代表不同 OFDM 符号中序号相同的子载波，1TS 表示一个时隙，一个时隙中包含 53 个 OFDM 符号。

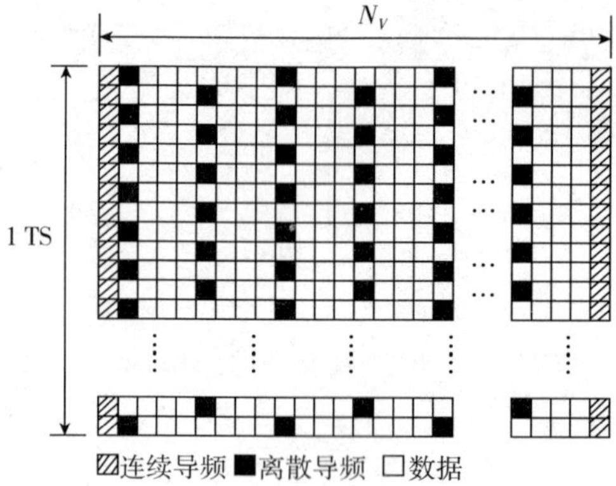

图 6.13　数据子载波与离散导频、连续导频分布图

连续导频为在同一时隙的每个 OFDM 符号上都传送相同导频信息的子载波。B_f = 8MHz 时，每个 OFDM 符号中包括 82 个连续导频；B_f =2MHz 时，每个 OFDM 符号包括 28 个连续导频。连续导频子载波位置编号见表 6.6。

表 6.6　连续导频子载波位置编号

	B_f=8MHz	B_f=2MHz
连续导频	0, 22, 78, 92, 168, 174, 244, 274, 278, 344, 382, 424, 426, 496, 500, 564, 608, 650, 688, 712, 740, 772, 846, 848, 932, 942, 950, 980, 1012, 1066, 1126, 1158, 1214, 1244, 1276, 1280, 1326, 1378, 1408, 1508, 1537, 1538, 1566, 1666, 1736, 1748, 1794, 1798, 1830, 1860, 1916, 1948, 2008, 2062, 2094, 2124, 2132, 2142, 2226, 2228, 2302, 2334, 2362, 2386, 2424, 2466, 2510, 2574, 2578, 2648, 2650, 2692, 2730, 2796, 2800, 2830, 2900, 2906, 2982, 2996, 3052, 3075	0, 20, 32, 72, 88, 128, 146, 154, 156, 216, 220, 250, 296, 313, 314, 330, 388, 406, 410, 470, 472, 480, 498, 538, 554, 594, 606, 627

每个连续导频采用 BPSK 调制方式传送 1bit 信息。其中，部分连续导频（见表 6.7）用于传送 16 比特指示信息，其余连续导频传送固定比特“0”。

表 6.7　用于传输指示信息的连续导频编号

比特	B_f=8MHz	B_f=2MHz	指示信息
0	22,650,1860,2466	20	时隙号
1	78,688,1916,2510	32	时隙号

续表

比特	B_f=8MHz	B_f=2MHz	指示信息
2	92,712,1948,2574	72	时隙号
3	168,740,2008,2578	88	时隙号
4	174,772,2062,2648	128	时隙号
5	244,846,2094,2650	146	时隙号
6	274,848,2124,2692	154	字节交织器同步标识
7	278,932,2132,2730	156	配置变更指示
8	344,942,2142,2796	470	保留
9	382,950,2226,2800	472	保留
10	424,980,2228,2830	480	保留
11	426,1012,2302,2900	498	保留
12	496,1066,2334,2906	538	保留
13	500,1126,2362,2982	554	保留
14	564,1158,2386,2996	594	保留
15	608,1214,2424,3052	606	保留

离散导频子载波固定地传送已知符号 $1+0j$ 。每个时隙第 n 个 OFDM 符号中，作为离散导频子载波的编号 m 取值规则如下：

①8MHz 模式：对于偶数 OFDM 符号（$n=0,2,4,\cdots,52$），$m=8p+1$（$p=0,1,2,\cdots,191$）和 $m=8p+3$（$p=192,193,\cdots,383$）；对于奇数 OFDM 符号（$n=1,3,5,\cdots,51$），$m=8p+5$（$p=0,1,2,\cdots,191$）和 $m=8p+7$（$p=192,193,\cdots,383$）。

②2MHz 模式：对于偶数 OFDM 符号（$n=0,2,4,\cdots,52$），$m=8p+1$（$p=0,1,2,\cdots,38$）和 $m=8p+3$（$p=39,40,\cdots,77$）；对于奇数 OFDM 符号（$n=1,3,5,\cdots,51$），$m=8p+5$（$p=0,1,2,\cdots,38$）和 $m=8p+7$（$p=39,40,\cdots,77$）。

每个 OFDM 符号的有效子载波中除离散导频和连续导频外的子载波为数据子载波。B_f =8MHz 时，每个时隙中共有 138330 个数据子载波，其中前 138240 个数据子载波用于承载星座映射后的数据符号，最后 90 个数据子载波用于填充 $0+0j$。B_f =2MHz 时，每个时隙中共有 27666 个数据子载波，其中前 27648 个子载波用于承载星座映射后的数据符号，最后 18 个数据子载波用于填充 $0+0j$。最后填 0 的原因是：138330 或 27666 不等于一个比特交织块对应的数据量的整数倍，而为了在一个时隙中传输整数个比特交织块，必须要填充 0 以补齐。

6.2.4　扰码

被分配到所有有效子载波上的业务数据、连续导频和离散导频，均需要进行扰码。扰码的主要作用是减小出现连续同相位的符号的长度。如果长时间出现同相位符号，会产生两个危害:一个是长时间同相位符号序列难以提取定时信息;另一个是连续多个同相位符号进行 OFDM 调制后,会产生很高的峰值功率。这些都会对信号的接收造成严重影响。

OFDM 频域信号通过一个复伪随机序列 $P_c(i)$ 进行加扰。复伪随机序列 $P_c(i)$ 的生成方式为:

$$P_c(i)=\frac{\sqrt{2}}{2}\{[1-2S_i(i)]+j[1-2S_q(i)]\} \tag{6.11}$$

式中 $S_i(i)$ 和 $S_q(i)$ 为伪随机二进制序列,由如图 6.14 所示的线性反馈移位寄存器产生,其对应的生成多项式为 $x^{12}+x^{11}+x^8+x^6+1$ 。

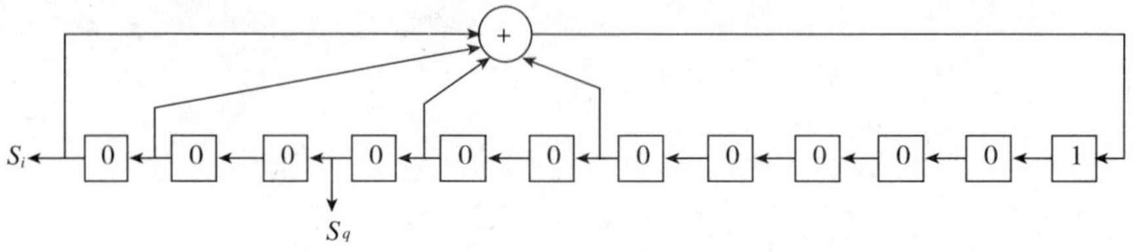

图 6.14 产生扰码的线性反馈移位寄存器

图中每个寄存器内的数值代表寄存器的初始值,在每个 CMMB 信号时隙开始时,都需要重置。移位寄存器的初始值共有 8 种选择(见表 6.8)。当每个时隙开始后,线性反馈移位寄存器就开始自动地按照图 6.14 所示的运算法则,从初始值开始进行循环移位,并且每移位一次产生一对二进制数 $S_i(i)$ 和 $S_q(i)$,移位的速度与生成 OFDM 频域信号的速度一致。加扰的过程就是将分配给所有有效子载波的复数数据和由 $S_i(i)$ 、$S_q(i)$ 生成的复伪随机序列 $P_c(i)$ 进行复数乘法,其结果就是加扰后的数据。扰码方式见式(6.12):

$$Y_n(i)=X_n(i)\times P_c(n\times N_v+i),\quad 0\leqslant i\leqslant N_v-1,0\leqslant n\leqslant 52 \tag{6.12}$$

式中 $X_n(i)$ 为加扰前应分配给第 n 个 OFDM 符号中第 i 个有效子载波的数据符号,$Y_n(i)$ 为加扰后实际分配给第 n 个 OFDM 符号中第 i 个有效子载波的数据符号,N_v 为一个 OFDM 符号包含的子载波个数。

表 6.8 扰码移位寄存器初始值

选项	初始值
0	0000 0000 0001
1	0000 1001 0011
2	0000 0100 1100
3	0010 1011 0011
4	0111 0100 0100
5	0000 0100 1100
6	0001 0110 1101
7	0010 1011 0011

6.2.5　OFDM 基带信号

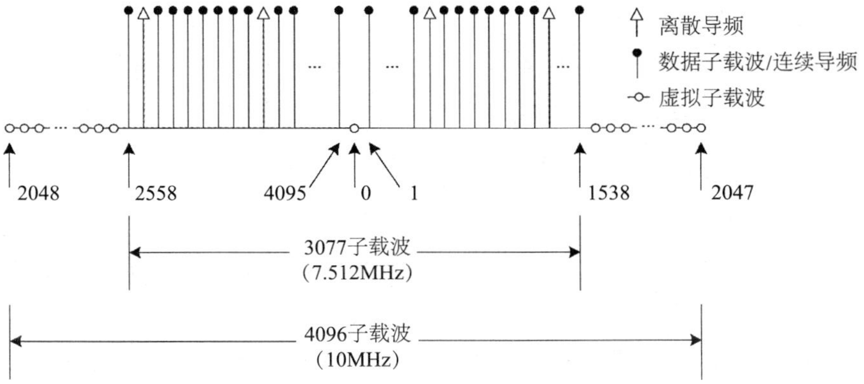

图 6.15　OFDM 符号子载波结构示意图(B_f =8MHz)

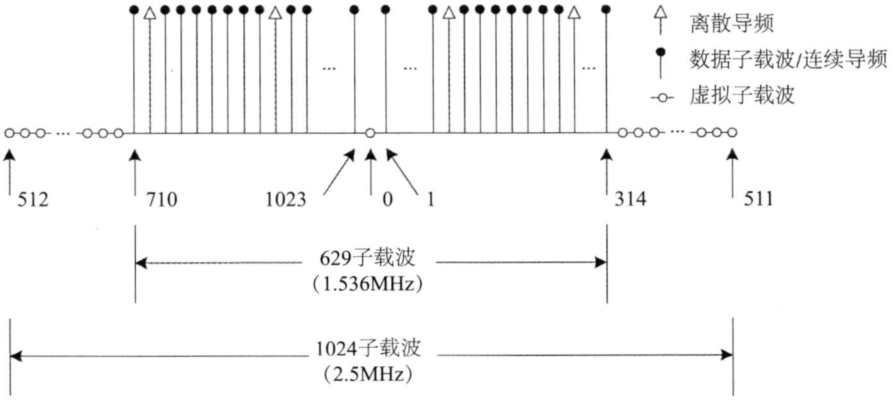

图 6.16　OFDM 符号子载波结构示意图(B_f =2MHz)

加扰后分配给有效子载波的数据符号 $Y_n(i)$ 送到 OFDM 调制器中生成 OFDM 符号基带信号时域样点值，这通常使用 IFFT 运算来完成。然而加扰后的 $Y_n(i)$ 序列是指分配在有效子载波上的数据，也就是在 8MHz 模式下为 3076 个，2MHz 模式下为 628 个。IFFT 运算需要的数据点数为 2^n 个，因此，需要对 $Y_n(i)$ 进行扩展，也就是需要在 OFDM 信号有效子载波中加入虚拟子载波，以共同构成 IFFT 所需的点数 2^n 。那么在 8MHz 模式下，需要添加 1020 个虚拟子载波构成 4096 点 IFFT；在 2MHz 模式下，需要添加 396 个虚拟子载波构成 1024 点 IFFT。调制虚拟子载波的数据为 0，从而对生成的 OFDM 信号在时域和频域上都不会产生影响。扩展虚拟子载波的方式如图 6.15 和图 6.16 所示。

$Y_n(i)$ 扩展后的 OFDM 符号的频域信号记为 $Z_n(i)(0 \leqslant i \leqslant N_s - 1)$，并通过 IFFT 运算生成 OFDM 时域信号的样值，再经 D/A 转换得到 OFDM 基带时域信号，如式(6.13)所示。

$$S_n(t)=\frac{1}{N_s}\sum_{i=0}^{N_s-1}Z_n(i)e^{j2\pi i\Delta f_s(t-T_{\mathrm{CP}})},\quad 0\leqslant t\leqslant T_s,0\leqslant n\leqslant 52 \tag{6.13}$$

式中：$S_n(t)$ 为每个时隙中第 n 个 OFDM 符号；N_s 为 OFDM 符号包括虚拟子载波在内的子载波数，在 8MHz 或 2MHz 带宽下，分别取 4096 或 1024；$Z_n(i)$ 为每个时隙中第 n 个 OFDM 符号的 IFFT 运算的输入数据；Δf_s 为 OFDM 符号的子载波间隔，取值为 2.44140625kHz；T_{CP}为 OFDM 符号 CP 长度，取值为 51.2μs；T_s 为 OFDM 符号长度，取值为 460.8μs。

为了抵抗多径传播带来的 ISI，CMMB 系统还在 IFFT 生成的 OFDM 时域信号前加入了一个 CP，它起到保护间隔的作用。因此一个完整的 OFDM 符号包括 OFDM 数据体和 CP 两部分（如图 6.17 所示），其中 CP 是 OFDM 数据体最后的 T_{CP}时间段在数据体之前的拷贝。

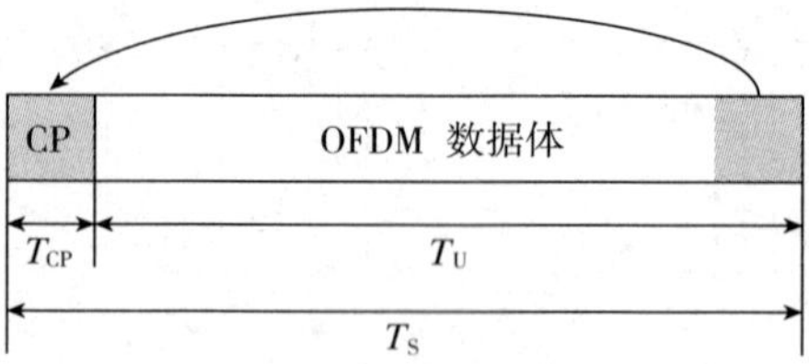

图 6.17 OFDM 符号

采用这种方法进行时域扩展，是因为 OFDM 的生成采用了 IFFT 的方法。时域有限信号经过 IFFT 运算后都会产生“周期延拓”现象，因此使用 CP 就好像 T_{CP}部分是 OFDM 数据体周期延拓得来的，也是信号本身，不会因为人为加入了一段时间信号，对原来的 OFDM 信号的频谱和子载波正交性造成破坏。

6.2.6 成帧

每 53 个 OFDM 符号、2 个同步信号和 1 个发射机标识信号连接后组成一个时隙，每 40 个时隙连接组成物理层信号帧。

6.2.7 频率上变换

1. 射频信号

成帧的基带信号经过正交调制上变频后产生射频信号，如式(6.14)所示：

$$S(t)=\mathrm{Re}\{\exp(j\times 2\pi f_c t)\times[\mathrm{Frame}(t)\otimes F(t)]\} \tag{6.14}$$

式中：$S(t)$ 为射频信号；f_c 为载波频率；Frame (t) 为成帧后的基带信号；$F(t)$ 为发射滤波器冲激响应。

2. 射频信号频谱特性

CMMB 射频信号由众多相互正交的子载波构成，每个子载波的功率谱由式(6.15)

定义：

$$P_k(f)=\left\{\frac{\sin[\pi\times(f-f_k)\times T_s]}{\pi\times(f-f_k)\times T_s}\right\}^2 \tag{6.15}$$

式中：f_k 为第 k 个子载波的中心频率，T_s 为 OFDM 符号长度。

将所有子载波功率谱叠加后，可以得到行业标准 GY/T220.1—2006 给出的射频信号的理论功率谱曲线(如图 6.18 和图 6.19 所示)。

从图 6.18 和图 6.19 可以看出，8MHz 模式和 2MHz 模式所占用的实际带宽分别为 7.512MHz 和 1.536MHz。

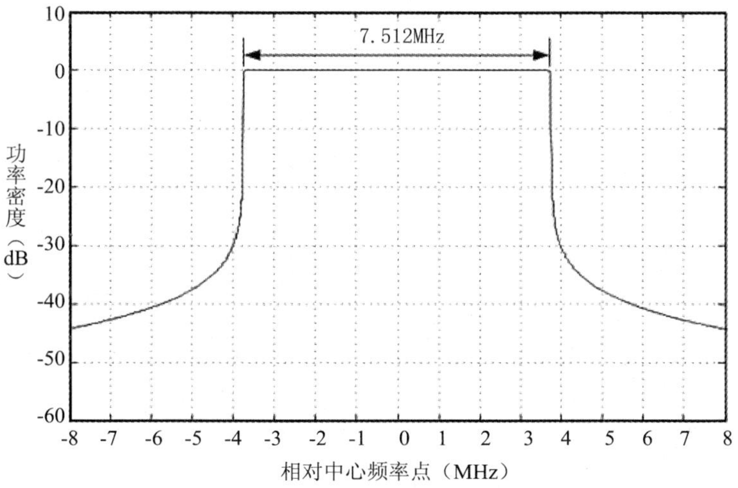

图 6.18　8MHz 模式下 CMMB 调制信号理论功率谱

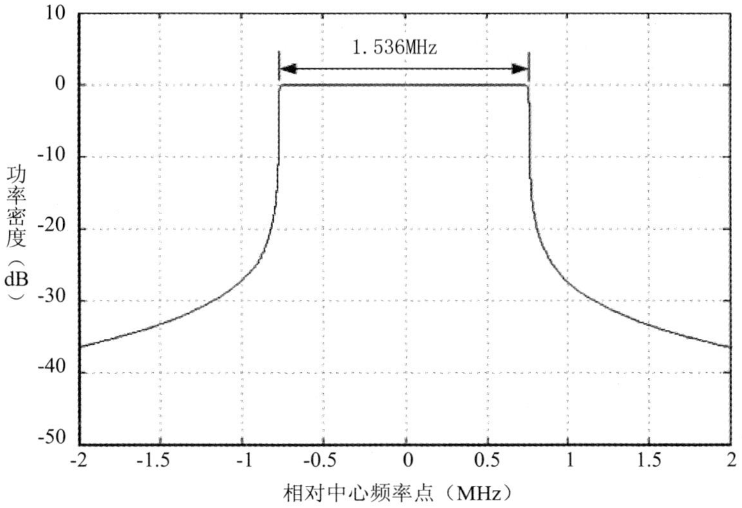

图 6.19　2MHz 模式下 CMMB 调制信号理论功率谱

3. 频谱模板

图 6.18 和图 6.19 所描述的是理论功率谱，然而实际情况远不是这么理想。发射机功率放大器的非线性将产生带外辐射。为防止对相邻频道信号的干扰，行业标准 GY/T220.1—2006 给出了对输入发射天线的 CMMB 射频信号频谱的要求：带外频谱分量应小于标准给出的“频谱模板”所规定的值。8MHz 模式和 2MHz 模式下的信号频谱模板分别如图 6.20 和图 6.21 所示，图中各点相对功率值见表 6.9 和表 6.10，带内功率定义为 0dB。

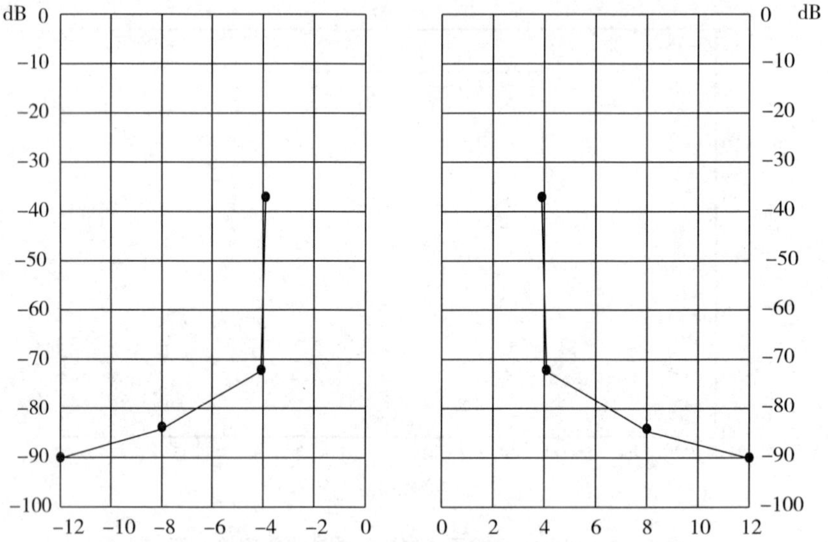

图 6.20　8MHz 模式信号调制频谱模板

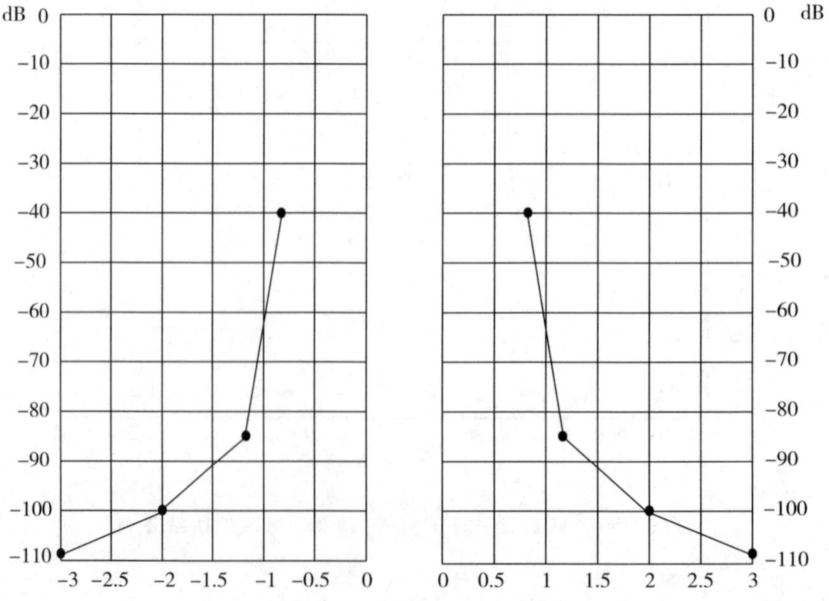

图 6.21　2MHz 模式信号调制频谱模板

表 6.9　8MHz 模式带内功率定义为 0dB 时频谱模板中各点相对功率值

相对频率(MHz)	相对功率等级(dB)
−12	−90
−8	−84
−4.2	−72
−3.8	−37
3.8	−37
4.2	−72
8	−84
12	−90

表 6.10　2MHz 模式带内功率定义为 0dB 时频谱模板中各点相对功率值

相对频率(MHz)	相对功率等级(dB)
−3	−108
−2	−100
−1.2	−85
−0.8	−40
0.8	−40
1.2	−85
2	−100
3	−108

频谱模板的意义就是:经过发射端滤波器滤波后,必须能够使得 OFDM 信号在发射时的功率谱在频谱模板图形限定的范围内,其各点的测试数据不能高于表 6.9 或表 6.10 中的数值。只有这样,才能使得频率相邻的 CMMB 节目信号在空中传播时不会造成可感知的邻频道干扰。

6.3　CMMB 业务复用

前面说明了 CMMB 信号是如何构成并传输的。CMMB 在一套业务中传输的很可能是多媒体信息,其中包括音频、视频、数据等应用,而且在 CMMB 的一个频率块内传输的也不只一套业务。如果将信号的传输结构比喻为运输工具,那么它所传输的不同业务以及同业务的不同内容就好比是运输工具内的乘客和货物。那么这些业务是如何整合在一起,然后通过数据通路到达每个用户的呢?这就需要对业务进行复用。

在移动多媒体广播的前端系统中,复用的功能是完成音频、视频、数据、电子业务指南等信息封装和排列,使其能够在移动多媒体广播信道上传送(如图 6.22 所示)。

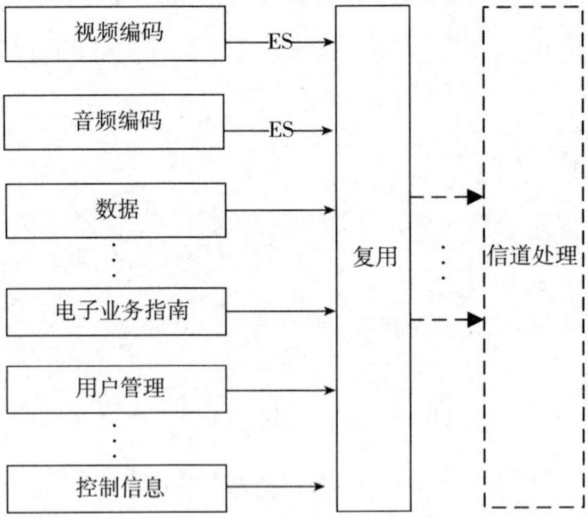

图 6.22 复用在移动多媒体广播前端系统中的位置

从图 6.22 可以看出，复用实际上是将上层业务数据按照一定的规则排列好，然后传送到数据信道处理环节生成可以用来传输的信号。

6.3.1 CMMB 复用帧结构

图 6.23 显示了 CMMB 复用帧的构成。同一业务的音频基本流、视频基本流和数据流封装在同一个复用子帧中。电子业务指南、用户管理等辅助信息分别封装在不同的复用子帧中，控制信息封装在专用的复用帧中。多个复用帧构成一个广播信道帧。

需要注意的是，本节所讲的帧结构与第一节讲的帧结构不同，本节所讲的是复用帧结构，是指原始业务数据是如何复合到一起的；而第一节所讲的帧结构是物理层帧结构，是指信号在传输时的格式。具体来说，一个 CMMB 频率块往往不只承载一套业务，即使是一套业务，也往往包含音视频、网络数据在内的多种媒体形式，所以需要有一个标准将这些业务复用到一起传输，这样接收端才能在总数据流中找到自己需要的业务数据。然而传输的过程不仅仅是传输原始的业务信息，还需要对这些业务数据进行信道编码、扰码、调制等等环节，最后需要按照一定的规则发送到发射机中进行射频调制然后传输，在这个过程中产生的数据也要按照一定的规则进行组合，这样才能使得接收端可以按照规则顺利地将信道处理后的数据还原为原始业务数据，这个规则就是物理层帧结构，也叫广播信道帧结构。

尽管两种帧结构不是一个概念，但是两者具有密切的联系。因为业务信息最终还是要通过发射机发送给用户终端的，所以复用帧的安排一定要与物理层帧结构相适应。图 6.23 所示为两种帧结构之间的对应关系。每个复用帧都会占用整数个时隙，除了时隙 0 用来传输控制信息外，其余的业务数据形成的复用帧不多于 39 个。

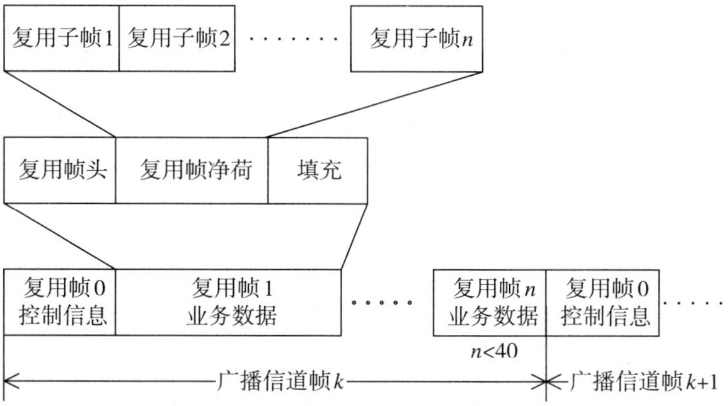

图 6.23　复用帧与广播信道帧关系

每个复用帧由复用帧头、复用帧净荷和填充组成。其中复用帧头携带本帧的一些描述信息、业务配置更新信息以及后面各复用子帧长度等等。复用帧净荷由一个或多个复用子帧组成，最多包括 15 个复用子帧。填充部分使用 $0xFF$ 填充。需要加入填充部分，是因为业务数据未必占满整数个时隙的 OFDM 所携带的数据量，如果占不满则需要用全 1 填满。

每个复用帧用 MF_ID 标识，MF_ID 的取值范围为 0～39。其中 $MF\_ID=0$ 的复用帧用于承载控制信息，使用控制逻辑信道传送，此时将一个控制信息表作为一个复用子帧，这些控制信息表包括网络信息表（描述了本覆盖网和相邻覆盖网的名称、频率、带宽等信息）、持续业务/短时间业务复用配置表（描述了每个复用帧的位置、信道处理方法、子帧与业务标识的对应关系）、紧急广播信息表等等。控制信息需要提前一个广播信道帧发送。其他 $MF\_ID\neq 0$ 的复用帧用于承载业务数据，一个业务对应一个复用子帧。

复用帧净荷由 1～15 个复用子帧构成。每个复用子帧由子帧头、视频段、音频段和数据段组成（如图 6.24 所示）。其中子帧头描述了本子帧携带的业务起始时间及数据长度，包括头长度、起始播放时间、视频段长度、音频段长度、数据段长度、扩展区参数等。视频段、音频段和数据段是具体业务的载体，分别由各自的段头以及视频单元、音频单元或数据单元组成。其中需要注意的是，复用子帧的每个视频流含有多个图像帧，要求第一个图像帧必须是不依赖其他帧可以独立解码和显示的帧，例如 I 帧。

6.3.2　CMMB 复用器功能

CMMB 复用器主要功能模块包括业务数据处理模块、控制信息表发生产生模块、复用模块、时钟模块、网管与本地监控模块。图 6.25 所示为复用器功能方框图。

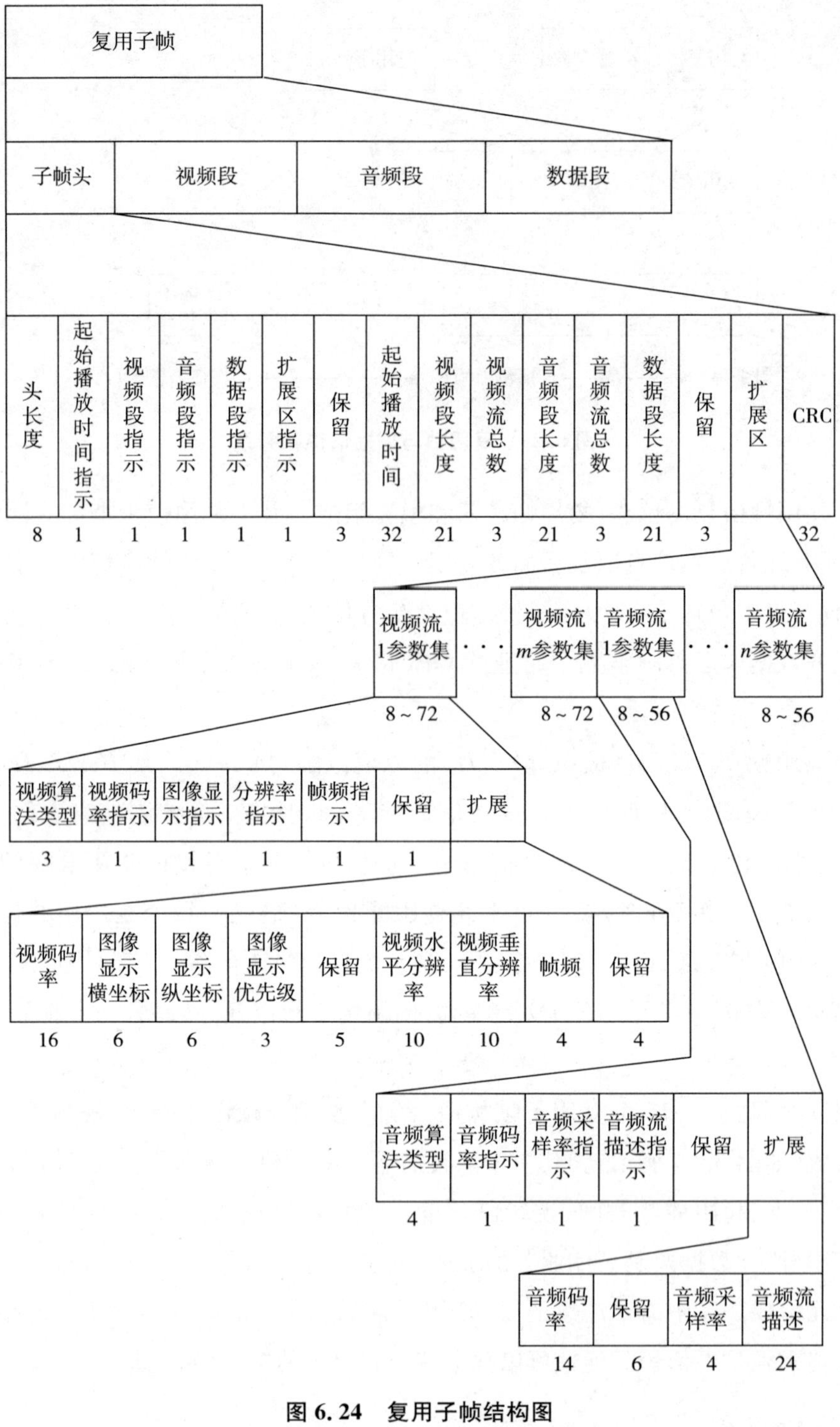

图 6.24 复用子帧结构图

复用器各部分的作用是：

①业务数据处理模块：将音频、视频与数据业务的数据封装为复用子帧，紧急广播业务封装为紧急广播表。

②控制信息表发生产生模块：生成网络信息表、业务复用配置表、加密授权描述表等

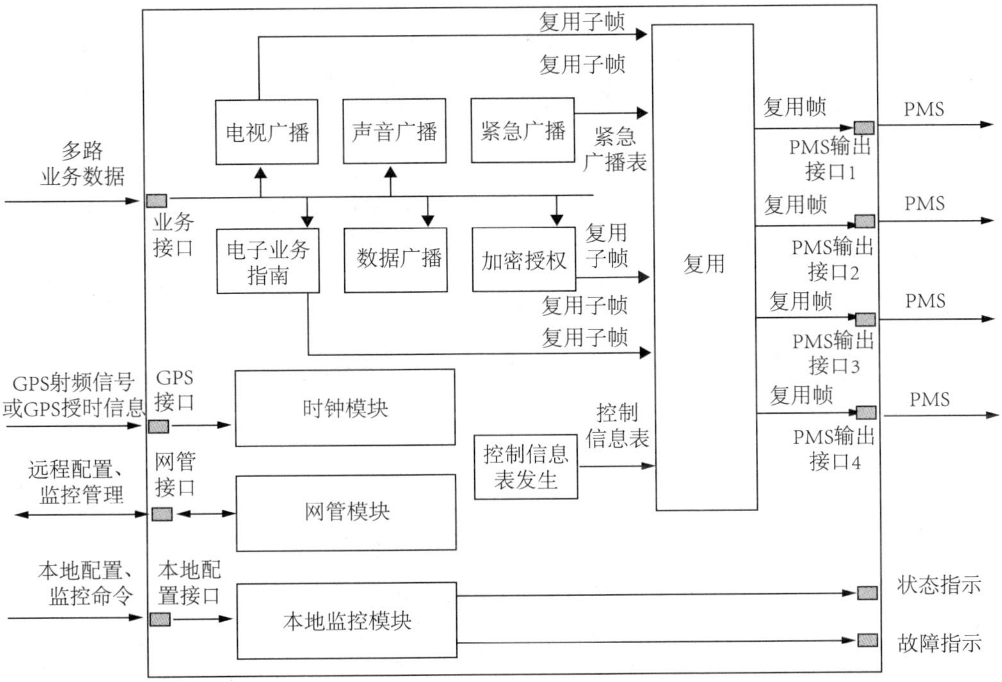

图 6.25　复用器功能方框图

控制信息表。

③复用模块：将复用子帧及控制信息表复用成复用帧，最终形成PMS（打包复用码流）输出。

④时钟模块：获取GPS时钟作为基准时钟。

⑤网管与本地监控模块：提供设备配置、运行状态监视和设备报警等配置管理功能。

6.4　CMMB发射机构成与室内覆盖

6.4.1　CMMB发射机

移动多媒体广播发射机是移动多媒体广播网络的发送端设备，直接影响移动多媒体广播网络的覆盖效果和覆盖质量。移动多媒体广播发射机主要由激励器和功率放大器组成。

激励器主要完成将输入的业务数据进行信道编码、交织、映射、扰码、IFFT、组合成广播信道传输帧等等，这些都是OFDM基带信号生成部分。接下来需要将OFDM基带信号上变频到所需的射频上，然后经过功率放大部件放大到所需功率，最后传送到天线发射。图6.26所示为激励器的模块图。

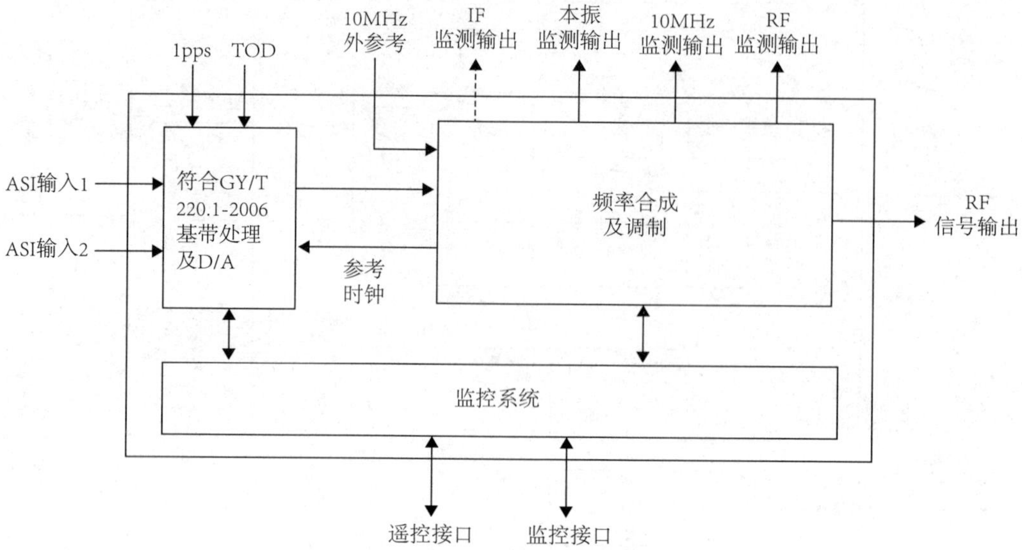

图 6.26 CMMB 激励器构成模块

由图 6.26 可以看出，该激励器有两路输入，这两路输入不是同时使用的，而是一主一备，防止发生信号故障。输入采用 ASI 接口，输入的内容是业务打包复用流。复用好的信号进入基带处理及 D/A 模块形成 OFDM 基带信号。然后该信号被传送到频率合成及调制模块上变频到预定的发射频率上，形成射频信号。在这些处理过程中，需要用到一些定时信息和频率基准，这些都可由一个外部的 GPS 时钟提供，它可以提供 1pps（秒脉冲）时间参考信号和 10MHz 外部频率参考信号。

功率放大部分主要由非线性校正、功率放大和输出滤波三部分构成。非线性校正的主要作用是提高发射机效率，降低能耗。OFDM 信号的一个严重缺点就是峰均功率比过高，这会使发射机功率浪费严重，同时信号也会产生严重失真。为了解决这个问题，需要进行非线性校正。经过校正后，功率放大器输出的信号峰均功率比应接近图 6.27 所示功率放大前信号的 CCDF 曲线的相应值。功率放大部件现在一般都采用多模块的固态放大器件，这种器件对于功率的利用效率高，而且功率放大效果稳定。CMMB 标准规定射频输出功率稳定度（24 小时）不超过±0.3dB。最后的输出滤波器的主要作用是滤除功率放大器产生的带外辐射，使之符合图 6.20、图 6.21、表 6.9 和表 6.10 的频谱模板的规定。

6.4.2 CMMB 室内覆盖

室内覆盖往往是大范围无线覆盖系统考虑的重点和难点。这里所说的室内是广义的室内，即不仅仅指楼宇内部，还包括隧道等信号无法直接到达的区域。CMMB 主要应用范围是城市，而城市覆盖最大的难点就是室内覆盖。CMMB 室内覆盖系统由源信号接收、室内有线分配系统和室内增补覆盖信号发射等部分组成（如图 6.28 所示）。需要注

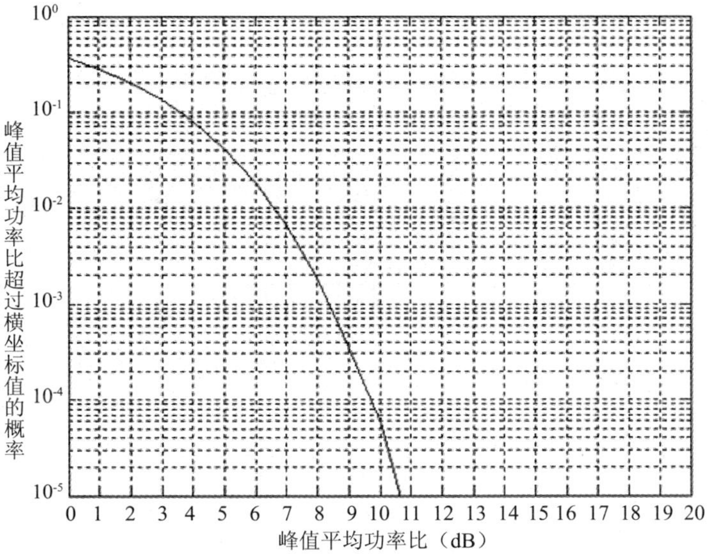

图 6.27　CCDF 曲线模板

意的是，这里的室内有线分配系统是指将室外无线信号分配给室内无线增补发射器的分配网络，可以是同轴电缆、网线，也可以是光纤。

图 6.28　CMMB 室内覆盖系统方框图

源信号可以是通过室外天线接收的移动多媒体广播信号或者是通过有线电视网络传输的移动多媒体广播信号，室内增补覆盖信号可以通过室内全向或定向天线发射或者通过泄漏电缆进行覆盖。根据系统源信号接收方式以及室内覆盖信号发射方式的不同，移动多媒体广播室内覆盖系统分为有线接收无线增补覆盖方式、无线接收无线增补覆盖方式和有线或无线接收泄漏电缆增补覆盖方式。这几种室内增补覆盖方式中，根据系统应用地点的不同，均需采用相应的室内有线分配系统。室内有线分配系统包括功率分配器/功率耦合器、射频同轴电缆等无源器件和移动多媒体广播直放站。

1. 有线接收无线增补覆盖方式

这种覆盖方式是指 CMMB 信号与有线电视信号混合经有线电视网络传输，室内覆盖系统从有线电视系统末端的分配器接入，通过对混合信号的滤波得到 CMMB 源信号，然后通过分配网络均匀地分配给室内的每个 CMMB 直放站，放大后的信号由室内架设的全向或定向天线发射，实现室内信号覆盖。当直放站和有线电视输出口距离较远时，有线电视网络中的移动多媒体广播信号无法满足直放站信号电平的输入要求时，应采用放大器对信号进行放大。覆盖系统原理如图 6.29 所示。

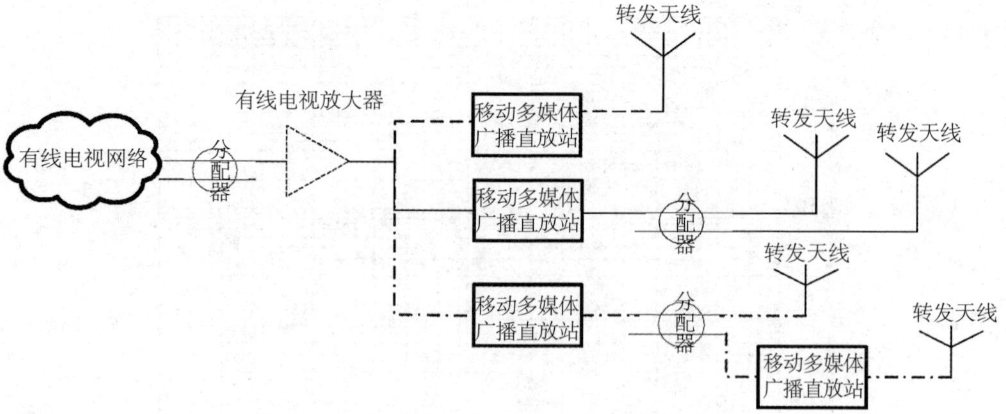

图 6.29　有线接收无线增补覆盖方式

图 6.29 给出了三种室内覆盖的例子：第一种是室内只需要一个转发天线就可以完全覆盖；第二种是室内需要多根天线共同覆盖，才能保证信号被良好接收，此时需要使用分配器将直放站的输出信号送到每根转发天线上；第三种是某些转发天线距离直放站比较远，此时需要增加直放站进行“接力”放大，保证最远端的转发天线能够获得足够的信号能量。

这种覆盖方式适用于相对封闭，室内接收到的无线移动多媒体广播信号场强低于 −85dBm，并且室内 95%以上的区域无法接收室外无线移动多媒体广播信号的室内建筑结构。

2. 无线接收无线增补覆盖方式

这种方式与有线接收无线增补覆盖方式非常类似，只是信号源的来源不同，不是通过有线电视网络，而是通过定向接收天线取得室外稳定的 CMMB 信号作为直放站的信号源。之后的分配网络、直放站和转发天线的设置与有线接收无线增补覆盖方式完全一致，此处不再赘述（如图 6.30 所示）。

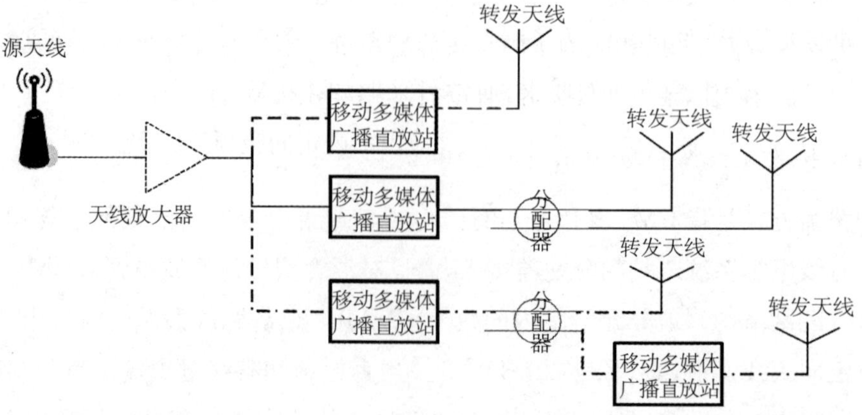

图 6.30　无线接收无线增补覆盖方式

这种覆盖方式适用于部分区域可以较好地接收室外 CMMB 信号，部分区域接收较差甚至无法接收的建筑物内；或大部分信号较弱或无法覆盖，但局部可以接收到稳定的 CMMB 信号，且布线容易的室内场所。

3. 有线或无线接收泄漏电缆增补覆盖方式

这种覆盖方式强调的是室内增补覆盖部分，信号来源可以是上述两种方式中的任何一种。源信号通过有线或无线的方式获得，然后传送到直放站放大，接下来通过分配器分配给遍布覆盖区域的每一根漏缆（如图 6.31 所示）。漏缆是漏泄同轴电缆的简称(Leaky Coaxial Cable)，通常又简称为泄漏电缆或漏泄电缆，是一种特殊的同轴电缆。通过在电缆的屏蔽层上开口，故意让信号泄漏出来，功率不大，但是随着电缆的延伸，可以将信号顺着电缆的延伸方向一直传送下去。

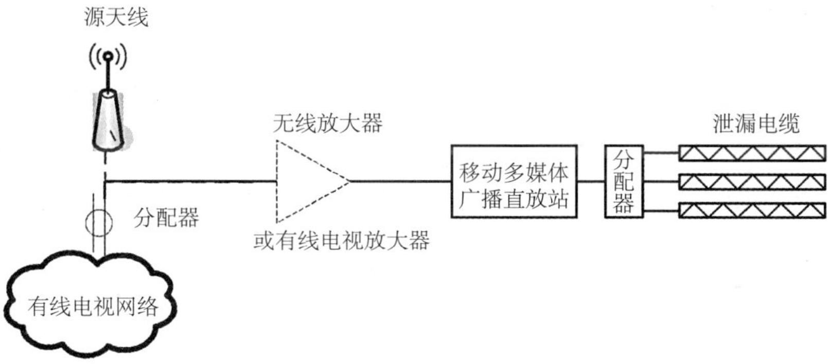

图 6.31　有线或无线接收泄漏电缆增补覆盖方式

这种覆盖方式适用于无线传输损耗大、施工困难的场所，通常用于对地铁、隧道、电梯等特定场所的覆盖。

以上三种覆盖方式需要注意一个问题，就是室内覆盖的信号有可能泄漏到室外去，如果泄漏的信号过强，有可能对室外信号造成同频干扰。因此，室内信号的外泄场强在墙外 1 米处需要低于－93dBm。为了满足室内移动多媒体广播信号覆盖系统边缘最低场强和控制室内信号外泄两方面的要求，通常可采取如下措施：①多天线，低功率；②合理选择天线位置，充分利用建筑体本身遮挡；③采用室内定向吸顶天线等。

4. CMMB 室内覆盖系统技术要求

①采用同频覆盖方式，并保证室内覆盖移动多媒体广播信号与室外无线移动多媒体广播信号不产生同频干扰；

②在室内覆盖区域内 95％的位置可正常接收移动多媒体广播信号；

③所有室内覆盖系统场强信号应完整覆盖到边缘，且不小于－75dBm 且 $C/N \geqslant 14.0$dB；

④无线增补覆盖方式的室内转发天线入口电平控制在不大于15dBm。在实际工程中，控制在10dBm左右为宜。电磁辐射值应满足GB 8702—1988规定的限值，同时满足GB 9175—1988对环境电磁波辐射指标的要求；

⑤作为源信号的室外无线移动多媒体广播信号不低于－65dBm，信号频谱应无干扰信号，并能够保证稳定接收；

⑥作为源信号的有线电视网络中的移动多媒体广播信号的电平应与正常的有线电视信号电平一致，不影响有线电视节目的正常收看，频谱应无干扰信号，并能够保证稳定接收；

⑦覆盖区域与周边覆盖区域之间有良好的无间断切换；

⑧采用有线接入覆盖方式时，直放站的输出功率不能影响上下邻频的正常业务的接收。

参考文献

[1]GY/T220.1-2006《移动多媒体广播 第1部分：广播信道帧结构、信道编码和调制》，国家广播电影电视总局，2006年10月24日。

[2]GYT 220.2-2006《移动多媒体广播 第2部分：复用》，国家广播电影电视总局，2006年11月29日。

[3]李栋：《数字多媒体广播》，电子工业出版社2010年版。

[4]杨知行等：《地面数字电视传输技术与系统》，人民邮电出版社2009年版。

第七章 欧洲第二代地面数字电视广播传输系统 DVB－T2

欧洲数字视频广播项目组(DVB)于 2008 年 6 月提出 DVB－T2(第二代地面数字电视广播传输系统)标准,规范了此系统的帧结构、信道编码和调制。本章详细介绍用于 8MHz 带宽信道的 DVB－T2 系统。

7.1 DVB-T2 系统概述

7.1.1 DVB-T2 系统特点

由于 DVB－T 系统开发以来通信技术和大规模集成电路技术的快速发展,DVB－T2 系统在沿用 OFDM 调制方式和导频等的同时,采用了高效的 LDPC 码,在调制模式中包含了 256QAM,从而在保证传输可靠性的前提下,获得更高的最大净码率。如果接收信号在 C/(N+I)(载波功率与噪声、干扰功率和之比)门限以上,系统中 FEC 编码技术能提供 QEF 的接收质量。DVB－T2 所采用的 QEF 定义为“在 5Mb/s 单个电视业务解码器的层面上每个传输小时出现少于一个的未被纠正的错误事件”,近似对应于解复用之前 TS(传送流)的包错误率(PER)小于 10^{-7}。在 8MHz 信道中对于 TS 流,在删除空包之后可达到的最大传输码率大于 50Mb/s。

DVB－T2 系统设计了 16K 和 32K 的 FFT 大小,相应的 OFDM 符号有更长的有效宽度,在相同的保护间隔与有效符号宽度比的条件下加长了保护间隔,有利于接收机抵抗长的多径干扰;但同时减小了载波频率间隔,不利于移动接收。DVB－T2 系统还具有 1K 的 FFT 大小,相应的载波频率间隔加大,有利于移动接收。这样就为不同的应用提供了多种选择。

为适应各类业务的码流同时在 DVB－T2 系统中传输,系统输入可以是不同类型的码流。这些系统输入形成一个或多个逻辑数据流，被装配到各个 PLP(Physical Layer Pipe，物理层管道)中。对不同 PLP 中的数据，可选用不同的 FEC 编码的码率和不同的调制模式，进行信道编码并映射为调制符号，然后按业务所需传输码率被分配到相继的 T2 帧中，以适配于不同业务的传输码率和传输信道状况。

在 DVB－T2 系统的超帧中，还可具有不同于此标准所规定的 T2 帧的 FEF(将来扩展帧)，用于其他业务的时分复用。

DVB－T2 系统支持 MISO(多输入、单输出，意味着多发送天线、单接收天线)传输模式的应用。该系统可以通过对 PLP 传输的数据进行时间－频率－分片(TFS)处理，产生在多个射频频率不等的信道上传输的信号。

在 DVB－T2 系统标准中规定了两种峰值功率与平均功率比压缩方法，可以提高发射机功率放大器的效率，降低其输出信号中的带外发射成分。

7.1.2 DVB-T2 系统结构

DVB－T2 系统发送端方框图示于图 7.1 中。

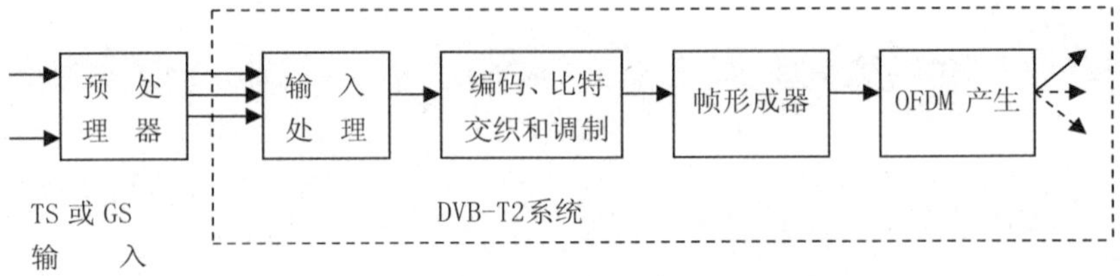

图 7.1 DVB－T2 系统发送端方框图

系统输入可以是一个或多个 MPEG－2 TS 和/或一个或多个 GS(通用流)。输入预处理器(它不是 DVB－T2 系统的一部分)可包括一个业务分裂器或一个 MPEG－2 传输流解复用器，从而将多个业务分解成多个 DVB－T2 系统输入。这些系统输入是一个或多个逻辑数据流，它们被送到各个 PLP。

输入数据流应遵从以下限制：在一个物理帧(T2 帧)的宽度上总的输入数据容量(按照空包删除以及编码和调制之后传输的单元数计算)应不大于当前帧参数下 T2 帧的可用数据单元容量。典型的安排是：一组 PLP 中的那些 PLP 总是采用相同的 MODCOD(调制和编码)和交织深度，并且一组或多组具有相同 MODCOD 和交织深度的 PLP 的输入来自单个恒定比特率的、统计复用的信源。一组 PLP 可以包含一个公共的 PLP，但并不是必须包含一个公共 PLP。如果 DVB－T2 信号承载单个 PLP，则没有公共的 PLP。可对统计复用业务组中不同的业务，使用不同的编码和调制，只要它们产生恒定的总输出容量(包括 FEC 和调制在内的数据单元速率)。

DVB－T2 系统中的输入处理、编码、比特交织和调制都是按 PLP 进行的，各 PLP 的输入码流类型、编码和调制参数分别在 L1 信令中提供给接收机。帧形成器将来自各 PLP 的数据单元交织并分片，再分配到各个 T2 帧。然后加入导频，形成 T2 帧中各个 OFDM 符号。

在 SISO 传输模式下，系统输出是一个在单个 RF 信道上传送的信号。作为可选项，在应用 MISO 传输模式时，系统可产生传送到第 2 组天线的第 2 组输出信号。

7.2　输入处理

7.2.1　输入模式与对应的输入处理模块

DVB－T2 系统定义了两种输入模式：输入模式 A 是指系统只用一个 PLP，只有单个输入流；输入模式 B 是指系统使用多个 PLP，有对应数量的输入流。图 7.2 所示为输入模式 A 的输入处理模块方框图，分为模式适配器和流适配器两部分；图 7.3a 和图 7.3b 所示为对应输入模式 B 的输入处理模块中的模式适配器和流适配器。

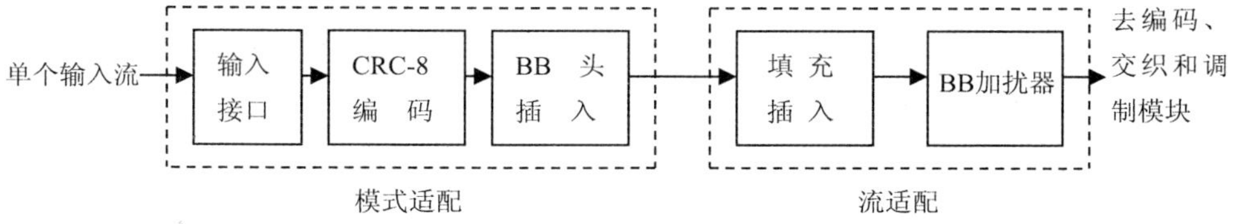

图 7.2　输入模式 A(单个 PLP)的输入处理模块

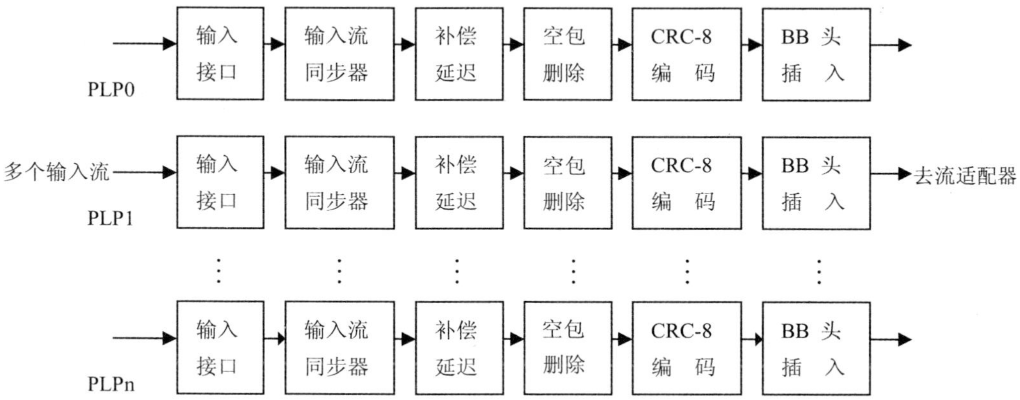

图 7.3a　输入模式 B(多个 PLP)的模式适配器

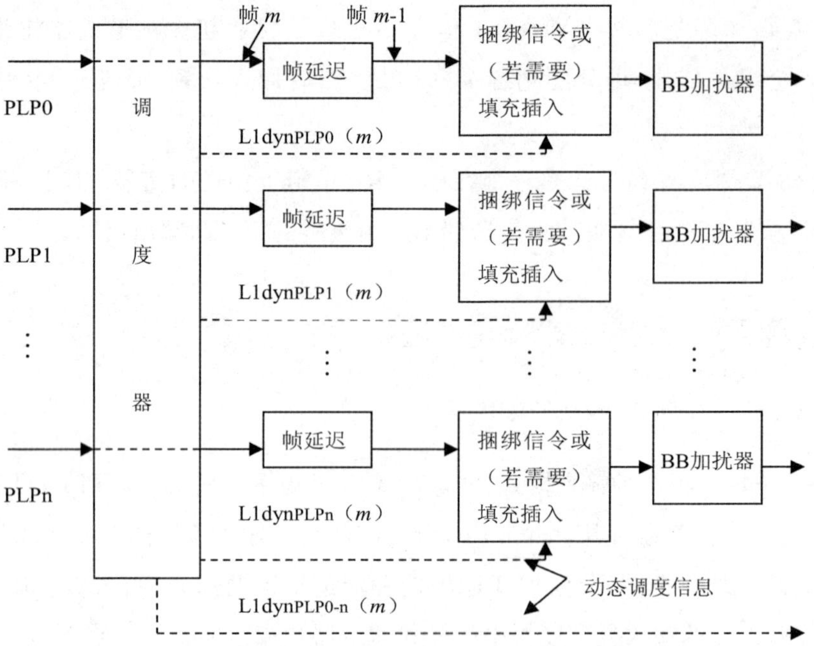

图 7.3b　输入模式 B(多个 PLP)的流适配器

7.2.2　模式适配器

模式适配器分别处理各个 PLP 的输入，它将输入数据流切分到数据域，在流适配之后形成基带帧(BB 帧)。模式适配模块包括输入接口和跟在其后的三个可选用的子系统(输入流同步器、空包删除和 CRC－8 编码器)，然后切分输入数据流到数据域并在数据域的起始处插入基带头。

模式适配模块可按以下两种模式处理输入数据：NM(正常模式)和 HEM(高效模式)，在 HEM 中进一步进行专门的优化，以减少信令开销。基带头中给出输入流格式和处理模式信息。

每个 PLP 的输入可采用以下的输入格式之一：

① TS(传送流)：由 UP(用户包)表征，其包长度固定为 188×8 比特(一个 MPEG 包)，包的第一字节是同步字节(47HEX)。

② GSE(通用封装流)：由可变长度包或固定长度包表征，包长度在 GSE 包头中指出。

③ GCS(通用连续流)：由连续比特流表征。在调制器不考虑包边界的情况下，可变长度包码流或长度大于 64kb 的固定长度包码流应作为 GCS 处理。

④ GFPS(通用固定长度打包流)：最大包长为 64Kb 的固定长度 UP。

1. 输入接口

输入接口子系统将输入码流映射到内部逻辑一比特格式。接口收到的第一个比特被指定为 MSB。

由于流适配之后形成的基带帧在 BICM 模块（编码、比特交织和调制模块）中作为信息比特进行 BCH 编码，基带头长度为 80 比特，流适配器还可能在基带帧中插入填充域，一个基带帧中数据域的长度 DFL 最大为（$K_{bch}-80$）比特，K_{bch} 为 BCH 码信息比特数。输入接口从输入流中读出相继的 DFL 个到一个基带帧的数据域。

输入接口可以分配数量等于有效数据域容量的输入比特到相继的各数据域中，从而断裂开用户包；也可以在数据域中指配整数个用户包。

2. 输入流同步

DVB—T2 系统调制器中的数据处理可能使用户信息产生不同的传输时延。输入流同步子系统（可选件）应向任何输入格式提供恒定的比特率（CBR）和恒定的端到端传输时延。这个处理也能使行进在各自独立的 PLP 中的多个输入流同步，因为输入流同步器的参考时钟和计数器相同。

为了实现上述目的，在基带帧的 ISSY 域（输入流同步域，2 字节或 3 字节）中运载一个以调制器时钟速率计数的计数值，它可被接收机用来重建再生输出流的正确定时。ISSY 域的运载方式依赖于输入码流格式，并依赖于输入处理模式。在正常模式下，ISSY 域被添加到 UPs（打包流的用户包）中。在高效模式下，每个基带帧在基带头中传送单个 ISSY 值，此模式应用于一个基带帧的 UPs 在一起传输，从而使它们有相同的时延/抖动的情况。

在不采用 ISSY 机制时，基带头的相应域应置 0。

3. 对传输流的补偿时延

一组中的各个数据 PLP 和相应的公共 PLP 所用的交织参数 P_I 和 N_{TI} 以及帧间隔 I_{JUMP} 可能是不同的，因而它们在调制器中有不等的“延迟”。为了在接收机中无需附加存储器，调制器中在插入输入流同步信息之后对输入流进行相应时延。时延值使得对于采用相应缓存对策的接收机来说，去抖动缓存器输出的数据 PLP 和公共 PLP 的传输流是基本上同时输出的，两个码流中具有相应输入流时间参考值的包在 1ms 内输出。

4. 空包删除（可选项，仅对 TS，正常模式和高效模式）

TS 流规则要求发送端复用器输出处的比特率和接收机去复用器输入处的比特率时间上恒定，且端到端的时延也恒定。为了在恒比特率的 TS 中接纳 VBR（变比特率）业务，对于某些 TS 输入信号可能存在大比例的空包。在此情况下，为了避免不必要的传输开销，TS空包应被识别（PID＝8191D）并删除掉。空包删除处理使得接收机能在空包原来所在位置插入被删除的空包，以保证恒比特率并避免对TS中时间戳（PCR）的修改。

当采用空包删除时，有用包（包含可选的ISSY增补域）都被传输，而空包（包含可选的ISSY增补域）可被删除。

图7.4所示为TS流空包删除方法。一个计数器对空包计数，每删除一个空包，计数值DNP增加1，在传输一个有用包之后，计数器被清零。当DNP达到最大容许值（DNP＝255D）时，如果跟在后面的包还是空包，则此空包被保留作为有用包并传输。在每个传输的有用包后面的DNP域（1字节）中传送DNP值。

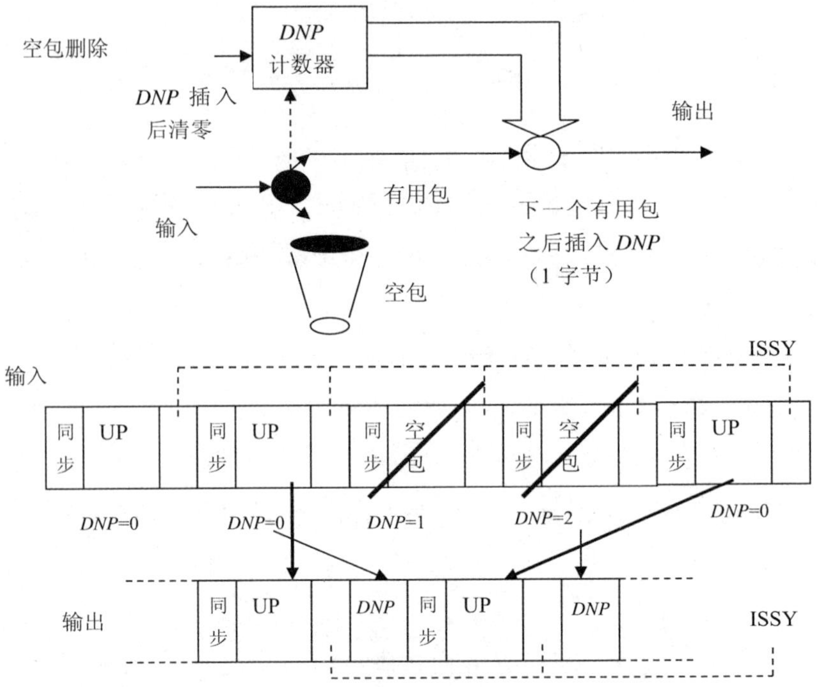

图7.4 TS流空包删除

5. CRC－8编码（对GFPS和TS，仅对正常模式）

CRC－8编码用于UP层面上的误码检测，只在正常模式下对打包的码流进行。在应用它时，UP的UPL－8个比特（UPL为用户包长度，如果应用同步字节删除，在删除同步字节后进行）应进行系统的8比特CRC－8编码。计算出的CRC－8添加到UP后面。

CRC－8码的生成多项式：$G_8(x) = x^8 + x^7 + x^6 + x^4 + x^2 + 1$。

6. 基带头插入

为了描述数据域格式，10字节的固定长度基带头插入到基带数据域的前面。基带头可采用以下两种格式:用于 NM 的格式和用于 HEM 的格式。当前模式(NM 或 HEM)可由模式域(与 CRC－8 域异或)检测出。图 7.5 所示为两种模式下的基带头格式。

MATYPE	UPL	DFL	SYNC	SYNCD	CRC-8 MODE
(2 字节)	(2 字节)	(2 字节)	(1 字节)	(2 字节)	(1 字节)

a　正常模式

MATYPE	ISSY	DFL	ISSY	SYNCD	CRC-8 MODE
(2 字节)	(2 字节)	(2 字节)	(1 字节)	(2 字节)	(1 字节)

b　高效模式

图 7.5　基带头格式

下面描述 MATYPE 域中比特的使用。MATYPE(2 字节)用于描述输入流格式和模式适配类型。第 1 字节(MATYPE－1)从高位到低位依次为:TS/GS 域(2 比特)指示输入流格式:00 对应 GFPS,11 对应 TS,01 对应 GCS,10 对应 GSE;SIS/MIS 域(1 比特)指示系统是单输入流还是多输入流,1 对应单输入流,0 对应多输入流;CCM/ACM 域(1 比特)指示系统中的 PLP 是否全部采用相同的编码和调制,1 对应"是",0 对应"否";ISYYI(1 比特)指示输入流同步,ISSYI＝1 对应于使用 ISSY;NPD(1 比特)指示是否使用空包删除,NDP＝1 对应"使用";最低的 2 比特(EXT)为将来的应用预留,置为 00。第 2 个字节(MATYPE－2)在多输入流(SIS/MIS＝0)的情况下指示运载该基带帧的 PLP 的标号(PLP_ID),否则,它为将来的应用预留。

表 7.1 所示为基带头中的其他域的使用描述。

表 7.1　基带头中域的描述

域	字节数	描述
UPL	2	用户包长度(比特数),在[0,65535]范围内
DFL	2	数据域长度(比特数),在[0,53760]范围内
SYNC	1	用户包同步字节的拷贝
SYNCD	2	从数据域的开始到数据域的第一个完整的 UP 之间的距离(比特数)。SYND＝0D 意味着第一个 UP 与数据域的开始对齐。SYND＝65535D 意味着数据域中无 UP 开始
CRC－8MODE	1	CRC－8(1 字节)域与 MODE(1 字节)域的异或。CRC－8 是作用于基带头中前 9 个字节的错误检测码。MODE(8 比特)应为:0D＝正常模式;1D＝高效模式;其他值为将来的应用预留

7. 模式适配子系统输出流格式

下面描述不同处理模式和输入流格式下的模式适配处理,并用图说明输出流格式。

(1)正常模式,打包流和TS

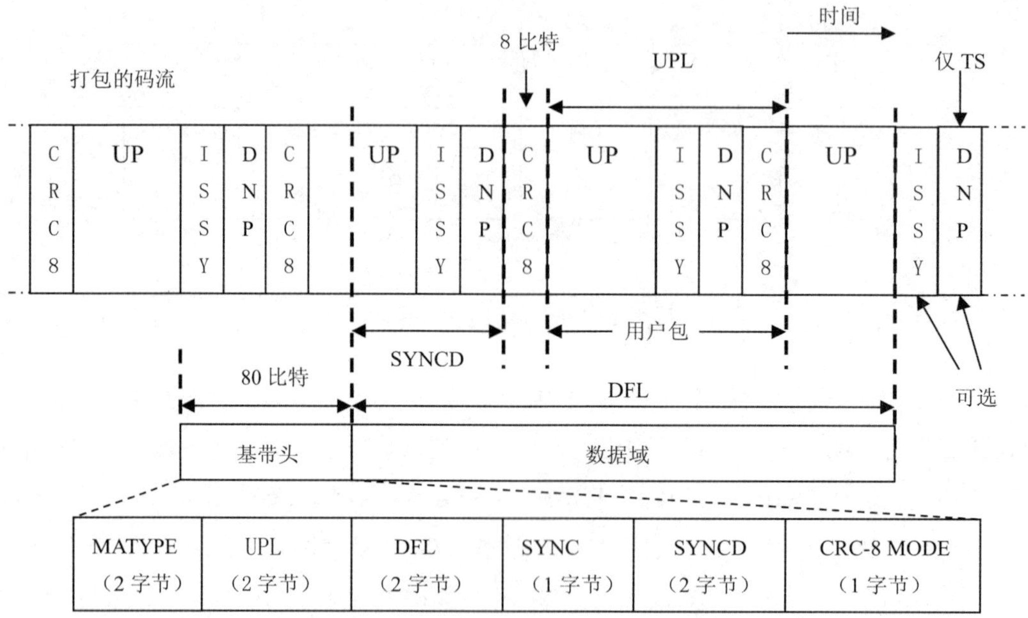

图7.6 正常模式,GFPS和TS情况下模式适配器输出码流格式

模式适配单元完成以下工作:①如果选用输入流同步,根据ISSY域长度将UPL增加16或24比特;在每个UP的后面添补ISSY域。②如果同步字节是UP的第一个字节,它应被删除,并放到基带头的SYNC域,且UPL应减少8比特。否则,基带头中的SYNC被置为0,且UPL保持不变。③仅对TS进行可选的空包删除,计算DNP并将其存放到下一个传输的UP之后,UPL增加8比特。④在UP层面上进行CRC－8计算,将CRC－8存放在UP之后,UPL增加8比特。⑤进行SYNCD计算(指向数据域的第一个完整的UP,包括前一个UP的CRC－8),并存放在基带头中。⑥对于GFPS,将UPL存放在基带头中。

(2)高效模式,TS

对于TS,接收机已知同步字节(47H)和TS包长度(188×8比特),所以基带头中的UPL和SYNC域可被用作ISSY域。图7.7所示为高效模式下TS输出流格式。

模式适配单元完成以下工作:①将用于数据域的第一个完整UP的输入流同步(可选)的ISSY放到基带头的ISSY域。②删除同步字节,但不存放在基带头中。③删除可选的空包,进行DNP计算并存放在下一个传送的UP之后。④计算SYNCD(指向数据域的第一个完整的UP)并放入基带头中。UPL和UP层面上的CRC－8既不计算,也不插入。

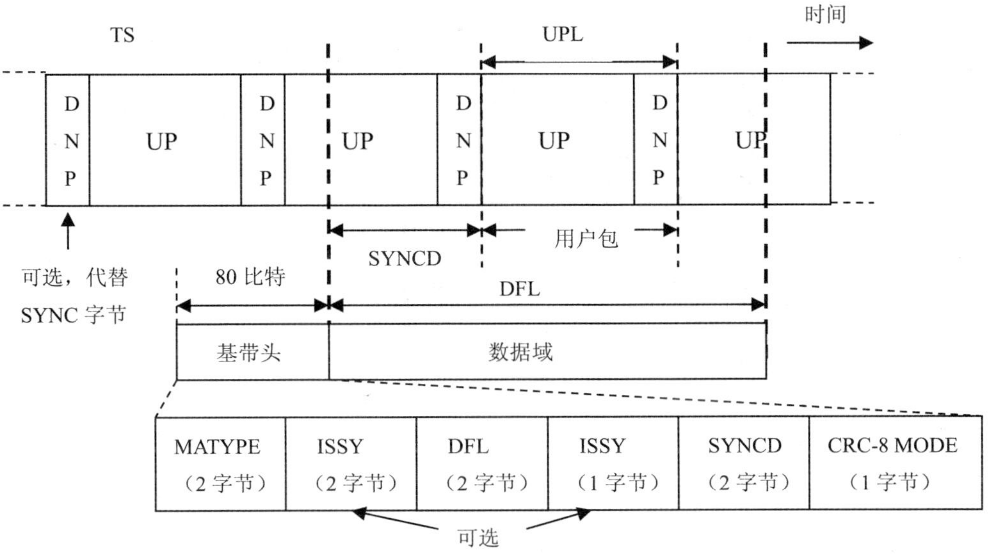

图 7.7　高效模式下 TS 输出流格式

(3)正常模式,GCS 和 GSE

模式适配单元置 UPL＝0D,SYNCD＝0D。

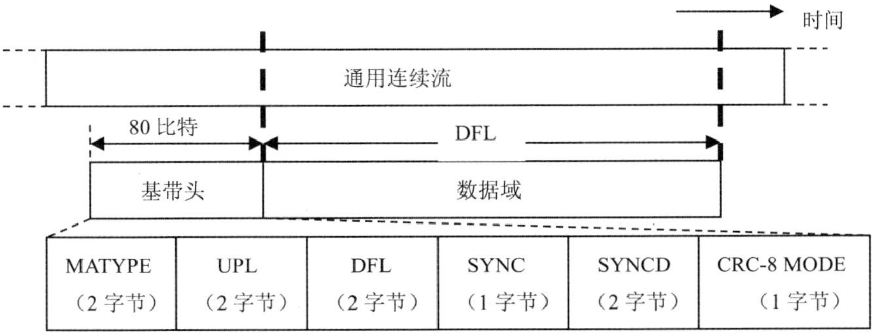

图 7.8　正常模式下 GCS 和 GSE 输出流格式

(4)高效模式,GSE

GSE 可变长度或固定长度用户包可以运用高效模式处理。当发射机找到第一个完整的 UP 的位置时应计算 SYNCD,从而进行 GSE UP 分隔;否则 SYNCD 应置为 0。接收机可从 GSE 包头导出 UP 的长度,所以不在基带头中传送 UPL。与高效模式处理 TS 一样,可选的 ISSY 域在基带头中传送。输出流格式如图 7.9 所示。

模式适配单元完成以下工作:①将用于数据域的第一个完整 UP 的可选输入流同步的 ISSY 放到基带头的 ISSY 域。②计算 SYNCD(指向数据域中第一个完整的 UP)并存放在基带头中。UPL 和 UP 层面上的 CRC－8 既不计算,也不插入。

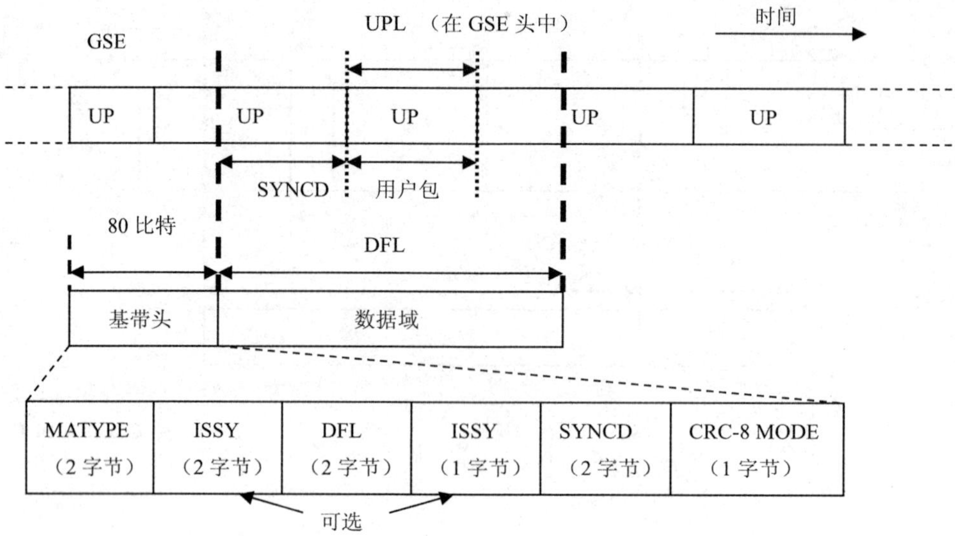

图 7.9　高效模式下 GSE 输出流格式

7.2.3　流适配器

流适配器的输入流是基带头和跟在其后的数据域，输出流是基带帧(如图 7.10 所示)。

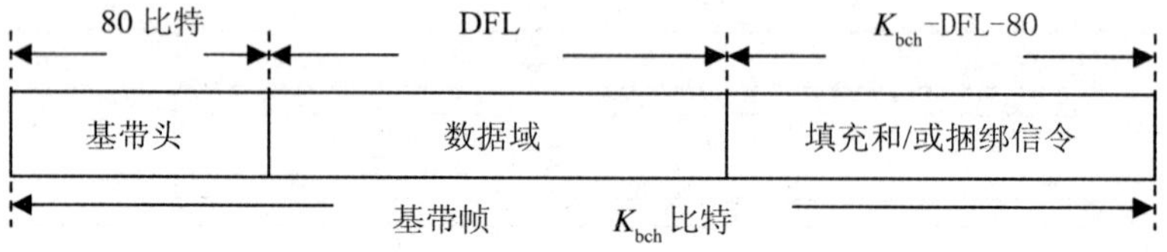

图 7.10　流适配器输出端基带帧格式

流适配器的工作包括：①在多个 PLP 的系统中对各 PLP 输出的数据单元进行调度。②填充成一个固定长度(K_{bch}比特)的基带帧。③装载捆绑信令。④为能量扩散而进行加扰。

1. 调度器

调度器产生需要的 L1 动态信令(由从一个帧到下一帧可能变化的参数组成)信息，为此调度器必须确定最终 T2 信号的各个单元运载属于哪些 PLP 的数据。调度器不影响数据流本身，但它要确定帧结构的严格构成，为每一 T2 帧计算每一 PLP 的动态参数值，将其作为捆绑信令数据插入基带帧并传送到 L1 信令发生器。调度器在工作时不改变 PLP 中的数据，通常数据被缓存在时间交织存储器中准备成帧。

2. 填充

(K_{bch}－DFL－80)个比特 0 应被增补在数据域之后，以得到固定长度(K_{bch}比特)的基带帧。

填充可应用于以下情况：可用于传输的用户数据不够完全充满一个基带帧；或者基带帧中必须放置整数个 UP。

3. 填充域用于捆绑信令

在输入模式 B 下，即系统有多个 PLP 的情况下，填充域可用来运载捆绑信令。DVB－T2 只定义了一种捆绑信令类型：捆绑类型 A，它运载有关 PLP 的动态信息和协同调度信息。当 DVB－T2 系统中 L1 后信令中的捆绑标志(*IN－BAND_FLAG*)域被置为 0 时，填充域不运载捆绑信令。对于出现在每一个 T2 帧中并且一个交织帧映射到一个 T2 帧的 PLP，捆绑类型 A 的应用是强制性的。

用于一个 PLP 或多个 PLPs 的交织帧 $n+1$(在 TFS 情况下为交织帧 $n+2$)的 L1 动态信令，被插入到每个 PLP 的交织帧 n 的第一个基带帧中的填充域中。如果被捆绑于某个 PLP 的其他 PLP 的数量 *NUM_OTHER_PLP_IN－BAND*＝0，则此 PLP 只运载它自己的 L1 动态信息。如果 *NUM_OTHER_PLP_IN－BAND*＞0，则它运载其他 PLP 的 L1 动态信息和它自己的信息，以实现更短的信道切换时间。捆绑类型 A 所运载的信息与 L1 后信令中的动态信息基本相同。

图 7.11 所示为传输捆绑类型 A 时填充域的格式。

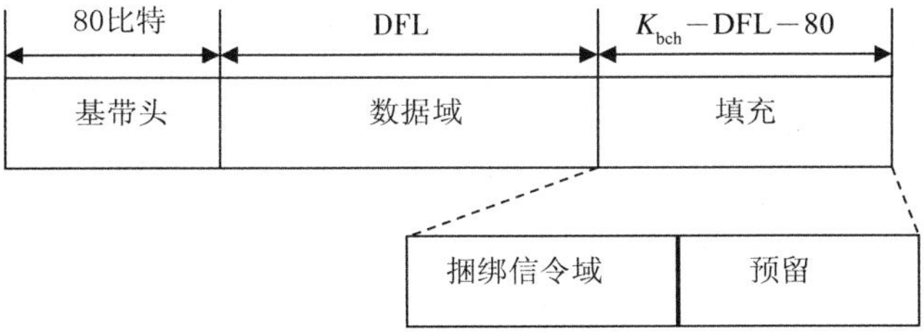

图 7.11　流适配器输出中捆绑类型 A 的填充格式

4. 基带加扰

整个基带帧应被随机化。随机化序列应与基带帧同步，从 MSB 开始并在 K_{bch} 比特后结束。

加扰序列应由图 7.12 所示的反馈移位寄存器产生。PRBS 的生成多项式为：$1+x^{14}+x^{15}$。初始化序列中，各比特应在每一基带帧的开始处装载到移位寄存器的相应各级。

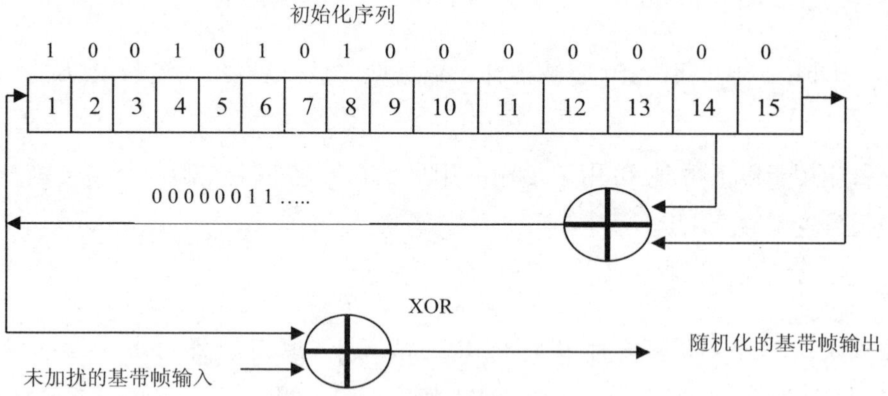

图 7.12　基带帧伪随机化

7.3　纠错编码、调制与交织

对各个 PLP 的输入处理模块输出的基带帧和 L1 信令分别进行编码、调制和交织（如图 7.13 所示）。下面，各小节描述对基带帧的编码、调制和交织。

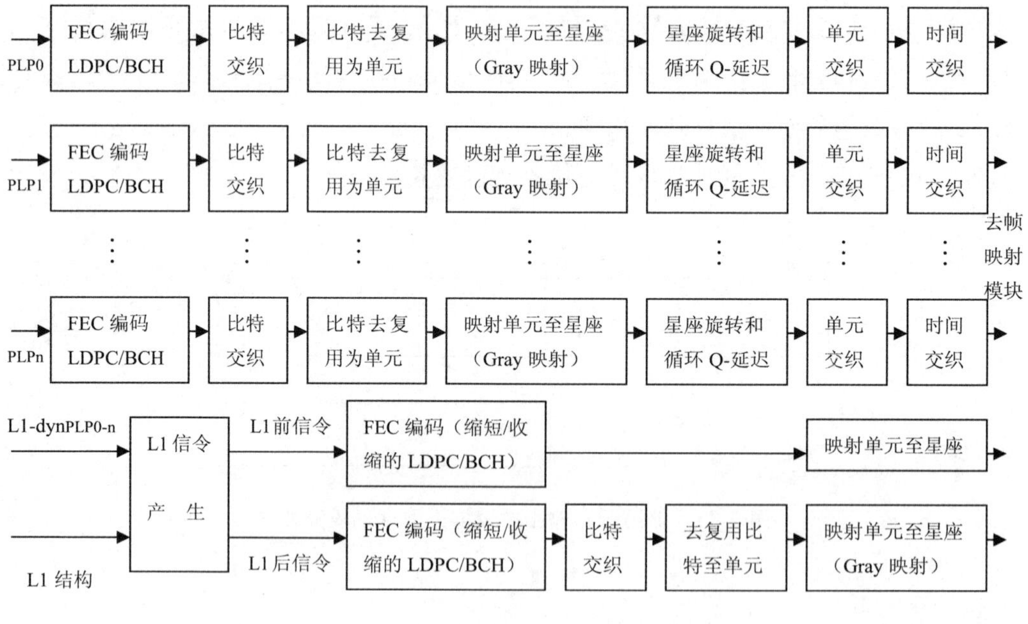

图 7.13　DVB—T2 系统的编码、调制和交织

7.3.1　FEC 编码

这个子系统依次进行外编码（BCH）、内编码（LDPC）和比特交织。输入流由基带帧组成，输出流由 FEC 帧组成。每个基带帧（K_{bch} 比特）被 FEC 编码子系统处理，产生一个

FEC 帧(N_{ldpc} 比特)。外编码的校验比特(BCHFEC)被增补在基带帧后面，内编码的校验比特(LDPCFEC)被增补在 BCHFEC 域后面(如图 7.14 所示)。

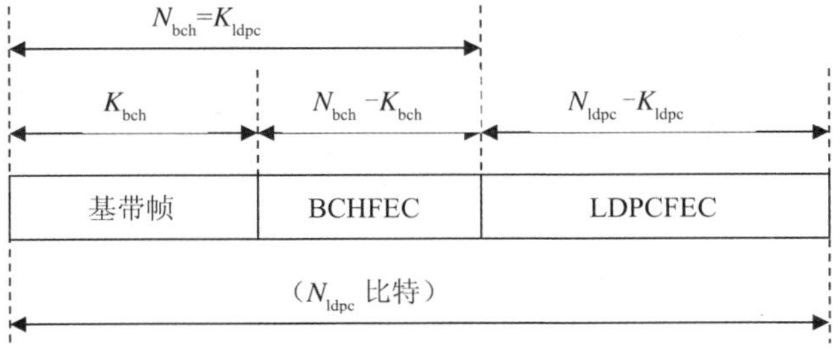

图 7.14　比特交织前数据格式

表 7.2a 所示为生成正常 FEC 帧(N_{ldpc}＝64800 比特)的 FEC 编码参数，表 7.2b 所示为生成短 FEC 帧(N_{ldpc}＝16200 比特)的 FEC 编码参数。

表 7.2a　生成正常 FEC 帧(N_{ldpc}＝64800 比特)的 FEC 编码参数

LDPC 编码	BCH 信息位数(K_{bch})	BCH 码长(N_{bch}) LDPC 信息位数(K_{ldpc})	BCH 纠错位数	$N_{bch}-K_{bch}$	LDPC 码长(N_{ldpc})
1/2	32208	32400	12	192	64800
3/5	38688	38880	12	192	64800
2/3	43040	43200	10	160	64800
3/4	48408	48600	12	192	64800
4/5	51648	51840	12	192	64800
5/6	53840	54000	10	160	64800

表 7.2b　生成短 FEC 帧(N_{ldpc}＝16200 比特)的 FEC 编码参数

LDPC 编码标志	BCH 信息位数(K_{bch})	BCH 码长(N_{bch}) LDPC 信息位数(K_{ldpc})	BCH 纠错位数	$N_{bch}-K_{bch}$	LDPC 编码效率(K_{ldpc}/16200)	LDPC 码长(N_{ldpc})
1/4	3072	3240	12	168	1/5	16200
1/2	7032	7200	12	168	4/9	16200
3/5	9552	9720	12	168	3/5	16200
2/3	10632	10800	12	168	2/3	16200
3/4	11712	11880	12	168	11/15	16200
4/5	12432	12600	12	168	7/9	16200
5/6	13152	13320	12	168	37/45	16200

注：1/4 LDPC 仅用于 L1 前信令的保护，不用于数据。

LDPC码的编码效率为 K_{ldpc}/N_{ldpc}。对于正常FEC帧($N_{ldpc}=64800$ 比特)，编码效率等于表7.2a中LDPC编码列给出的值；对于短FEC帧($N_{ldpc}=16200$ 比特)，编码效率不等于表7.2b中LDPC编码标志列给出的值，列在另一列中。

1. 外码(BCH)

因为LDPC在译码时可能存在误码基底，误比特率小到一定值就不能再降低了，外码的作用在于通过外码的解码进一步降低误码率。

表7.3a　BCH码的生成多项式(用于正常FEC帧 $N_{ldpc}=64800$)

$g_1(x)=1+x^2+x^3+x^5+x^{16}$	$g_7(x)=1+x^2+x^5+x^6+x^8+x^9+x^{10}+x^{11}+x^{13}+x^{15}+x^{16}$
$g_2(x)=1+x+x^4+x^5+x^6+x^8+x^{16}$	$g_8(x)=1+x+x^2+x^5+x^6+x^8+x^9+x^{12}+x^{13}+x^{14}+x^{16}$
$g_3(x)=1+x+x^2+x^3+x^4+x^5+x^7+x^8+x^9+x^{10}+x^{11}+x^{16}$	$g_9(x)=1+x^5+x^7+x^9+x^{10}+x^{11}+x^{16}$
$g_4(x)=1+x^2+x^4+x^6+x^9+x^{11}+x^{12}+x^{14}+x^{16}$	$g_{10}(x)=1+x+x^2+x^5+x^7+x^8+x^{10}+x^{12}+x^{13}+x^{14}+x^{16}$
$g_5(x)=1+x^2+x^3+x^5+x^8+x^9+x^{10}+x^{11}+x^{12}+x^{16}$	$g_{11}(x)=1+x^2+x^3+x^5+x^9+x^{11}+x^{12}+x^{13}+x^{16}$
$g_6(x)=1+x^2+x^4+x^5+x^7+x^8+x^9+x^{10}+x^{12}+x^{13}+x^{14}+x^{15}+x^{16}$	$g_{12}(x)=1+x+x^5+x^6+x^7+x^9+x^{11}+x^{12}+x^{16}$

表7.3b　BCH码的生成多项式(用于短FEC帧 $N_{ldpc}=16200$)

$g_1(x)=1+x+x^3+x^5+x^{14}$	$g_7(x)=1+x^2+x^5+x^6+x^7+x^{10}+x^{11}+x^{13}+x^{14}$
$g_2(x)=1+x^6+x^8+x^{11}+x^{14}$	$g_8(x)=1+x^5+x^8+x^9+x^{10}+x^{11}+x^{14}$
$g_3(x)=1+x+x^2+x^6+x^9+x^{10}+x^{14}$	$g_9(x)=1+x+x^2+x^3+x^9+x^{10}+x^{14}$
$g_4(x)=1+x^4+x^7+x^8+x^{10}+x^{12}+x^{14}$	$g_{10}(x)=1+x^3+x^6+x^9+x^{11}+x^{12}+x^{14}$
$g_5(x)=1+x^2+x^4+x^6+x^8+x^9+x^{11}+x^{13}+x^{14}$	$g_{11}(x)=1+x^4+x^{11}+x^{12}+x^{14}$
$g_6(x)=1+x^3+x^7+x^8+x^9+x^{13}+x^{14}$	$g_{12}(x)=1+x+x^2+x^3+x^5+x^6+x^7+x^8+x^{10}+x^{13}+x^{14}$

基带帧的 K_{bch} 比特作为信息位进行BCH编码，得到码长为 N_{bch} 的BCH码字，校验位数为 $N_{bch}-K_{bch}$。由于选用系统BCH码，基带帧原封不动地位于码字的前部(如图7.14所示)。纠正 t 个错误的BCH码的生成多项式通过表7.3a(对于 $N_{ldpc}=64800$)或表7.3b(对于 $N_{ldpc}=16200$)中给出的前 t 个多项式的相乘得到。

2. 内码(LDPC)

码字长度为 N_{bch} 的BCH码字$(i_0,i_1,\cdots,i_{N_{bch}-1})$作为信息比特进行系统LDPC编码，得到的LDPC码长为 N_{ldpc}，其校验比特数 Np 等于 $N_{ldpc}-N_{bch}$。LDPC码字表示为$(i_0,i_1,\cdots,i_{N_{bch}-1},p_0,p_1,\cdots,p_{N_p-1})$，其中 $p_0,p_1,\cdots,p_{N_p-1}$ 为校验比特。编码过程就是利用

校验关系求出校验比特。DVB－T2 标准对 LDPC 码长和编码效率的各种组合给出了 Tanner 图中与各信息点相连接的校验点地址。下面以码长为 64800 的 2/3 LDPC 的编码过程为例说明 LDPC 的编码方法。编码过程如下：

第一步：将校验比特初始化为 0：$p_0=p_1=\cdots=p_{N_p-1}=0$

第二步：根据标准对码长为 64800 的 2/3 LDPC 给出的表中第一行所列的校验关系地址(0,10491,16043,506,12826,8065,8226,2767,240,18673,9279,10579,20928)，与这些地址对应的校验位被累加上信息比特 i_0(所有的加法都是模 2 加法)：

$$p_0=p_0+i_0,p_{240}=p_{240}+i_0,p_{506}=p_{506}+i_0,p_{2767}=p_{2767}+i_0,p_{8065}=p_{8065}+i_0$$

$$p_{8226}=p_{8226}+i_0,\ p_{9279}=p_{9279}+i_0,\ p_{10491}=p_{10491}+i_0,p_{10579}=p_{10579}+i_0$$

$$p_{12826}=p_{12826}+i_0,\ p_{16043}=p_{16043}+i_0,p_{18673}=p_{18673}+i_0,p_{20928}=p_{20928}+i_0$$

接着将信息比特 i_1 累加到地址为第一行所列地址值加 Q_{ldpc}(与编码效率有关的参数，见表 7.4；此例中为 60)的校验位上：

$$p_{60}=p_{60}+i_1,p_{300}=p_{300}+i_1,p_{566}=p_{566}+i_1,p_{2827}=p_{2827}+i_1,p_{8125}=p_{8125}+i_1$$

$$p_{8286}=p_{8286}+i_1,p_{9339}=p_{9339}+i_1,\ p_{10551}=p_{10551}+i_1,p_{10639}=p_{10639}+i_1$$

$$p_{12886}=p_{12886}+i_1,p_{16103}=p_{16103}+i_1,p_{18733}=p_{18733}+i_1,p_{20988}=p_{20988}+i_1$$

然后将信息比特 i_2 累加到地址再循环后移 Q_{ldpc} 的校验比特，例中这些校验比特的地址为 120,360,…,21040。如此进行下去，直到完成对 i_{359} 的累加。一般而言，对于信息比特 $i_m(0\leqslant m<360)$，累加到其上的校验比特的地址为$\{X+(m \bmod 360)\times Q_{\mathrm{ldpc}}\} \bmod N_p$，其中 X 为表中第一行所给出的校验关系地址，N_p 为 LDPC 码校验比特数。循环后移意味着当求出的地址$(X+m\,Q_{\mathrm{ldpc}})$大于 N_p-1 时进行 mod N_p 运算。

第三步：对后面的 360 个信息比特(i_{360} 至 i_{719})进行与第二步同样的累加，但 X 采用标准所给出的表中第二行的地址。

如此进行下去，每次对后面的 360 个信息比特进行累加时，采用表中下一行的地址值，直到对所有的信息比特进行累加完毕，共进行 $K_{\mathrm{ldpc}}/360$ 次(K_{ldpc}为 LDPC 信息比特数)。

第四步：从 $j=1$ 开始进行以下运算：$p_j=p_j+p_{j-1}(j=1,2,\cdots,N_p-1)$，得到 LDPC 的校验比特。

表 7.4a　LDPC 编码参数 Q_{ldpc}($N_{\mathrm{ldpc}}=64800$ 比特)

LDPC 编码	1/2	3/5	2/3	3/4	4/5	5/6
Q_{ldpc}	90	72	60	45	36	30

表 7.4b　LDPC 编码参数 Q_{ldpc}($N_{\mathrm{ldpc}}=16200$ 比特)

LDPC 编码标志	1/4	1/2	3/5	2/3	3/4	4/5	5/6
Q_{ldpc}	36	25	18	15	12	10	8

表 7.4 中，$360\times Q_{ldpc}$ 等于 LDPC 校验比特数 N_p。

从上述编码方法可见：对于 LDPC 码的校验矩阵（矩阵的行以校验关系的地址排序）中前面的 K_{ldpc} 列，按相继的 360 列构成一组，则各组的第一列中等于 1 的元素所在行的序号对应于所用表中相应行给出的校验点地址，后一列由前一列的循环下移 60 行得到。上例中第 0 列中等于 1 的元素所在行的序号为 0，240，506，2767，8065，8226，9279，10491，10579，12826，16043，18673 和 20928，其余的元素为 0；第 1 列中等于 1 的元素所在行的序号为 60，300，566，2827，8125，8286，9339，10551，10639，12886，16103，18733 和 20988，其余的元素为 0。上述各校验矩阵组的各列对应于 360 个信息比特，组中的一行中等于 1 的元素表示相应信息比特参与该行对应的校验。例中前 360 个信息比特中，i_0 和 i_{356} 参与 p_0 对应的校验，i_1 和 i_{357} 参与 p_{60} 对应的校验，i_2 和 i_{358} 参与 p_{120} 对应的校验，i_3 和 i_{359} 参与 p_{180} 对应的校验，i_4 和 i_0 参与 p_{240} 对应的校验，等等。按 p_0，p_{60}，p_{120}，…顺序排列，参与某校验的信息比特序号为参与前一校验的信息比特的序号加 1 并取模 360。

7.3.2 比特交织

在选用 16QAM，64QAM 或 256QAM 调制方式时，LDPC 编码器输出进行比特交织，它由校验比特交织和跟着的列偏置交织组成。

校验比特交织对每个 LDPC 码字的校验比特进行。此交织器是一个阵列交织器。有 Q_{ldpc} 行、360 列，共 N_p 个存储单元（如图 7.15 所示）。校验比特 p_0，p_1，…，p_{N_p-1} 从 p_0 开始依次从左到右逐列自上而下被写入存储器；自上而下逐行从左到右从阵列存储器读出，从而得到交织后的校验比特序列，它被置于 LDPC 码字的信息比特后面，构成校验比特交织后的码字。LDPC 校验比特记为（p_0，p_1，…，p_{N_p-1}），校验比特交织器输出表示为（u_0，u_1，…，u_{N_p-1}），则 $u_0=p_0$，$u_1=p_{60}$，$u_2=p_{120}$，…，$u_{360}=p_1$，$u_{361}=p_{61}$，…，$u_{Np-1}=p_{N_p-1}$。

校验比特交织后码字的 N_{ldpc} 比特进行列偏置交织。此交织器也是一个阵列交织器，有 N_r 行和 N_c 列，它们的取值与码长 N_{ldpc} 和调制方式有关（见表 7.5）。交织采用列偏置

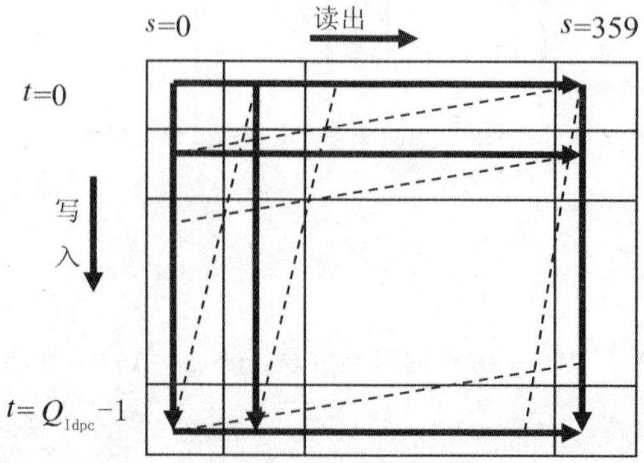

图 7.15 校验比特交织

方式：在将输入比特依序写入存储器各列时，从相应偏置值 t_c 所规定的起始位置开始向下写，写了该列最下面的一个存储单元后回到此列最上面的一个存储单元继续向下写完此列。表 7.6 所示为各种调制方式和码长情况下的偏置值 t_c。图 7.16 以 16QAM 和 64800 比特码长为例说明列偏置交织方法。

表 7.5　列偏置交织的结构参数

调制	行数 N_r		列数 N_c
	$N_{ldpc}=64800$	$N_{ldpc}=16200$	
16QAM	8100	2025	8
64QAM	5400	1350	12
256QAM	4050	—	16
	—	2025	8

表 7.6　列偏置交织的列偏置值 t_c

调制	N_{ldpc}	偏置值 t_c															
		列 0	1	2	3	4	5	6	7	8	9	10	11	12	13	14	15
16QAM	64800	0	0	2	4	4	5	7	7	—	—	—	—	—	—	—	—
	16200	0	0	0	1	7	20	20	21	—	—	—	—	—	—	—	—
64QAM	64800	0	0	2	2	3	4	4	5	5	7	8	9	—	—	—	—
	16200	0	0	0	2	2	2	3	3	3	6	7	7	—	—	—	—
256QAM	64800	0	2	2	2	2	3	7	15	16	20	22	22	27	27	28	32
	16200	0	0	0	1	7	20	20	21	—	—	—	—	—	—	—	—

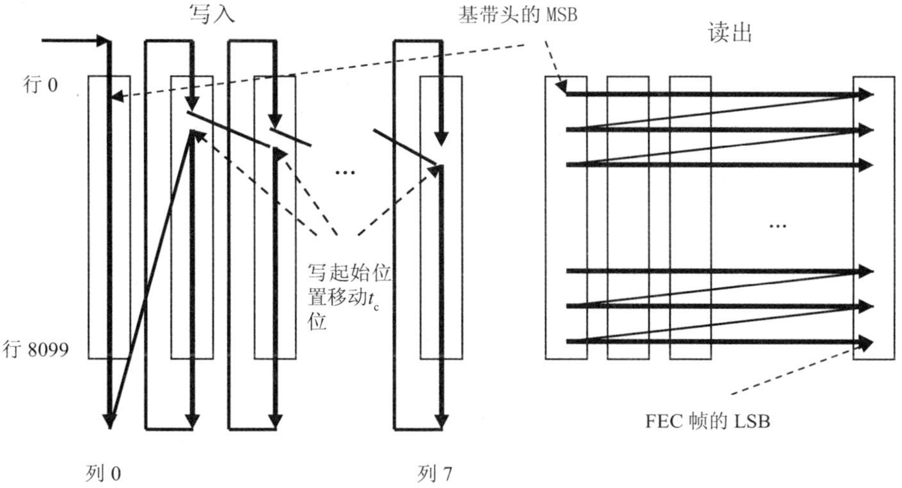

图 7.16　用于正常 FEC 帧长度和 16QAM 的比特交织

7.3.3 比特至星座的映射

每个 FEC 帧被映射成一个已编码调制的 FEC 块，方法是首先将输入的 N_{ldpc} 个比特按规定的规则去复用成单元字，然后映射这些单元字为数据单元（星座值），这些数据单元构成一个 FEC 块。一个 FEC 块包含 N_{ldpc}/η_{mod} 个数据单元，其中 η_{mod} 为映射时对应于一个星座点的比特数，它由调制方式决定。例如对于 16QAM，$\eta_{mod}=4$，一个正常 FEC 帧映射为 64800/4＝16200 个数据单元。

来自比特交织器的比特流 $V_{di}(di=0,1,2,\cdots)$ 去复用成 $N_{substreams}$ 个子流（如图 7.17 所示）。表 7.7 所示为子流数 $N_{substreams}$。$(b_{0,j},b_{1,j},\cdots,b_{N_{substreams}-1,j})$ 构成一个单元字。去复用器将输入比特流按相继的 $N_{substreams}$ 个比特为一组的方式分组，每组的各比特分别送到一个子流输出。去复用器输入比特 V_{di} 在组中的比特序号为 $di \bmod N_{substreams}$，DVB－T2 标准规定了比特序号与它相应比特被送到的子流的序号 e 的关系。例如对于 16QAM，组中比特序号为 0,1,2,3,4,5,6,7 的比特对应地送到子流号 e 为 7,1,4,2,5,3,6,0 的子流。

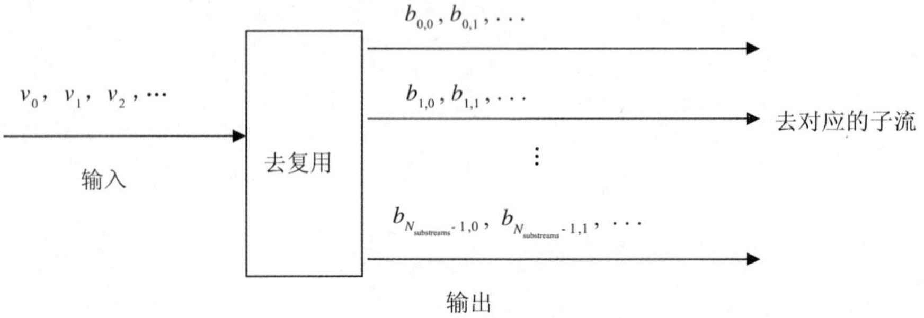

图 7.17 比特流去复用成子流

表 7.7 去复用器中的子流数

调制	N_{ldpc}	子流数（$N_{substreams}$）
QPSK	任意	2
16QAM	任意	8
64QAM	任意	12
256QAM	64800	16
	16200	8

除了 QPSK（$N_{ldpc}=64800$ 或 16200）和 256QAM（$N_{ldpc}=16200$）以外，去复用器输出端宽度为 $N_{substreams}$ 的字被分裂成宽度为 $\eta_{mod}=N_{substreams}/2$ 的两个单元字。前面的 η_{mod} 个比特（$b_{0,j},b_{1,j},...,b_{N_{substreams}/2-1,j}$）构成第一个单元字，其余的输出比特（$b_{N_{substreams}/2,j},...,b_{N_{substreams}-1,j}$）构成第二个单元字。它们被馈送到星座映射器。在 QPSK（$N_{ldpc}=64800$ 或 16200）和 256QAM（$N_{ldpc}=16200$）情况下，去复用器输出字的宽度 $N_{substream}$ 等于单元字宽

度 η_{mod}，因此一个输出字构成一个单元字直接馈送到星座映射器。

去复用器输出的每个单元字按照 DVB－T2 标准规定的 QPSK，16QAM，64QAM 或 256QAM 星座映射为一个星座点 Zq。DVB－T2 系统采用 Gray 码映射，即任何相邻的两个星座点所对应的单元字只有 1 个比特是不同的。这样，在解调时最容易出现的误判为相邻星座点的错误导致的错误比特最少。为了在不同的调制方式下获得相同的平均功率，对星座点数据 Zq 进行归一化，得到数据单元 fq。表 7.8 规定了各种调制方式下的归一化因子。

表 7.8 数据单元归一化因子

调制	归一化
BPSK	$fq=Zq$
QPSK	$fq=Zq/\sqrt{2}$
16QAM	$fq=Zq/\sqrt{10}$
64QAM	$fq=Zq/\sqrt{42}$
256QAM	$fq=Zq/\sqrt{170}$

星座映射器输出的每个 FEC 块 $F=(f_0,f_1,\cdots,f_{N_{cells}-1})$，其中 N_{cells} 为一个 FEC 块中的数据单元数量，它等于 N_{ldpc}/η_{mod}。

DVB－T2 系统可以应用星座旋转，即将星座映射器输出的每个 FEC 块 F 中的数据单元值在复平面上旋转，并且单元值的虚部在 FEC 块中循环后移一个单元。输出单元 $G=(g_0,g_1,\cdots,g_{N_{cells}-1})$ 由式(7.1)给出：

$$\begin{aligned} g_0 &= \mathrm{Re}(R_{RQD}f_0)+\mathrm{Im}(R_{RQD}f_{N_{cells}-1}), \\ g_q &= \mathrm{Re}(R_{RQD}f_q)+\mathrm{Im}(R_{RQD}f_{q-1}), \qquad q=1,2,\cdots,N_{cells}-1 \end{aligned} \tag{7.1}$$

这里旋转相位 $R_{RQD}=\exp(j2\pi\Phi/360)$。旋转角 Φ 依赖于调制方式(见表 7.9)。

表 7.9 用于各种调制方式的旋转角

调制	QPSK	16QAM	64QAM	256QAM
Φ(度)	29.0	16.8	8.6	atan(1/16)

其中 atan(1/16)表示 1/16 的反正切，用“度”表示。

星座旋转应只用于公共 PLP 和数据 PLP，不用于 L1 信令单元。在不用星座旋转时，数据单元直通到单元交织器，即 $g_q=f_q$。

7.3.4 单元交织器

星座映射器输出的各个 FEC 块中的数据单元在单元交织器中进行交织。单元交织器随机地散开 FEC 码字中的单元，以保证接收机中信道失真和干扰沿着 FEC 码字有不相关的分布，并且它对一个 TI(时间交织)块(见 7.3.5 节)中各 FEC 块的交织序列进行不同的旋转，从而对它们有不同的数据单元交织。

单元交织器的输入 $G(r)=(g_{r,0},g_{r,1},g_{r,2},\cdots,g_{r,N_{\text{cells}}-1})$ 是 TI 块中递增序号为 r（它在每一个 TI 块开始时复位到零）的 FEC 块。单元交织器的输出是如下确定的矢量 $D(r)=(d_{r,0},d_{r,1},d_{r,2},\cdots,d_{r,N_{\text{cells}}-1})$：

$$d_{r,Lr(q)}=g_{r,q} \qquad q=0,1,\cdots,N_{\text{cells}}-1 \tag{7.2}$$

其中 N_{cells} 是 FEC 块的输出数据单元数，$Lr(q)$ 是用于 TI 块中该 FEC 块的置换函数。输入单元交织器的 FEC 块中序号为 q 的数据单元交织后在交织器输出 FEC 块中的序号(地址)为 $Lr(q)$。置换函数 $Lr(q)$ 由下式给出：

$$Lr(q)=[L_0(q)+P(r)]\text{mod } N_{\text{cells}} \tag{7.3}$$

其中 $L_0(q)$ 为基本置换函数，$P(r)$ 是对 TI 块中序号为 r 的 FEC 块应用的移位值。

$L_0(q)$ 由长度为 N_d 的比特字 S_i $(i=0,1,2,\cdots)$ 产生，其中 N_d 为大于或等于 $\log_2(N_{\text{cells}})$ 的最小整数。例如 LDPC 码长为 64800，16QAM 调制时 $N_{\text{cells}}=16200$，$N_d=14$，最多有 16384 个不同的 S_i。比特字 $S_i=(S_{N_d-1,i},S_{N_d-2,i},S_{N_d-3,i},\cdots,S_{2,i},S_{1,i},S_{0,i})$，其最高位 $S_{N_d-1,i}$ 在 i 为偶数时等于 0，i 为奇数时等于 1。比特字 Si 中其余各比特的值规定如下：

$$\text{对于 } i=0 \text{ 或 } 1\text{：}(S_{N_d-2,i},S_{N_d-3,i},\cdots,S_{1,i},S_{0,i})=(0,0,\cdots,0,0) \tag{7.4}$$

$$\text{对于 } i=2\text{：}\quad (S_{N_d-2,i},S_{N_d-3,i},\cdots,S_{1,i},S_{0,i})=(0,0,\cdots,0,1) \tag{7.5}$$

$$\text{对于 } 2^{N_d}>i>2\text{：}(S_{N_d-3,i},S_{N_d-4,i},\cdots,S_{0,i})=(S_{N_d-2,i-1},S_{N_d-3,i-1},\cdots,S_{1,i-1}) \tag{7.6}$$

$$\begin{aligned}&\text{对于 } N_d=11\text{：}S_{9,i}=S_{0,i-1}+S_{3,i-1}\\&\text{对于 } N_d=12\text{：}S_{10,i}=S_{0,i-1}+S_{2,i-1}\\&\text{对于 } N_d=13\text{：}S_{11,i}=S_{0,i-1}+S_{1,i-1}+S_{4,i-1}+S_{5,i-1}+S_{9,i-1}+S_{11,i-1}\\&\text{对于 } N_d=15\text{：}S_{13,i}=S_{0,i-1}+S_{1,i-1}+S_{2,i-1}+S_{12,i-1}\end{aligned} \tag{7.7}$$

式中“+”为模 2 加法。

从 $i=0$ 开始以递增 i 的方式计算比特字 S_i 对应的十进制值，如果它小于 N_{cells}，则它被作为一个新的 $L_0(q)$ 值(q 从 0 开始递增)；否则，它被丢弃，并计算下一个 S_i。

为了对 TI 块中各个 FEC 块有不同的置换，一个与块序号 r 有关的移位值 $P(r)$ 被加到基本置换函数上，并对相加得到的值进行 mod N_{cells} 运算，从而得到的置换函数值小于 FEC 块中数据单元数量。$P(r)$ 由长度为 N_d 的比特字 n 产生。n 是一个计数器由 0 出发的计数值。如此从 $r=0$ 开始逐个求出 $P(r)$：比特字 n 中的比特逆转(原来序号 i 的比特变到序号 N_d-1-i 上)后所对应的十进制值若小于 N_{cells}，则被作为一个新的 $P(r)$ 值；否则，它被丢弃，并对下一个 n 值进行计算，直到求出新的 $P(r)$ 值。然后以同样方法求出下一个 $P(r)$ 值。

例：$N_{cells}=10800$，$N_d=14$，$r=0,1,2,3,\cdots$时加到基本置换函数上的移位值 $P(r)$应为 0，8192，4096，2048，10240，6144，1024，9216，…。以 $P(1)$为例，它是 $n=(0,0,\cdots,0,1)$的比特逆转$(1,0,\cdots,0,0)$所对应的十进制值$(2^{13}=8192)$。

7.3.5　时间交织器

时间交织器工作在 PLP 层面上，对 DVB－T2 系统中不同的 PLP，时间交织参数可以是不同的。来自各个 PLP 单元交织器的 FEC 块被分组成交织帧，一个交织帧被映射到一个或多个 T2 帧。每个交织帧应包含整数个 FEC 块，块的数量可以动态变化。在序号为 n 的交织帧中，FEC 块的数量用 $N_{BLOCKS-IF}(n)$表示，在 L1 动态信令中给出。

每个交织帧被分成一个或多个（N_{TI}个）TI 块，每个 TI 块有整数个 FEC 块。交织帧 n 中序号为 s 的 TI 块中，FEC 块数量用 $N_{FEC-TI}(n,s)$表示，其中 $0\leqslant s<N_{TI}$。输入的 FEC 块应按序号 s 递增的顺序分配给 TI 块。在 $N_{BLOCKS-IF}(n)/N_{TI}$为整数时，该交织帧中各 TI 块有同样数量的 FEC 块；在 $N_{BLOCKS-IF}(n)/N_{TI}$不是整数时，该交织帧中低序号的 TI 块中的 FEC 块数量比高序号的 TI 块中的 FEC 块数量少 1。每个 TI 块的数据单元进行交织，然后各个已交织 TI 块的单元被连接起来形成输出的交织帧。

表 7.10　时间交织器参数

LDPC 块长度(N_{ldpc})	调制方式	每 LDPC 块单元数(N_{cells})	行数(N_r)
64800	256QAM	8100	1620
	64QAM	10800	2160
	16QAM	16200	3240
	QPSK	32400	6480
16200	256QAM	2050	405
	64QAM	2700	540
	16QAM	4050	810
	QPSK	8100	1620

TI 以数据单元为单位进行。时间交织器是一个阵列交织器，其中行数 N_r 等于 FEC 块中数据单元数(N_{cells})的 1/5，列数 $N_c=5\times N_{FEC-TI}(n,s)$。表 7.10 所示为时间交织器的参数。图 7.18 所示为时间交织器的工作：第一 FEC 块以逐列方式写入时间交织器的前 5 列，第二 FEC 块逐列写入接着的 5 列，等等。时间交织器以图 7.18 所示的逐行方式读出数据单元。

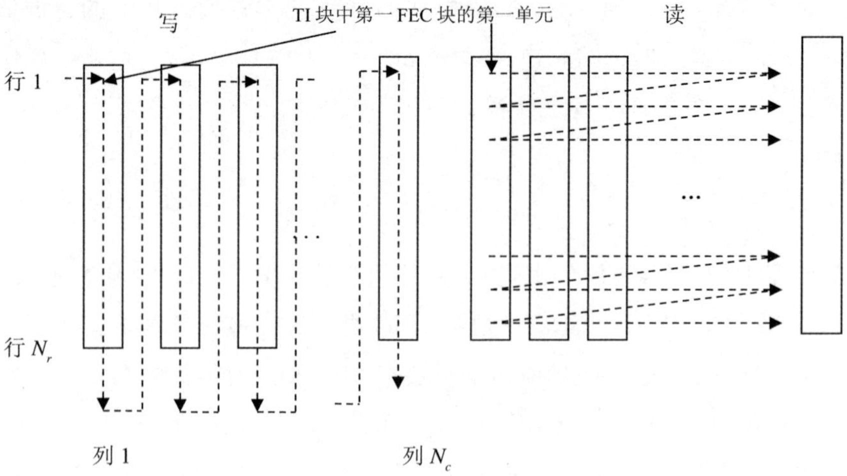

图 7.18 时间交织器

7.4 帧结构与成帧

本节说明 DVB—T2 系统的帧结构和发送端用于成帧的帧建立器的功能。

7.4.1 帧结构

图 7.19 所示为 DVB—T2 帧结构。帧结构的顶层是超帧，超帧被分为 T2 帧，T2 帧进一步分成 OFDM 符号。超帧中可以有 FEF（将来扩展帧）部分，以实现与其他系统的复用。

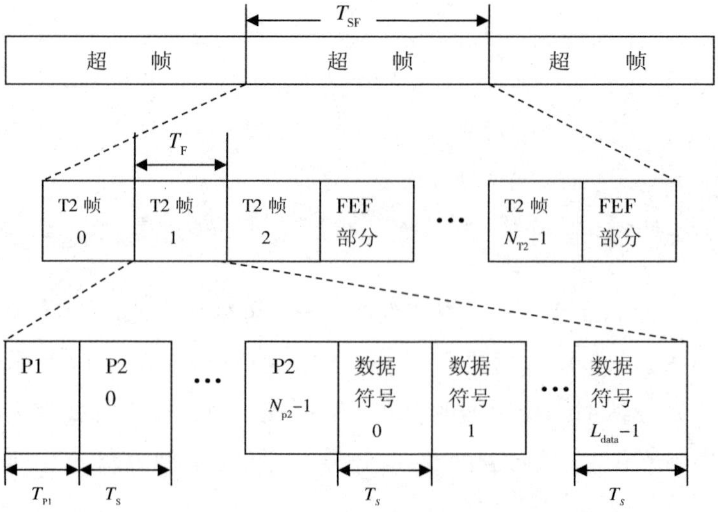

图 7.19 DVB—T2 系统的帧结构

1.超帧

一个超帧中的 T2 帧的数量 N_{T2} 是可配置的参数，它被指示在 L1 前信令中。T2 帧序号由 0 至 $N_{T2}-1$。当前帧的序号由 L_1 后信令中的 *FRAME－IDX* 域给出。

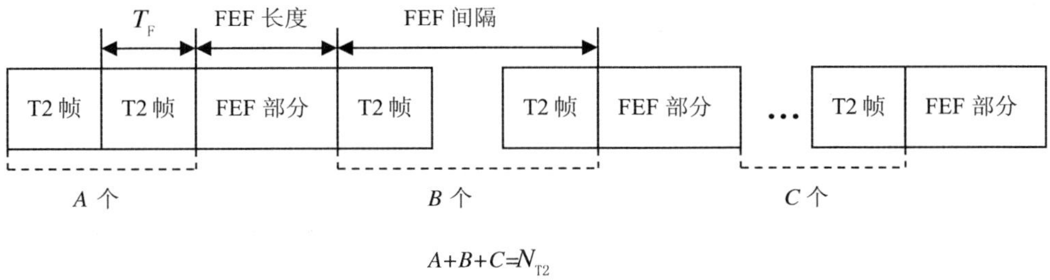

图 7.20　超帧(包含 T2 帧和 FEF 部分)

一个超帧中可有几个 FEF 部分，但是一个 FEF 部分不与另一个 FEF 部分相邻(如图 7.20 所示)。超帧宽度 T_{SF} 由下式确定：

$$T_{SF}=N_{T2}\times T_F+N_{FEF}\times T_{FEF} \tag{7.8}$$

其中 N_{FEF} 为一个超帧中 FEF 部分的数量，它由 *FEF－LENGTH* 给出；T_{FEF} 是 FEF 部分的宽度。

如果用 FEF 的话，超帧以一个 FEF 部分结束，并且 $N_{FEF}=N_{T2}/$ FEF 间隔，FEF 间隔为相邻的两个 FEF 部分之间的 T2 帧数量。

如果不用 FEF 的话，超帧长度 T_{SF} 的最大值为 64s(对应 256 个 T2 帧，帧长 T_F 为 250ms)；如果用 FEF 的话，T_{SF} 的最大值是 128s。

一个数据 PLP 不一定映射到每个 T2 帧，可以跳过几个帧。这个帧间隔(I_{JUMP})由参数 *FRAME－INTERVAL* 确定，超帧中传送数据 PLP 的第一个 T2 帧由 *FIRST－FRAME－IDX* 给出。*FRAME－INTERVAL* 和 *FIRST－FRAME－IDX* 被给出在 L1 后信令中。为了各超帧有相同的数据 PLP 映射位置，N_{T2} 应被每个数据 PLP 的 *FRAME－INTERVAL* 整除。

N_{T2} 必须如此选择，使得对于每个数据 PLP，每个超帧被整数个交织帧映射。

2.T2 帧

(1) T2 帧中的 OFDM 符号

T2 帧由 P1 前导符号、接着的一个或多个 P2 前导符号和数量可配置的数据符号构成。在某些 FFT 大小、保护间隔和导频位置图样的组合下，最后一个数据符号是一个帧关闭符号。所有符号都是 OFDM 符号。

P1(第一前导符号)的出现标志着一个 T2 帧的开始。P1 符号的宽度 T_{P1} 为 224μs，不同于帧中其他 OFDM 符号，P1 符号只运载 P1 专用信令。

P2 符号直接跟在 P1 符号后面。P2 符号承载全部其余的 L1 信令信息，并且如果存在空闲的容量，它们也可以承载来自公共 PLP 和/或数据 PLP 的数据。一个 T2 帧中 P2 符号数 N_{P2} 与 OFDM 符号的 FFT 大小有关(见表 7.11)。

表 7.11　各种 FFT 大小对应的 P2 符号数 N_{P2}

FFT 大小	1K	2K	4K	8K	16K	32K
N_{P2}	16	8	4	2	1	1

数据符号只运载公共 PLP 和/或数据 PLP 的数据。如果在 T2 帧结束处剩有空闲容量，它被辅助流和假单元填充。一个 T2 帧中数据符号的数目 L_{data} 是可配置的参数，在 L1 前信令中给出。

一个 T2 帧中除 P1 外符号的总数为 $L_F = N_{P2} + L_{data}$。这些 OFDM 符号有相同的宽度 T_S，所以 T2 帧的宽度 $T_F = L_F \times T_S + T_{P1}$。帧宽度 T_F 的最大值为 250ms，由此可求出 L_F 的最大值，对于 8MHz 带宽的系统，如表 7.12 所示。OFDM 符号数 L_F 的最小值：当 FFT 大小为 32K 时，为 $N_{P2}+3$；对于其他 FFT 大小，为 $N_{P2}+7$。当 FFT 大小为 32K 时，OFDM 符号数 L_F 应为偶数。

表 7.12　各种 FFT 大小和保护间隔时的最大帧长 L_F(对于 8MHz 带宽)

FFT 大小	T_u(ms)	保护间隔						
		1/128	1/32	1/16	19/256	1/8	19/128	1/4
32K	3.584	68	66	64	64	60	60	NA
16K	1.792	138	135	131	129	123	121	111
8K	0.896	276	270	262	259	247	242	223
4K	0.448	NA	540	524	NA	495	NA	446
2K	0.224	NA	1081	1049	NA	991	NA	892
1K	0.112	NA	NA	2098	NA	1982	NA	1784

(2) T2 帧数据容量

OFDM 符号的某些载波被用作导频或预留给压缩 PAPR 使用，它们不传送信令或数据；其余的载波称为有效载波或有效 OFDM 单元，它们传送信令或数据。

P1 符号不是通常的 OFDM 符号，不包含任何有效的 OFDM 单元。

表 7.13 所示为一个 P2 符号中有效载波的数目 C_{P2}；表 7.14 所示为不用载波预留情况下，各个 FFT 大小和离散导频位置图样下数据符号中的有效载波数 C_{data}。应用载波预留时的 C_{data} 值通过从不用载波预留时的 C_{data} 值减去“TR 单元”列中的预留载波数计算出。对于 8K，16K 和 32K，表 7.14 给出了两个值，分别对应于正常载波方式和扩展载波。

表 7.13　一个 P2 符号中有效载波的数量 C_{P2}

FFT 大小		1K	2K	4K	8K	16K	32K
C_{P2}	SISO	558	1118	2236	4472	8944	22433
	MISO	546	1098	2198	4398	8814	17612

表 7.14　数据符号中有效载波数 C_{data}

FFT 大小		C_{data}（无载波预留的情况）								TR 单元
		PP_1	PP_2	PP_3	PP_4	PP_5	PP_6	PP_7	PP_8	
1K		764	768	798	804	818				10
2K		1522	1532	1596	1602	1632		1646		18
4K		3084	3092	3228	3234	3298		3328		36
8K	正常	6208	6214	6494	6498	6634		6698	6698	72
	扩展	6296	6298	6584	6588	6728		6788	6788	72
16K	正常	12418	12436	12988	13002	13272	13288	13416	13406	144
	扩展	12678	12698	13262	13276	13552	13568	13698	13688	144
32K	正常		24886		26022		26592	26836	26812	288
	扩展		25412		26572		27152	27404	27376	288

注：表中空格表示相应的 FFT 大小和导频位置图样（PP）组合是不被应用的。

在某些 FFT 大小、保护间隔和导频位置图样的组合下，T2 帧的最后一个符号是一个特殊的帧关闭符号。它具有比其他数据符号更密集的导频位置图样，并且某些单元不调制，以维持相同的总符号能量。表 7.15 所示为不应用载波预留时帧关闭符号中可用的有效载波数 C_{FC}。当应用载波预留时，相应的值通过从不用载波预留时的值减去“TR 单元”列中的值计算出。

一个 T2 帧中有效的 OFDM 单元数 C_{tot} 由下式给出：

$$C_{tot} = N_{P2} \times C_{P2} + (L_{data} - 1) \times C_{data} + C_{FC}\text{，存在帧关闭符号时} \tag{7.9}$$
$$C_{tot} = N_{P2} \times C_{P2} + L_{data} \times C_{data}\text{，不存在帧关闭符号时}$$

运载全部 L1 信令所需的 OFDM 单元数以 D_{L1} 表示。一个 T2 帧中用于传输 PLP 的 OFDM 单元数 $D_{PLP} = C_{tot} - D_{L1}$。

表 7.15　帧关闭符号中可用的有效载波数 C_{FC}

FFT 大小	C_{data}（无载波预留的情况）								TR 单元
	PP_1	PP_2	PP_3	PP_4	PP_5	PP_6	PP_7	PP_8	
1K	402	654	490	707	544				10
2K	804	1309	980	1415	1088		1396		18
4K	1609	2619	1961	2831	2177		2792		36

续表

FFT 大小		C_{data}（无载波预留的情况）								
		PP₁	PP₂	PP₃	PP₄	PP₅	PP₆	PP₇	PP₈	
8K	正常	3218	5238	3922	5662	4354		5585		72
	扩展	3264	5312	3978	5742	4416		5664		72
16K	正常	6437	10476	7845	11324	8709	11801	11170		144
	扩展	6573	10697	8011	11563	8893	12051	11406		144
32K	正常		20952		22649		23603			288
	扩展		21395		23127		24102			288

注：表中空格表示相应的 FFT 大小和导频位置图样（PP）组合是不被应用的。

（3）T2 帧数据结构

图 7.21 所示为 T2 帧结构，它反映一个 T2 帧传送信令和各类 PLP 数据的顺序。

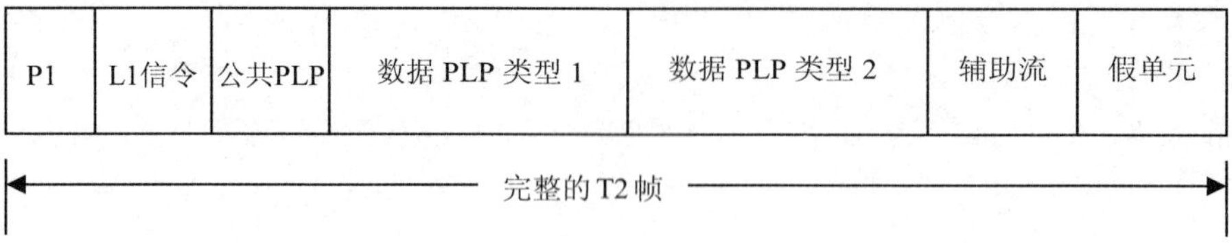

图 7.21　T2 帧结构

运载 L1 信令的数据被映射到 P2 符号中 D_{L1} 个单元。公共 PLP 和数据 PLP 的数据被映射到 P2 符号中剩余的有效 OFDM 单元和数据符号的有效 OFDM 单元。

来自数据 PLP 的数据单元分成片或子片在 T2 帧中传送。一个 PLP 的数据单元中被映射到一个特定的 T2 帧的那些单元的集合称为一片，它可以被分成子片。在频率交织前，子片中的数据单元在具有相继地址的有效 OFDM 单元上传送。运载一个 PLP 的子片数量为 2～6480。类型 1 的数据 PLP 在每个 T2 帧中由一片运载，类型 2 的数据 PLP 在每个 T2 帧中由 2～6480 个子片运载。用于所有类型 2 数据 PLP 的子片数量是相同的。在一个 T2 帧中配置给类型 2 的数据 PLP 的 OFDM 单元必须是子片数 $N_{subslices}$ 的整数倍。

T2 帧传送了类型 2 的 PLP 之后，可以传送一个或多个辅助流，辅助流后还可跟着假单元。辅助流和假单元正好填满 T2 帧的剩余容量。

7.4.2　成帧

成帧的工作由帧建立器完成。这里仅说明应用单个 RF 信道时 DVB－T2 系统的成帧。关于采用多个 RF 信道的 TFS 系统时一频分片系统的帧建立器的功能，可参阅 DVB－T2 标准的附录 E。

帧建立器的任务是把各个 PLP 的时间交织器所产生的数据单元、已编码和调制的 L1 信令数据单元分配到对应于各个 OFDM 符号的有效 OFDM 单元的存储器队列中，这些 OFDM 符号构成整个帧结构。帧建立器按照调度器所产生的动态信息和帧结构配置工作。图 7.22 所示为帧建立器方框图。

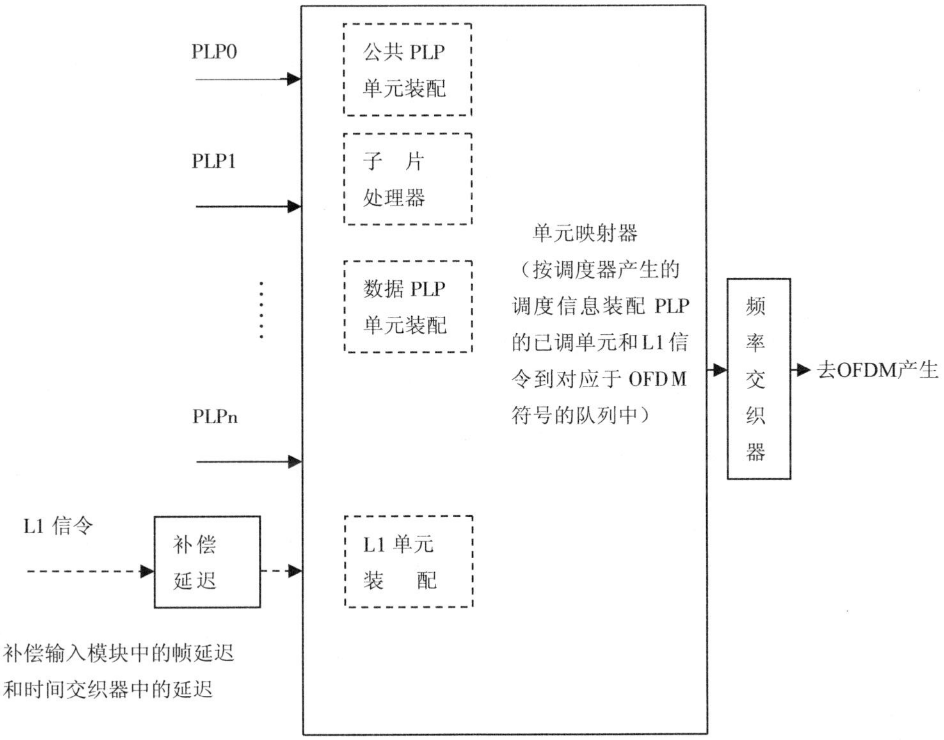

图 7.22　帧建立器方框图

下面，分别说明时间交织器输出数据单元到 T2 帧的映射方式、各个时间交织选项下的子片划分、L1 信令及数据 PLP 数据单元到相应 OFDM 符号有效 OFDM 单元（有效载波）的映射和频率交织。

1. 时间交织的三个选项

如上文所述，交织帧由 TI 块组成。根据交织帧由一个还是多个 TI 块组成和其数据单元映射到一个还是多个 T2 帧，时间交织有以下三个选项：

①每个交织帧包含一个 TI 块（$N_{TI}=1$），并且交织帧直接映射到一个 T2 帧（如图 7.23a 所示）。

②每个交织帧包含一个 TI 块（$N_{TI}=1$），并且交织帧被映射到多于一个的（P_I 个）T2 帧。图 7.23b 给出一个例子：一个交织帧映射到两个 T2 帧，并且帧间隔（I_{JUMP}）＝2。对于低数据码率的业务，这种方式提供了更大的时间扩散。

③每个交织帧直接映射到一个 T2 帧，并且交织帧被分成几个 TI 块($N_{TI}>1$)(如图 7.23c 所示)。对于高码率的 PLP，这种方式可以降低时间交织器的存储器开销。

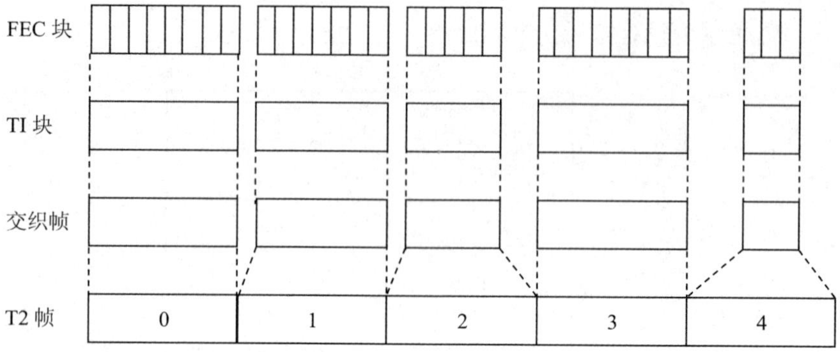

a $P_I=1, I_{JUMP}=1, N_{TI}=1$

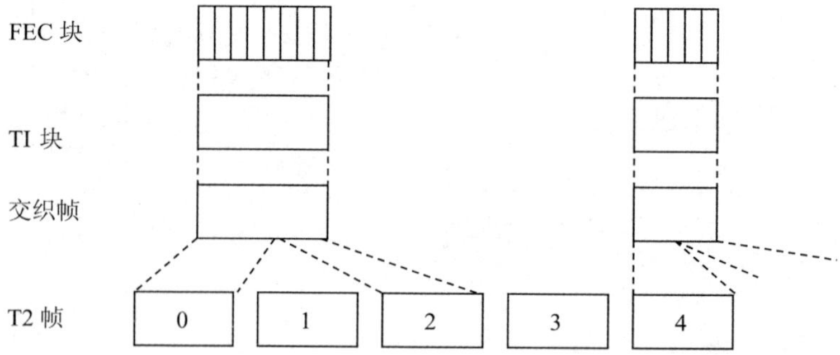

b $P_I=2, I_{JUMP}=2, N_{TI}=1$

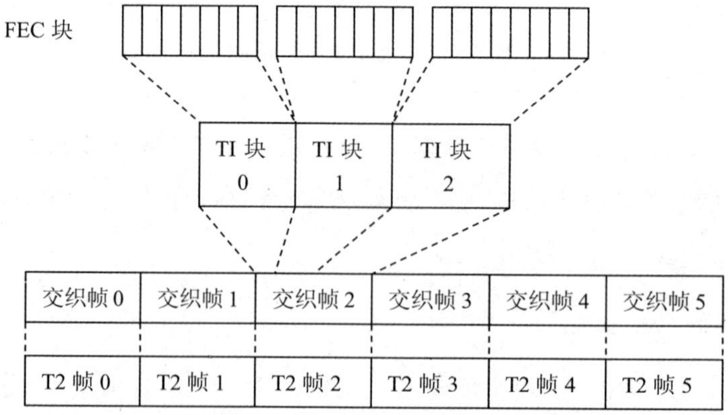

c $P_I=1, I_{JUMP}=1, N_{TI}=3$

图 7.23　时间交织的三个选项

一个交织帧的数据单元分散到相互间隔 $I_{JUMP}-1$ 的 P_I 个 T2 帧中。交织周期 $=P_I\times I_{JUMP}\times T_F$，$T_F$ 为 T2 帧宽度。对所有的 PLP，在一个超帧中都应传输整数个交织帧，每个超帧中的交织帧数 $=N_{T2}/(P_I\times I_{JUMP})$。

例：一个 DVB−T2 系统的超帧长度 $N_{T2}=20$。该系统运载 3 个 PLP。对于 PLP1：

$P_I=1$，所以在每个 T2 帧中传输一个交织帧；对于 PLP2：$P_I=2$，$I_{JUMP}=2$，所以第 2 个、第 4 个、…T2 帧传输 PLP2 数据单元；对于 PLP3：$P_I=4$，$I_{JUMP}=5$，所以第 5 个、第 10 个、…T2 帧传输 PLP3 的数据单元。每个超帧中传输的交织帧数量对于 PLP1 是 $20/(1\times1)=20$，对于 PLP2 是 $20/(2\times2)=5$，对于 PLP3 是 $20/(4\times5)=1$。

2. 应用各个时间交织选项时的子片划分

图 7.24 所示为应用时间交织选项 1（$P_I=1$，$N_{TI}=1$）时子片的划分，其中交织帧输出被映射到一个 T2 帧，交织帧输出被分成 $N_{subslices}$ 个子片。

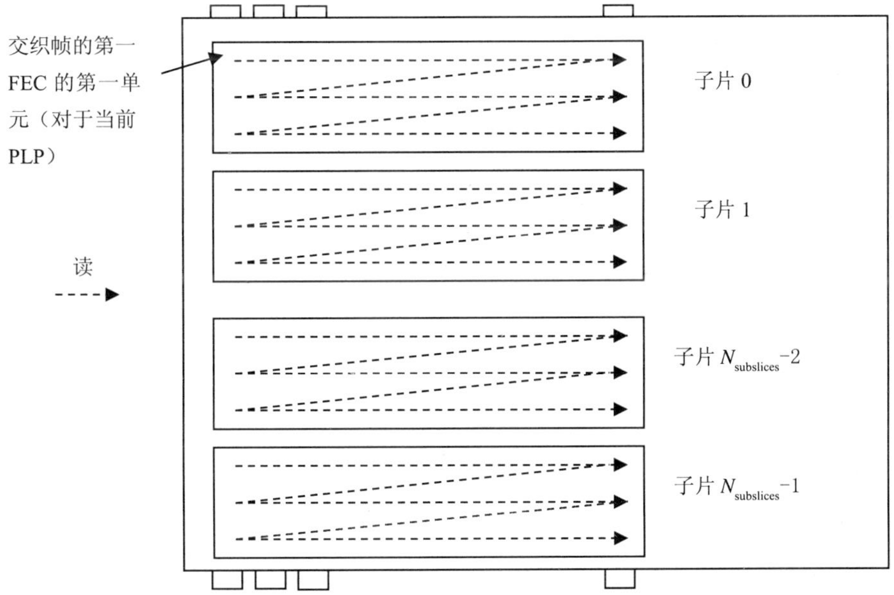

图 7.24　应用交织选项 1 时子片的划分

图 7.25 所示为应用时间交织选项 2 时的子片划分，其中交织帧输出被映射到 P_I 个 T2 帧，交织帧输出被分成总共 $N_{subslices}\times P_I$ 个子片。

最后，子片划分也可与时间交织选项 3 一起使用，这时交织帧被分成多个 TI 块。交织帧内的 TI 块可以有不同的大小，并且子片数与交织帧中 TI 块的数量 N_{TI} 之间没有特殊要求。子片不必要包含时间交织器输出的整数行，可以包含来自多于一个的 TI 块的单元。

无论选用哪个交织选项，在一个 T2 帧中属于同一个 PLP 的子片应包含同样数量的数据单元。这个条件将被自动满足，因为 P_I 和 $N_{subslices}$ 需满足一个更为严格的条件。对于单 RF 信道的系统，此条件是：一个 FEC 块含有的数据单元数 N_{cells} 是 $5\times N_{subslices}\times P_I$ 的整数倍。一个交织帧包含整数个 FEC 块，每个交织帧分成 $N_{subslices}\times P_I$ 个子片，所以在满足上述条件时，每个子片包含的数据单元数相同。上述条件应通过对给定的 FEC 块

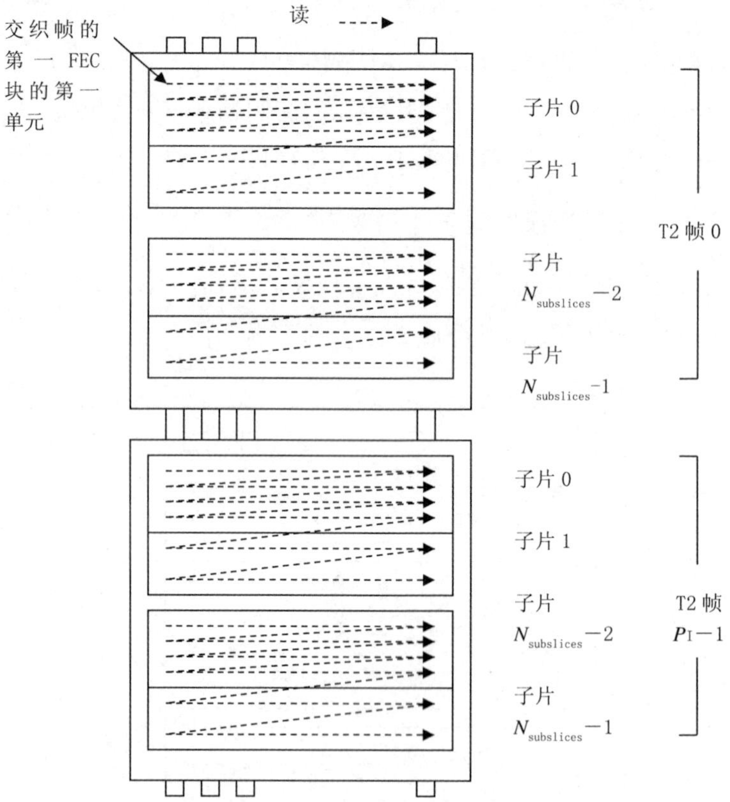

图 7.25　应用交织选项 2 时子片的划分

大小和使用的调制方式选择合适的 $N_{subslices}$ 和 P_I 获得。$N_{subslices}$ 对所有的 PLP 是相同的，而 N_{cells} 和 P_I 对于不同的 PLP 可能是不同的。

图 7.26 所示例子中 5 个类型 2 的数据 PLP 在 4 个子片(每个 T2 帧)中传输，并且一个交织帧映射到用于所有 5 个 PLP 的一个 T2 帧。在 PLP1 的一个交织帧中有 3 个 TI 块，PLP2 有 2 个 TI 块，PLP4 有 4 个 TI 块，其他 PLP 有 1 个 TI 块。PLP1 和 PLP2 在交织帧中的每个 TI 块中包含不同数目的 FEC 块。对于 PLP1 和 PLP2，某些子片包含来自不同 TI 块的单元。图 7.26 中 PLP1 的子片 0 包含来自第一 TI 块的数据单元，子片 1 包含来自第一和第二 TI 块的数据单元，子片 2 包含来自第二和第三 TI 块的数据单元，子片 3 包含来自第三 TI 块的数据单元。

例如一个 PLP 采用每交织帧 2 个 TI 块的方式进行交织，交织帧包含 23 个 FEC 块。按照首先对较小的 TI 块进行交织的规定，交织帧被分成两个 TI 块，第一和第二 TI 块分别有 11 和 12 个 FEC 块。若每个 T2 帧对于类型 2 数据 PLP 的子片数是 240，第一 TI 块在子片 0～114 中运载，第二 TI 块在子片 114～239 中传送，子片 114 包含来自两个 TI 块的单元。

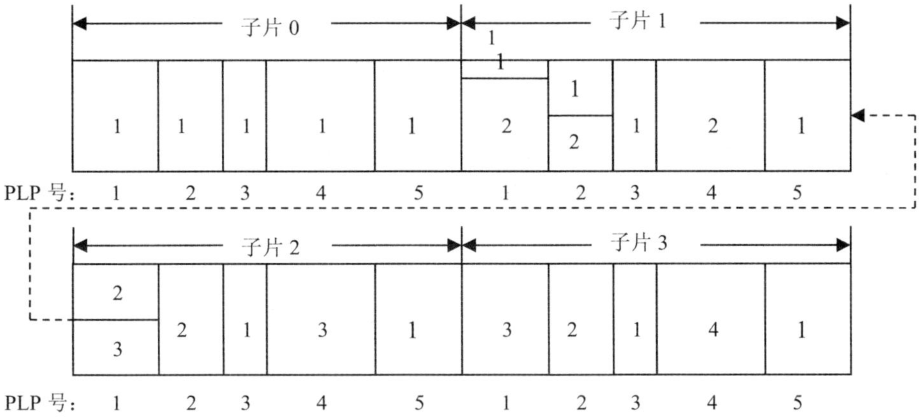

注：框中标号为相应 PLP 的交织帧中 TI 块的序号，相应的 TI 块输出划分给该框对应的子片。

图 7.26　交织帧有不同数量的 TI 块的 PLP 应用交织选项 3 时子片的划分

3. T2 帧的映射

本部分说明 L1 信令数据单元和来自各 PLP 的数据单元映射到 T2 帧时的映射地址，此地址决定了频率交织之前该数据单元对 T2 帧中哪个 OFDM 符号的哪个载波调制。参见图 7.27，L1 前信令和 L1 后信令首先映射到 P2 符号中。接着，公共 PLP 映射到 P2 符号中的剩余单元和数据符号中。数据 PLP 跟在公共 PLP 之后，首先是类型 1 的 PLP，其后是类型 2 的 PLP 映射到数据符号中。一个或多个辅助流跟在类型 2 的 PLP 后面，然后是假单元映射到 T2 帧。辅助流和假数据单元正好填满帧中的剩余单元。

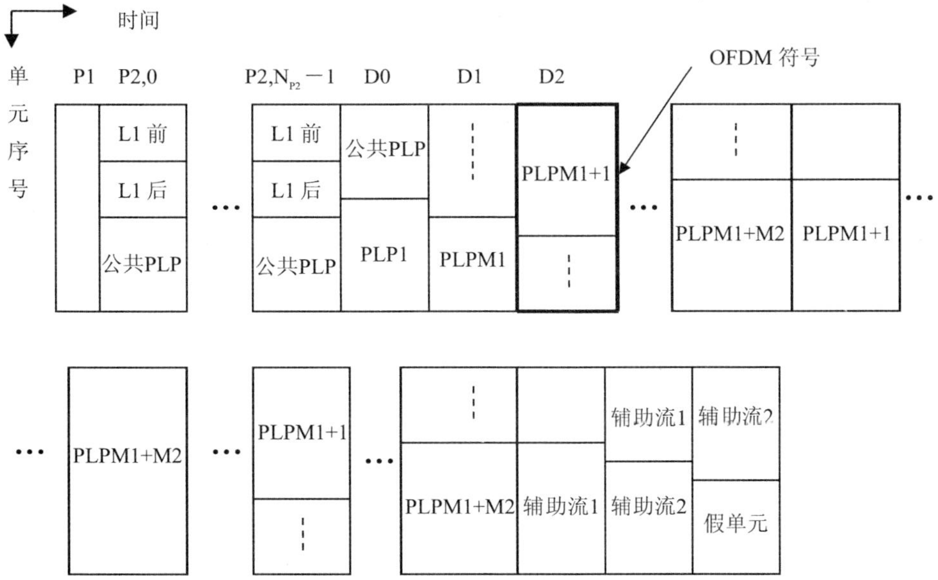

注：PLP1，…，PLPM1为类型1的PLP，共M1个。PLPM1+1，…，PLPM1+M2为类型2的PLP，共M2个。

图 7.27　L1 信令和数据 PLP 至 T2 帧中 OFDM 符号的映射

(1) L1 信令数据单元至 P2 符号的映射

已编码和调制的 L1 前信令单元和 L1 后信令单元被映射到 N_{p2} 个 P2 符号中，方法如下：

L1 前信令单元以 Z 字形方式逐行映射到 P2 符号的有效 OFDM 单元（如图 7.28 所示）。L1 前信令的数据单元数量是固定的，为 1840 个。图 7.28 中标号为 L1 前信令数据单元序号，由 0 到 1839。由于对于 N_{p2} 的全部取值，1840/ N_{p2} 均为整数，所以 L1 前信令单元占用整数行 OFDM 单元。

L1 后信令单元同样以 Z 字形方式逐行映射到 P2 符号中 L1 前信令已占用的单元之后的单元（如图 7.28 所示）。图 7.28 中标号为 L1 后信令单元序号，由 0 到 $D_{L1post}-1$，D_{L1post} 是 L1 后信令的数据单元数。L1 后信令单元也占用整数行 OFDM 单元。

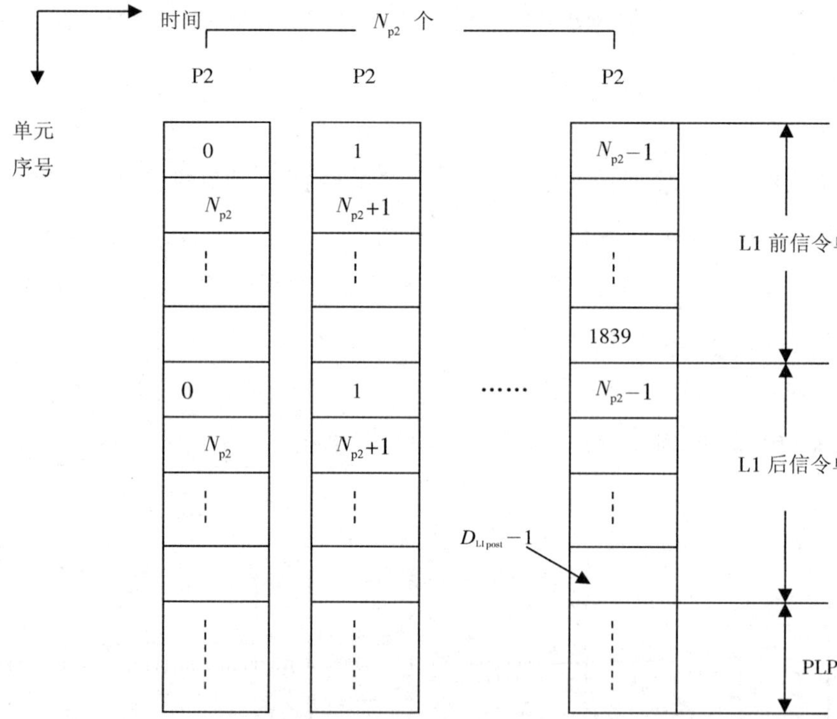

图 7.28 L1 数据到 P2 符号的映射

(2) PLP 数据单元的映射

L1 数据映射到 P2 符号之后，P2 符号中剩余的有效 OFDM 单元和数据 OFDM 符号用于 PLP。

PLP 分为三类：公共 PLP、类型 1 数据 PLP 和类型 2 数据 PLP。公共 PLP 和类型 1 数据 PLP 在每 T2 帧只有 1 个子片，类型 2 数据 PLP 有 2～6480 个子片。PLP 的类型由 L1 后信令域 PLP－TYPE 给出，调度器为各个 PLP 的每一交织帧规定其交织器的 FEC

块数量，使得映射到一个 T2 帧的所有 PLP 和全部辅助流的数据单元总数不大于留给数据的有效 OFDM 单元总数 D_{PLP}。

为没有被 L1 信令应用的有效数据单元定义的一维地址（0 到 $D_{PLP}-1$），反映了来自 PLP 的子片的数据单元分配到有效数据单元的次序，并用于在 L1 动态信令中指示 PLP 子片位置。

地址 0 指向直接跟在第一 P2 符号中运载 L1 后信令的最后一个单元后面的那个有效 OFDM 单元。图 7.29 举例说明地址 0，1，2，... $D_{PLP}-1$ 所指向的有效 OFDM 单元。

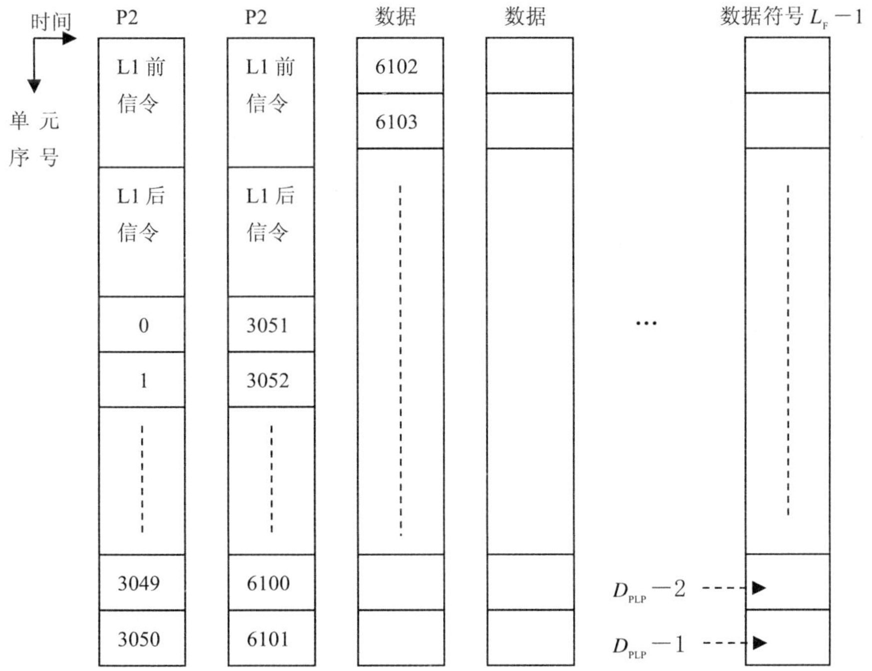

图 7.29 用于公共 PLP 和数据 PLP 的有效 OFDM 单元地址示例

下面说明各类 PLP 的数据单元映射到的 T2 帧单元的地址（如图 7.29 所示）。

映射到 T2 帧的公共 PLP 的单元应从地址 0 开始，以地址增大的顺序相继映射到帧中单元地址连续的单元区域。如果有多于一个的公共 PLP，后一个公共 PLP 的单元从紧跟在前一公共 PLP 的最后一个被映射单元后面的单元开始映射，并且总是采用增址的顺序映射。

类型 1 PLP 的单元也应以地址增大的顺序相继映射到帧中单元地址连续的区域。第一个类型 1PLP 的单元应从紧接在最后一个公共 PLP 的最后一个被映射单元的地址后面的地址开始映射；如果没有公共 PLP，则从地址 0 开始映射。

对应于一个公共 PLP 或类型 1 PLP 的第一个单元的地址 *Slice－Start* 由动态信令的 *PLP－START* 域指出。被一个公共 PLP 或类型 1 PLP 占用的最后一个单元的地址

$Slice-End$ 计算如下：

$$Slice-End = PLP-START + PLP-NUM-BLOCKS \times N_{cells}/P_I - 1 \quad (7.10)$$

其中 N_{cells} 为一个 LDPC 块中 OFDM 单元的数量，P_I 为一个交织帧所映射到的 T2 帧的数量。$PLP-NUM-BLOCKS$ 指示包含在当前交织帧中的 LDPC 块的数量。

类型 2 PLP 的每个子片以地址增大的顺序相继映射到帧中单元地址连续的区域。第一个类型 2 PLP 的第一个子片的单元应从紧跟在最后一个类型 1 PLP 的最后一个单元之后的地址开始映射。这些单元后面直接跟着其他类型 2 PLP 的第一个子片的单元，再后面以与第一个子片相同的 PLP 顺序映射各个类型 2 PLP 的第二个子片的单元，如此下去，直到最后一个 PLP 的最后一个子片被映射。

一个类型 2 PLP 的第一个子片的第一个单元的地址由动态 L1 信令的 $PLP-START$ 给出。以 OFDM 单元数计算的子片长度直接由 $PLP-NUM-BLOCKS$、每帧子片数（$SUB-SLICES-PER-FRAME$）、P_I 和 N_{cells} 计算。P_I 可由 $TIME-IL-LENGTH$ 和 $TIME-IL-TYPE$ 得到。类型 2 PLP 的子片 j 的第一单元和最后一个单元的映射地址可由 PLP－START 和子片间隔（$SUB-SLICES-INTERVAL$）求出：

$$Sub-Slices-Start(j) = PLP-START + j \times SUB-SLICES-INTERVAL \quad (7.11)$$

$$Sub-Slices-End(j) = Sub-Slices-Start(j) + PLP-NUM-BLOCKS \times N_{cells}/[N_{subslices} \times P_I] - 1 \quad (7.12)$$

其中 $j=0,1,\cdots,N_{subslices}-1$，$N_{subslices}=SUB-SLICES-PER-FRAME$。

7.4.3 频率交织器

对每个 OFDM 符号的 N_{data} 个数据单元进行频率交织。频率交织器将来自帧建立器的各个 OFDM 的数据单元组（$X_0, X_1, \cdots, X_{N_{data}-1}$）（称为输入矢量）转换为输出矢量（$a_0, a_1, \cdots, a_{N_{data}-1}$）。

在 32K FFT 大小情况下，对于在 T2 帧中的序号为偶数的 OFDM 符号，输入矢量中序号为 p 的单元在输出矢量中的序号为 $H(p)$；对于在 T2 帧中的序号为奇数的 OFDM 符号，输出矢量中序号为 p 的单元在输入矢量中的序号为 $H(p)$。在其他 FFT 大小情况下，对于在 T2 帧中的序号为偶数的 OFDM 符号，输入矢量中序号为 p 的单元在输出矢量中的序号为 $H_0(p)$；对于在 T2 帧中的序号为奇数的 OFDM 符号，输入矢量中序号为 p 的单元在输出矢量中的序号为 $H_1(p)$。$H(p)$，$H_0(p)$ 和 $H_1(p)$ 称为置换函数，下面介绍其产生方法。它们基于一个（N_r-1）比特的二进制字 R_i' 产生，其中 N_r 与 FFT 大小有关，对于 1K，2K，4K，8K，16K 和 32K 的 FFT，N_r 对应为 10，11，12，13，14 和 15。比特字 $Ri' = (r'_{N_r-2,i}, r'_{N_r-3,i}, \cdots, r'_{2,i}, r'_{1,i}, r'_{0,i})$ 中各比特的值规定如下：

对于 $i=0$ 或 1：$(r'_{N_r-2,i}, r'_{N_r-3,i}, \cdots, r'_{2,i}, r'_{1,i}, r'_{0,i})=(0,0,\cdots,0,0)$　　(7.13)

对于 $i=2$：$(r'_{N_r-2,i}, r'_{N_r-3,i}, \cdots, r'_{2,i}, r'_{1,i}, r'_{0,i})=(0,0,\cdots,0,1)$　　(7.14)

对于 $2^{N_r}>i>2$：

$(r'_{N_r-3,i}, r'_{N_r-4,i}, \cdots, r'_{1,i}, r'_{0,i})=(r'_{N_r-2,i-1}, r'_{N_r-3,i-1}, \cdots, r'_{2,i-1}, r'_{1,i-1})$　　(7.15)

对于 $N_r=10$：$r'_{8,i}=r'_{0,i-1}+r'_{4,i-1}$

对于 $N_r=11$：$r'_{9,i}=r'_{0,i-1}+r'_{3,i-1}$

对于 $N_r=12$：$r'_{10,i}=r'_{0,i-1}+r'_{2,i-1}$

对于 $N_r=13$：$r'_{11,i}=r'_{0,i-1}+r'_{1,i-1}+r'_{4,i-1}+r'_{6,i-1}$　　(7.16)

对于 $N_r=14$：$r'_{12,i}=r'_{0,i-1}+r'_{1,i-1}+r'_{4,i-1}+r'_{5,i-1}+r'_{9,i-1}+r'_{11,i-1}$

对于 $N_r=15$：$r'_{13,i}=r'_{0,i-1}+r'_{1,i-1}+r'_{2,i-1}+r'_{12,i-1}$

式中"+"为模 2 加法。

对 Ri' 进行如表 7.16 所示的比特置换，并添加最高位 $r_{N_r-1,i}=i \bmod 2$，得到矢量 R_i。

表 7.16a　用于 1K 模式的比特置换

R_i'比特位置	8	7	6	5	4	3	2	1	0
R_i 比特位置(H_0)	4	3	2	1	0	5	6	7	8
R_i 比特位置(H_1)	3	2	5	0	1	4	7	8	6

表 7.16b　用于 2K 模式的比特置换

R_i'比特位置	9	8	7	6	5	4	3	2	1	0
R_i 比特位置(H_0)	0	7	5	1	8	2	6	9	3	4
R_i 比特位置(H_1)	3	2	7	0	1	5	8	4	9	6

表 7.16c　用于 4K 模式的比特置换

R_i'比特位置	10	9	8	7	6	5	4	3	2	1	0
R_i 比特位置(H_0)	7	10	5	8	1	2	4	9	0	3	6
R_i 比特位置(H_1)	6	2	7	10	8	0	3	4	1	9	5

表 7.16d　用于 8K 模式的比特置换

R_i'比特位置	11	10	9	8	7	6	5	4	3	2	1	0
R_i 比特位置(H_0)	5	11	3	0	10	8	6	9	2	4	1	7
R_i 比特位置(H_1)	8	10	7	6	0	5	2	1	3	9	4	11

表 7.16e 用于 16K 模式的比特置换

R_i'比特位置	12	11	10	9	8	7	6	5	4	3	2	1	0
R_i 比特位置(H_0)	8	4	3	2	0	11	1	5	12	10	6	7	9
R_i 比特位置(H_1)	7	9	5	3	11	1	4	0	2	12	10	8	6

表 7.16f 用于 32K 模式的比特置换

R_i'比特位置	13	12	11	10	9	8	7	6	5	4	3	2	1	0
R_i 比特位置	6	5	0	10	8	1	11	12	2	9	4	3	13	7

然后从 $i=0$ 开始以递增 i 的方式计算比特字 R_i 对应的十进制值，若它小于 N_{data}，则被作为一个新的置换函数值（p 从 0 开始递增）；否则，它被丢弃，并计算下一个 R_i。

频率交织后，一个数据单元在单元序列中的位置决定了它对 OFDM 符号中的哪个有效载波调制。

7.5 OFDM 符号形成

OFDM 产生模块的功能是提取帧建立器所产生的数据单元作为频域系数，插入被称为导频的相关参考信息（它使得接收机可以补偿传输信道所产生的失真），并且从这里产生出用于传输的时域基带信号。然后它插入保护间隔，如果需要还会进行 PAPR 压缩，产生完整的 T2 信号。此外，它还要产生 P1 符号。

一个被称为 MISO(Multiple Input Single Output，多输入单输出)处理的可选初始步骤对频率域系数进行变形的 Alamouti 编码，此处理形成输出到相同频率的两组发射机的 T2 信号，这两个信号互不干扰。

7.5.1 MISO 处理

在采用 MISO 方式的 DVB－T2 系统中频率交织器输出的数据单元进行变形的 Alamouti 编码，对调制 P1 符号和导频的单元不进行此编码。编码是对来自频率交织器的 OFDM 净荷单元对（a_p，a_{p+1}）按照式(7.17)产生用于 MISO 发射机组 1 的已编码 OFDM 净荷单元 $e_p(Tx1)$ 和用于 MISO 发射机组 2 的已编码 OFDM 净荷单元 $e_p(Tx2)$：

$$e_p(Tx1)=a_p, e_{p+1}(Tx1)=a_{p+1}, \quad p\in\{0,2,4,\cdots,N_{\text{data}}-2\}$$
$$e_p(Tx2)=-a_{p+1}^*, e_{p+1}(Tx2)=a_p^*, p\in\{0,2,4,\cdots,N_{\text{data}}-2\} \tag{7.17}$$

其中 * 表示复共轭运算，N_{data} 是用于当前 OFDM 符号的单元数量。

7.5.2 导频插入

OFDM 帧内某些载波用参考信息调制，称为导频。发射机已知它们所传送的值，故可用于帧同步、频率同步、时间同步、信道估计、传输模式识别，也能用来跟踪相位噪声。

T2 帧中除 P1、P2 及帧关闭符号之外的每个 OFDM 符号，都包含离散导频、连续导频。离散导频均匀分布在 OFDM 载波上，但相邻符号错开，经规定数目的符号后导频位置还原。DVB－T2 系统设计了 PP1 至 PP8 等 8 种不同的离散导频位置分布，供不同的 FFT 大小和保护间隔的情况选用。连续导频在各个符号中的位置相同，其数量和位置取决于 FFT 大小和所用的离散导频位置分布。除了 P1 和 P2 符号外，边缘载波，即序号 $k=k_{min}$和 $k=k_{max}$的载波是每个符号中的边缘导频。它们是为了使频率内插达到频谱边缘而插入的。上述导频采用功率提升的 BPSK 调制，调制数据由一个参考序列给出，图 7.30 所示为其产生器结构。图中按载波时钟产生的伪随机比特序列对各个 OFDM 符号是相同的，PN 序列在每个符号时钟作用下产生一个比特，这个比特对整个符号有效。对符号中每个载波都生成参考序列中对应的一个输出比特，但只有在载波为导频时，它才作为该载波的调制数据。

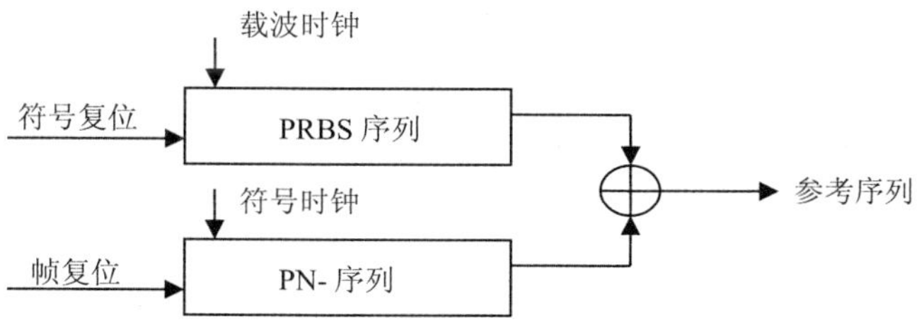

图 7.30 由 PN 和 PRBS 序列形成参考序列

P2 符号有相对较多的导频，在 32K SISO 模式下，序号为 6 的倍数的载波是 P2 导频。在其他模式(包括 32K MISO)下，序号为 3 的倍数的载波是 P2 导频。P2 导频也采用功率提升的 BPSK 调制，调制数据由上述参考序列给出。

帧关闭符号有其自己的导频数量和位置分布，也采用功率提升的 BPSK 调制，调制数据由上述参考序列给出。

为适应 MISO 系统，其发射机组 2 的发射机发射信号中离散导频、连续导频、边缘导频和帧关闭导频调制不同于发射机组 1，在某些位置上的导频组 2 的信号与发射机组 1 反相。P2 符号还增加了导频。

7.5.3 OFDM 参数

数据单元映射和导频插入后，将 T2 帧中除 P1 外的符号的频域系数进行 IFFT，得到时域信号的基础部分。如果应用 PAPR 压缩，在压缩后插入保护间隔，得到完整的 OFDM 时域信号。DVB－T2 系统的 OFDM 参数和保护间隔分别见表 7.17 和表 7.18。

DVB－T2 系统 OFDM 符号的 FFT 大小有 1K，2K，4K，8K，16K 和 32K 等 6 个选

项，在 8K，16K 或 32K 下又有正常载波模式和扩展载波模式两个选项，扩展载波模式比正常载波模式有更多载波。表 7.17 和 7.18 中与时间相关的参数值以基本周期 T 的倍数给出，对于 8MHz 信道，$T=7/64\mu s$。NA 表示相应模式不被应用。

表 7.17 OFDM 参数

参数		1K 模式	2K 模式	4K 模式	8K 模式	16K 模式	32K 模式
载波数 K_{total}	正常载波模式	853	1705	3409	6817	13633	27265
	扩展载波模式	NA	NA	NA	6913	13921	27841
载波序号 K_{min}的值	正常载波模式	0	0	0	0	0	0
	扩展载波模式	NA	NA	NA	0	0	0
载波序号 K_{max}的值	正常载波模式	852	1704	3408	6816	13632	27264
	扩展载波模式	NA	NA	NA	6912	13920	27840
扩展载波模式下加到每一边的载波数 K_{ext}		0	0	0	48	144	288
宽度 T_U		1024T	2048T	4096T	8192T	16384T	32768T
宽度 T_U(μs)(8 MHz 信道)		112	224	448	896	1792	3584
载波间隔 $1/T_U$(Hz)(近似值)		8929	4464	2232	1116	558	279
载波 K_{min}与 K_{max}的间隔($K_{total}-1$)/T_U(MHz)(8 MHz 信道)	正常载波模式	7.61	7.61	7.61	7.61	7.61	7.61
	扩展载波模式	NA	NA	NA	7.71	7.71	7.71

表 7.18 按基本周期 T 的倍数表示的保护间隔宽度

FFT 大小	保护间隔宽度						
	1/128	1/32	1/16	19/256	1/8	19/128	1/4
32K	256T	1024T	2048T	2432T	4096T	4864T	NA
16K	128T	512T	1024T	1216T	2048T	2432T	4096T
8K	64T	256T	512T	608T	1024T	1216T	2048T
4K	NA	128T	256T	NA	512T	NA	1024T
2K	NA	64T	128T	NA	256T	NA	512T
1K	NA	NA	64T	NA	128T	NA	256T

7.5.4 PAPR 压缩

DVB－T2 系统允许使用两种降低 PAPR 的技术，是否使用这些技术由 L1 信令指示。

1. 主动星座扩展技术

主动星座扩展算法(ACE)通过比较经时域限幅的信号和未处理信号的频域系数，找出并改变可扩展的频域系数，从而压缩 PAPR(如图 7.31 所示)。

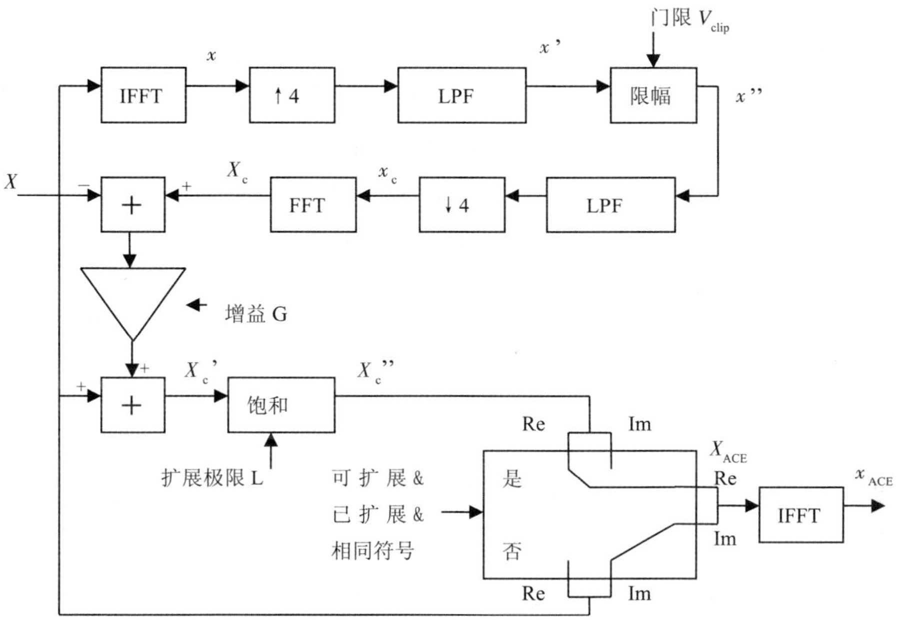

图 7.31 星座扩展算法的实现

IFFT 输出的时域样值经 4 倍率过采样和低通滤波后的时域矢量 $x'=[x'_0, x'_1, \cdots, x'_{4N_{FFT}-1}]$中各复数样值进行下述限幅运算，得到限幅后的矢量 $x''=[x''_0, x''_1, \cdots, x''_{4N_{FFT}-1}]$。

$$\begin{aligned} x''_k &= x'_k, & \text{如果} |x'_k| \leqslant V_{clip} \\ x''_k &= V_{clip} \times x'_k / |x'_k|, & \text{如果} |x'_k| \geqslant V_{clip} \end{aligned} \tag{7.18}$$

其中限幅门限 V_{clip}是 ACE 算法的一个参数。

对 x''进行低通滤波和因子为 4 的抽取，得到时域矢量，它经 FFT 变换为限幅信号的频域系数 X_c。然后从它和未处理的频域系数 X 得到一个新信号的频域系数 $X'_c=X+G\times(X_c-X)$。其中扩展增益 G 是 ACE 算法的一个参数，它控制 X_c 和 X 在新信号 X'_c 中所占的比例。

对 X'_c 进行下述饱和运算得到 X''_c，此运算对实部和虚部分量分别运算，以保证各分量的幅度不大于给定的扩展极限 L，它也是 ACE 算法的一个参数。

$$\begin{aligned} \mathrm{Re}\{X''_{c,k}\} &= \mathrm{Re}\{X'_{c,k}\}, & \text{如果} |\mathrm{Re}\{X'_{c,k}\}| \leqslant L \\ \mathrm{Re}\{X''_{c,k}\} &= L, & \text{如果 } \mathrm{Re}\{X'_{c,k}\} \geqslant L \\ \mathrm{Re}\{X''_{c,k}\} &= -L, & \text{如果 } \mathrm{Re}\{X'_{c,k}\} \leqslant -L \\ \mathrm{Im}\{X''_{c,k}\} &= \mathrm{Im}\{X'_{c,k}\}, & \text{如果} |\mathrm{Im}\{X'_{c,k}\}| \leqslant L \\ \mathrm{Im}\{X''_{c,k}\} &= L, & \text{如果 } \mathrm{Im}\{X'_{c,k}\} \geqslant L \\ \mathrm{Im}\{X''_{c,k}\} &= -L, & \text{如果 } \mathrm{Im}\{X'_{c,k}\} \leqslant -L \end{aligned} \tag{7.19}$$

然后按照式(7.20)从 X, X''_c 选择实部和虚部分量构成 X_{ACE},它经过 IFFT 得到 x_{ACE}。

如果 $\mathrm{Re}\{X_k\}$ 是可扩展的,且 $|\mathrm{Re}\{X''_{c,k}\}| \geqslant |\mathrm{Re}\{X_k\}|$,且 $\mathrm{Re}\{X''_{c,k}\} \times \mathrm{Re}\{X_k\} > 0$

$$\mathrm{Re}\{X_{\mathrm{ACE},k}\} = \mathrm{Re}\{X''_{c,k}\}$$

否则

$$\mathrm{Re}\{X_{\mathrm{ACE},k}\} = \mathrm{Re}\{X_k\}$$

如果 $\mathrm{Im}\{X_k\}$ 是可扩展的,且 $|\mathrm{Im}\{X''_{c,k}\}| \geqslant |\mathrm{Im}\{X_k\}|$,且 $\mathrm{Im}\{X''_{c,k}\} \times \mathrm{Im}\{X_k\} > 0$

$$\mathrm{Im}\{X_{\mathrm{ACE},k}\} = \mathrm{Im}\{X''_{c,k}\}$$

否则

$$\mathrm{Im}\{X_{\mathrm{ACE},k}\} = \mathrm{Im}\{X_k\} \tag{7.20}$$

如果一个频域系数分量(实部或虚部)的绝对值等于相应调制星座的最大分量值,则此分量定义为可扩展的,即对应位于星座四周的星点的频域系数的实部或虚部分量是可扩展的,因为此分量的扩展不会导致该系数解调错误概率的提高。

2. 应用预留载波的 PAPR 压缩

DVB—T2 系统在 OFDM 符号中预留了一些载波,它们被用于 PAPR 压缩的任意复数值调制。每个预留载波的功率应不大于数据载波平均功率的 10 倍。

该方法根据 OFDM 时域信号出现峰值的位置确定预留载波的调制,使它们构成的信号在此位置上有反向峰,从而降低总信号的峰值功率。通过迭代法,时域信号峰被一组由预留载波构成的类似脉冲抵消。一个时域的参考脉冲信号定义为:

$$P = (N_{\mathrm{FFT}}^{1/2}/N_{\mathrm{TR}})\mathrm{IFFT}(1_{\mathrm{TR}}) \tag{7.21}$$

其中 N_{FFT}和 N_{TR}分别为 FFT 大小和预留载波数。矢量 1_{TR}有 N_{TR}个 1 在对应于预留载波序号的位置上,在其他位置上共有($N_{\mathrm{FFT}} - N_{\mathrm{TR}}$)个 0。这对应于所有预留载波的调制数据为 1,其他载波幅度为 0。频域矢量 1_{TR}变换为时域矢量 $\mathrm{IFFT}(1_{\mathrm{TR}})$,其序号为 0 的样值有最大值。

用 c 表示压缩峰值的时域矢量,x 表示 OFDM 信号矢量,则 PAPR 压缩算法步骤如下:

首先进行初始化:用于压缩峰值的信号被设置为:$c^{(0)} = [0,0,\cdots,0]^T$,其中 $c^{(i)}$ 代表在第 i 次迭代中的峰值压缩信号矢量。然后,进行以下迭代过程:

第一步:i 从 1 开始。

第二步:找出第 i 次迭代中$[x + c^{(i-1)}]$的最大振幅 y_i 和其相应的样值序号 m_i。如果 y_i 小于或等于规定的限幅电平 V_{clip},则 i 减 1,并跳到第五步。

第三步:修改峰值压缩信号矢量 $c^{(i)}$:

$$c^{(i)} = c^{(i-1)} - \alpha_i P(m_i) \tag{7.22}$$

$$\alpha_i=[x_{m_i}+c_{m_i}^{(i-1)}](y_i-V_{\text{clip}})/y_i \tag{7.23}$$

其中 x_{m_i} 和 $c_{m_i}^{(i-1)}$ 分别表示 x 和 $c^{(i-1)}$ 信号中序号为 m_i 的样值，$P(m_i)$ 表示时域脉冲信号 P 中样值循环移位 m_i 个得到的矢量，其第 k 个单元 $P_k(m_i)=P_{(k-m_i)\text{mod}N_{\text{FFT}}}$。

第四步：如果 i 小于设定的最大迭代次数，i 加 1，并返回第二步。否则，进行下一步。

第五步：终止迭代。通过加峰值压缩信号到数据信号上，得到发送的信号 $x'=x+c^{(i)}$。

7.5.5　P1 符号插入

形成 OFDM 符号后，还要在 T2 帧开始处插入 P1 符号。前导符号 P1 有四个作用。第一，在接收机初始的信号扫描中用于快速识别 T2 信号，为此只要检测到 P1 就足够了。符号的结构使得任何频率偏置都可直接被发现，从而节省了扫描时间。P1 的第二个作用是认定前导本身是一个 T2 前导，从而将 T2 帧与可能也存在于超帧中的 FEF 部分区分开。第三个作用是传递基本的发射参数，它们是解码前导符号以外部分所需要的。第四个作用是使得接收机能检测和校正频率、进行时间同步。这些任务的完成是基于它的特殊设计。

1. P1 符号结构及其产生

P1 是一个具有两个 1/2“类似保护间隔”的 1K OFDM 符号。在 8MHz 系统中，P1 符号持续 224μs，由符号有用部分 A 的宽度 112μs（1024 个样值）加上两个变形的保护间隔 C 和 B 的大约 59μs（542 个样值）和 53μs（482 个样值）组成（如图 7.32 所示）。

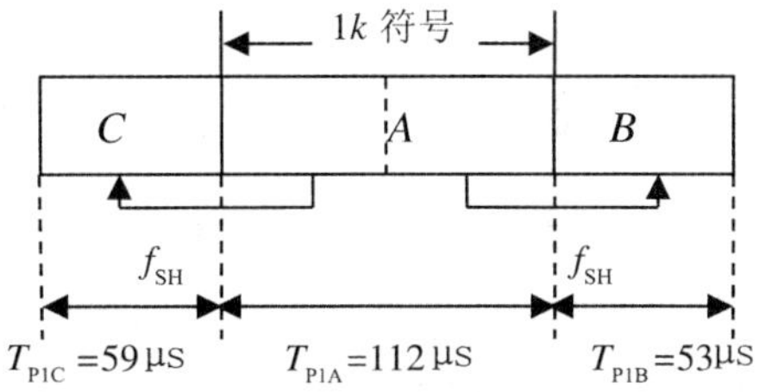

图 7.32　P1 符号结构

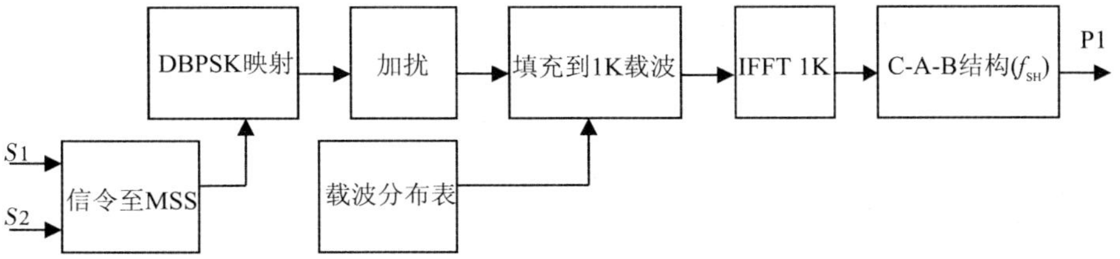

图 7.33　P1 符号产生器方框图

2. P1 符号载波分布

1K 的 853 个有用载波中只用 384 个，其余载波的幅度为 0。应用的载波占有约 6.83MHz的频带，它在 7.61MHz 名义信号频带的中央。这样的设计使得即使信号存在 500kHz 的最大偏置，在接收机调谐到正常的中心频率时，P1 中应用载波的大多数仍在

7.61MHz 名义频带内,并且符号能被恢复。第一个应用载波序号为 44,最后一个应用载波序号为 809(如图 7.34 所示)。

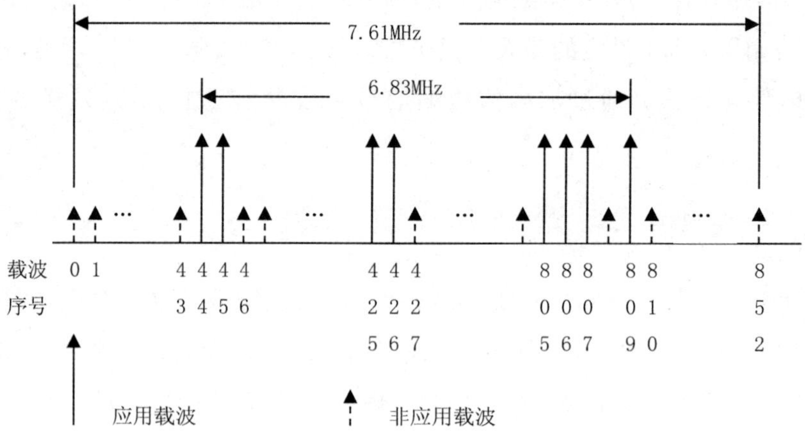

图 7.34　P1 符号的应用载波

3. OFDM 符号的形成

P1 符号运载信令 $S1$(3 比特)和 $S2$(4 比特),它们分别被编码成长度为 64 比特的正交序列 CSS_{S1} 和 256 比特的正交序列 CSS_{S2},然后通过级联两个 CSS_{S1} 和一个 CSS_{S2} 得到调制序列$\{MSS_SEQ_0,\cdots,MSS_SEQ_{383}\}=\{CSS_{S1},CSS_{S2},CSS_{S1}\}$,它有 384 比特。接着对调制序列中的比特进行 DBPSK 映射:0 号比特为 0,映射为+1;0 号比特为 1,映射为−1。对于序号为 $i(\neq 0)$的比特:比特为 0,映射值与序号为 $i-1$ 的比特映射值相同;比特为 1,映射值与序号为 $i-1$ 的比特映射值相反。映射值序列被一个长 384 比特的伪随机序列加扰后映射到相应的应用载波上形成 OFDM 符号。考虑到 1K OFDM 符号有 853 个应用载波,而在 P1 中仅有 384 个应用载波,P1 符号载波功率提升(853/384)倍,即 3.47dB。

4. 保护间隔中频率移位的拷贝

为增强 P1 的鲁棒性,规定两个保护间隔在符号有用部分 A 的两侧。不同于通常 OFDM 符号所用的循环接续方式,这里保护间隔是 OFDM 符号的频率移位拷贝。用 P1[C]表示符号的前一保护间隔,P1[A]表示符号的主要部分;P1[B]表示符号的后一个保护间隔。P1[C]是 P1[A]的前 542T 的频率移位拷贝,P1[B]是 P1[A]的后 482T 的频率移位拷贝(如图 7.32 所示)。

用于 P1[C]和 P1[B]的频率偏移值 f_{SH} 为 1/(1024T)。P1 符号的时域信号为:

$$
\begin{cases}
P1(t)=P1A(t)\exp(j2\pi f_{SH}t), & 0\leqslant t<542T \\
P1(t)=P1A(t-542T), & 542T\leqslant t<1566T \\
P1(t)=P1A(t-1024T)\exp(j2\pi f_{SH}t), & 1566T\leqslant t<2048T \\
P1(t)=0, & \text{其他 } t \text{ 值}
\end{cases}
\tag{7.24}
$$

参考文献

Digital Video Broadcasting, DVB Document A122: Frame Structure Channel Coding and Modulation for a Second Generation Digital Terrestrial Television Broadcasting System (DVB－T2), 2008.6.

第八章　单频网

单频网(SFN Single Frequency Network)是地面数字电视和多媒体广播系统中一种重要的组网技术,其突出的优势是网络中所有发射机可以采用相同的频率来传送同一套节目,从而可以最大限度地利用宝贵的无线频谱资源。此外,通过单频网还可以使单个发射机的功率降低,并使服务区域内信号的覆盖更加均匀。但电波多径干扰对单频网的系统设计提出了挑战。而基于 OFDM 的多载波技术的应用,则为这一问题提供了解决方案。继 DAB 之后,英国在 1998 年首次建成了基于 DVB－T 的单频网。目前,已有多个国家和地区建设了地面数字电视和移动多媒体广播单频网,单频网已经成为一项较为成熟的技术。

本章首先对单频网的概念进行阐述,然后解释单频网的设计原理,并重点介绍网络中的时域同步原理和实现方式。此外,还将介绍单频网的应用实例。

8.1　单频网概述

所谓单频网,是指由多个位于不同地点、处于同步状态的发射机所组成的无线传输网络。网络中的各个发射机以相同的频率、在相同的时刻发射相同的节目,实现对特定服务区域的可靠覆盖。

8.1.1　单频网简介

与蜂窝网和无线局域网等其他无线网络类似,地面数字电视和多媒体广播网络也需要根据要求对某个给定区域进行准确的覆盖。这些给定的区域可能是一个国家,也可能仅仅是某个小县城。在每个网络的服务区域内,都需要确保每个角落都有足够高的信号质量。一般来讲,用单个发射机无法完成对某个较大的给定区域的完全覆盖,而需要通过使用多个发射机,并进行适当的频率和功率规划来实现。

在传统的多频网(Multiple Frequency Network,MFN)中,所有的发射机使用不同的频率进行传输，各个发射机独立地工作，所以相互之间不会造成干扰。但缺点是，多频网对稀缺的频谱资源有着巨大的需求。

为了解决频谱资源的利用率问题，单频网采用了严格同步的发射机在同一频率上传输相同的数据。相对于多频网，单频网可以实现同一节目只使用一个频率来完成较大范围内的覆盖，从而提高频谱的利用率。所以与多频网相比较，单频网的优势主要表现在：更全面、均匀的覆盖，更小的干扰，更高的功率利用率和可靠性，以及对频谱资源更有效的利用。

8.1.2　单频网与多频网的比较

如果需要用多个发射机来覆盖某个范围较大的区域，在传统的模拟系统中，为了避免各发射机覆盖交叠区内相同频率信号之间的干扰，这些发射机一般要使用不同的频率，这种网络被称为多频网。在多频网中，发射机需要使用不同的频率发送节目以避免相互干扰，同一频率只能在间隔一定的地理距离以外的区域才允许重复使用。

在数字系统中，特别是在一些基于 OFDM 技术的多载波系统中，则可以很方便地实现单频网覆盖。在整个网络服务区域内，单频网仅使用一个相同的频率（或相同的频率块）传送同一组相同的节目。

单频网和多频网覆盖的比较如图 8.1 所示。如果使用具有 3 个发射机的多频网，每个发射机需要使用不同的频道 CH_1，CH_2 和 CH_3，共 3 个频道。假设每个频道的带宽为 8 MHz，则共需要 24 MHz 的频谱资源。而如果用有 3 个发射机的单频网来覆盖，可以使用相同的频道 CH_1，所需要的频谱资源仅为 8 MHz。因此，与多频网相比，获得更高的频谱效率是单频网的最大优势。

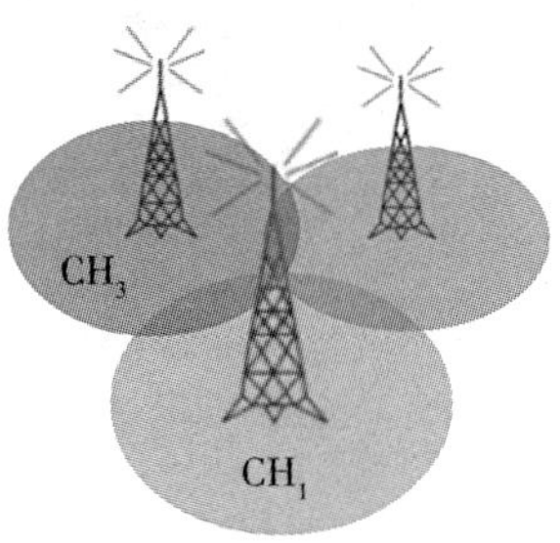

a 多频网

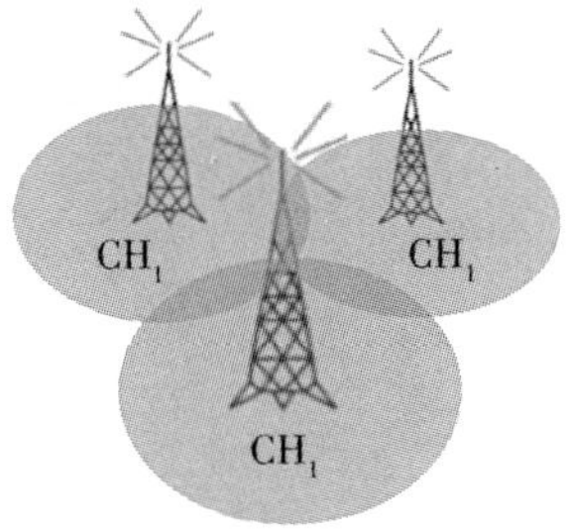

b 单频网

图 8.1　单频网与多频网的比较

随着宽带无线通信和广播业务的快速增长，运营商不得不面对频率短缺的现实，因此需要使用频谱效率更高的传输技术。由于高频谱效率和易于频率规划，单频网在很多基于 OFDM 的多载波系统中都已经被广泛应用，这些系统包括 DAB、CMMB、DVB－T、DVB－T2、DTMB 和 ISDB－T 等。然而，成功建设一个单频网需要解决很多技术问题，其中最重要的是多径干扰问题。

8.1.3 单频网中的多径干扰

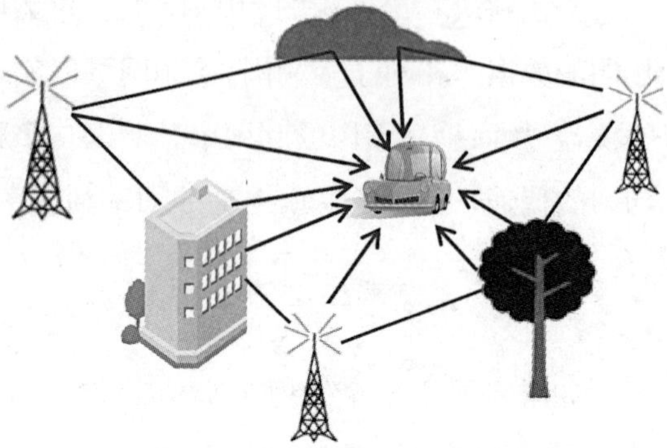

图 8.2 单频网中的多径传播

在单频网系统中，一般会存在两种多径信号(如图 8.2 所示)。一种多径信号来自于无线信道中建筑、森林和山体等散射体的作用所产生的多径传播，主要与无线传播环境有关，称为自然多径。另一种多径信号是接收机收到的来自其他发射机所发射的相同信号，它们主要与网络中发射机的数目、位置和发射功率设置等有关，称为人工多径，由这种多径产生的干扰一般称为单频网中的自干扰 (Self－Interference)。

欧洲的研究者曾对基于 DVB－H 系统的单频网和单点发射情况下的信道的多径延时剖面(PDP)通过现场测量进行了对比(如图 8.3 所示)。

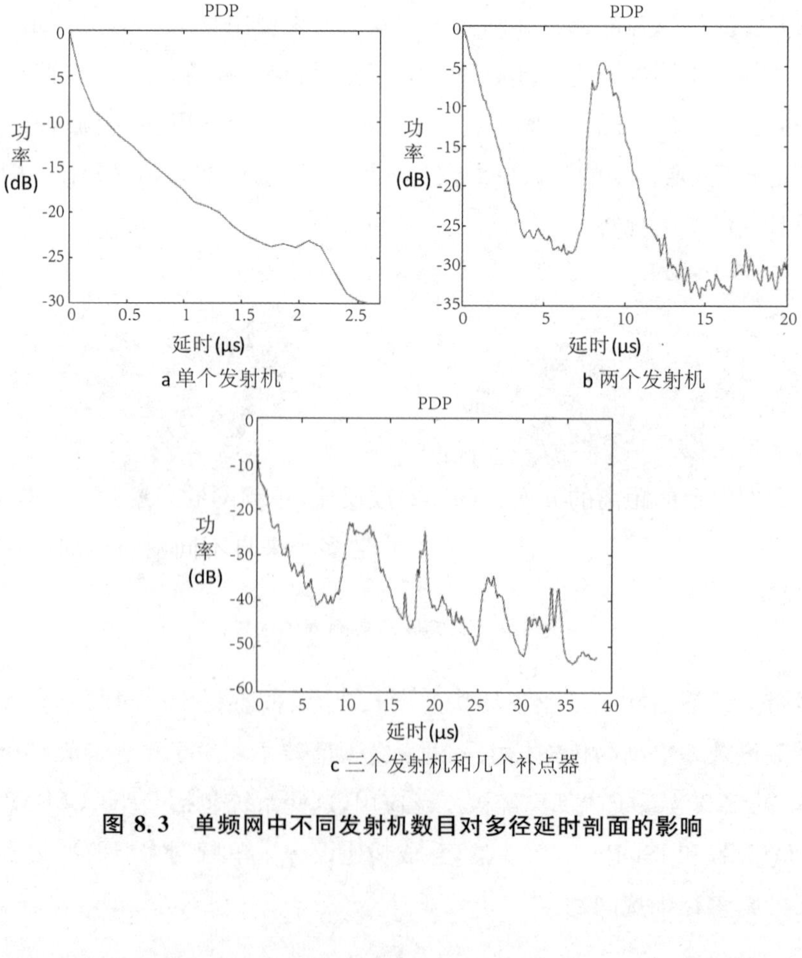

图 8.3 单频网中不同发射机数目对多径延时剖面的影响

从图 8.3 中可以看到，由于两种多径信号的存在，与单点发射系统相比，在单频网中多径信号的延时扩展一般会随着发射机和补点器数目的增加而变大。

因此，怎样处理这些多径信号间的干扰，成为单频网设计需要解决的首要问题。这也是传统模拟系统和单载波数字调制系统中所碰到的最大问题。例如美国的单载波 ATSC 标准，在弱多径环境下可以依靠自适应均衡器进行处理，但在有多个发射台同时发射的强多径情况下，要处理这些多径间的干扰就变得非常困难，从而导致 ATSC 标准的性能在这种环境下严重下降。因此在传统模拟电视和开发较早的 ATSC 等单载波数字电视标准，都采用了多频网的组网方式。

由于 OFDM 技术对多径干扰具有天生的抵抗能力，随着 OFDM 等多载波方式的出现，采用单频发射模式组建地面数字电视和多媒体广播系统成为可能。考虑到单频网的特点和其中存在一些需要解决的问题，DVB－T 和我国的国家标准 GB 20600－2006 都专门针对单频网系统制定了相应的标准。

8.1.4　单频网的特点

1. 优势

与多频网相比，单频网有很多优势，主要体现在以下几个方面：

(1) 频谱效率高

多载波调制技术的引入使得地面数字电视和多媒体广播系统能够有效地抵抗无线信道的多径干扰，从而可以实现单频组网。相对于多频网而言，单频网发射一组数字电视信号只需一个频道，因此极大地节省了频率资源。

(2) 功率效率高

单频网不仅可以提高频谱效率，还可以获得更高的功率效率。由于信道中的多径传播和阴影等效应，无线信号会产生严重的衰落。在传统的单点发射网络中，一般需要通过增大衰落余量来提高某个区域的覆盖率，从而使发射功率显著增加。由于接收信号功率与接收点和发射台的距离的 n 次方($n \geqslant 2$)成反比，单频网的总发射功率有可能低于单发射台的发射功率。在单频网中，接收机会收到多个来自不同发射机的信号分量，由于这些发射机间的距离远大于信号波长，因此这些信号的相关性较弱，从而可以获得较好的空间分集效果，使总的接收信号功率的空间变化更小，覆盖更均匀，而且可以降低各发射机的功率，从而减小电磁污染。这种增益也被称为单频网中的网络增益(Network Gain)。此外，单频网中接收场强的差异小，比较均匀。这些特点对于安装有低增益、全向接收天线的便携和移动式接收设备尤为重要，可以使这些系统的性能显著提高。

(3) 灵活性强

单频网可以通过改变发射机的位置或增加发射机的数目，从而逐步改善网络的覆盖,而不需要重新进行频率规划。比如可以先满足室外的固定接收,再进行移动、便携接收的覆盖。此外,对于一些覆盖盲区,单频网还可通过同频直放站补点发射的方法来解决,从而获得较高的覆盖率。此外,单频网还可降低发射机设备的成本,通过优化和调整单频网发射网络部署,包括发射台站数量、分布、发射天线高度、天线方向性和发射功率等,利用多个较小功率的发射机来代替一个大功率发射机,从而降低信号辐射、减少电磁波污染、增强覆盖均匀度,并可以根据需要随时改变覆盖图。

2. 劣势

(1) 需要严格同步

为了抑制多径干扰,单频网发射机之间需要严格的同步。目前解决这一问题的方法是在发射端通过单频网适配器在传输流中插入时间同步信息,但这必然增加网络建设成本。此外,由于时间同步信息一般是通过提取 GPS 时间得到的,而 GPS 时间受环境影响较大,从而影响单频网同步的可靠性,特别是在一些恶劣天气中 GPS 同步信号可能完全失效。

(2) 长保护间隔导致净比特率下降

在 OFDM 技术中,一般通过设置合适的保护间隔来对抗单频网中的多径干扰,然而保护间隔并不能传输有效的节目信号,从而使系统的有效比特率下降。

(3) 组网协调问题

单频网中一般采用蜂窝式组网,这种网络中需要根据接收场强的要求来协调各个发射机的发射功率和传输延迟。由于这种协调是一种整体的优化,使得系统自我恢复的能力较差。此外,由于各地的传播环境有很大差异,也使得这种组网的协调具有一定困难。

尽管单频网也存在一些局限,但由于有限的频谱资源日益宝贵,单频网在提高频谱效率方面的优势越来越被人们所重视。目前,国内外大部分地面数字电视和多媒体广播系统都采用了单频网的组网方式。

8.2 单频网的基本原理

与传统的多频网相比,单频网需要解决的首要问题是接收机中来自不同发射机的多径信号的干扰问题。在 OFDM 系统中,多径干扰问题是通过在相邻符号间插入一个保护间隔来解决的,这样可以有效地避免多径信号产生的 ISI。只要接收多径信号的延时小于这个保护间隔,这些多径信号就可以看作是有用信号,理论上就不会产生 ISI。因此,单频网设计的原则是使来自不同发射机的同频信号间的延时小于保护间隔。此外,在单频网中,还可以使用工作频率相同的补点器来对一些发射机之间的缝隙区域更好地进行覆盖。

在模拟网络或非同步的数字网络中,如果在多个发射点使用相同频率,则在它们覆盖重叠的区域会产生严重的干扰，因此这些区域的用户虽然接收信号的场强足够大，但仍然无法进行正常的信号接收。在单频网中，来自不同发射机的信号的发射延时经过精确的设计，只要到达接收机的延时小于保护间隔，就可以进行正常的信号接收。

然而，在单频网中，如果来自距离较远的发射机的多径信号的延时大于保护间隔，就会产生类似噪声的自干扰作用而不是所需的有用信号。一般来讲，这种干扰信号是一种时变的信号，其强度与具体的传播条件有关，其影响的大小与具体的接收机算法有关。一种解决方法是，保护间隔要大于网络中两个最大距离发射机信号的传播延时。然而为了使保护间隔带来的开销控制在 25％以内，OFDM 的符号要足够长，因此，在欧洲 DVB－T 标准中引入了 8K 模式。

除了 ISI 外，由于来自不同发射机的多径信号之间的相长相消作用，还会导致单频网中信号的衰落和自干扰。为了解决这些问题，在新一代地面数字电视和多媒体广播标准如 DVB－T2、DTMB－A 等系统都采用了大家所熟知的基于 Alamouti 空时编码的 MISO 技术，通过分集增益来减少多径衰落的影响。同时，在单频网设计时，需要综合考虑覆盖范围、容量、建设成本和鲁棒性等多种因素。当然，由于网络中存在的自干扰，单频网的覆盖区域也不能任意大。单频网覆盖的范围越大，网络中的自干扰就越难消除。一般来讲，主要有三种方式可以消除自干扰：①采用鲁棒性更强的传输模式，②增加保护间隔，③增加发射机数量。

前两种方式的代价都是降低网络的容量，而第三种方式则会增加网络建设成本。因此，在进行单频网设计时，需要综合考虑成本、容量和覆盖范围等因素，并根据具体的需求来进行综合优化。

一般来讲，覆盖范围越大、地形越复杂的单频网的设计越困难，成本越高。成功地建设一个单频网一般要满足两个必备条件：①节目中心需要把准备广播的视音频多媒体节目 TS 流可靠地传送到每一个发射站，所采用的传输方式可以根据具体的应用环境和条件，选择光纤、微波或者 ADSL 等方式。②为了减少单频网中多径干扰的影响，各站点需要统一的同步参考时钟来进行同步。

单频网建设的关键是如何在发射端保证多个发射机同时、同步地播出相同节目，以及在接收端如何保证接收机在多个发射站点覆盖的交叉区域内实现可靠接收。

8.2.1　单频网关键技术

1. OFDM 多载波调制技术

DVB－T、DTMB、ISDB－T 和 CMMB 等标准都采用了 OFDM 多载波调制技术。其中 DVB－T 和 CMMB 都采用了基于 CP 的 COFDM，DTMB 采用了时域同步的 TDS－COFDM。OFDM 的基本思想是将一个串行传输的信道分成许多并行的子信道，每个子信道对应一个子载波，同时将需要传输的高速信号分割成许多低速子数据流，每个子数据流分别对相应的子载波进行调制。这样处理后，每个子信道中传输信号的速率将会大大降低，信道中的每个符号周期会相应加长，使其远远大于信道中多径的延时扩展，从而减少多径信号所产生的ISI。

2. 同步技术

单频网应用中最关键的技术就是要实现各个发射机发射信号的同步，因此单频网也称为同步网。单频网中的同步包括频率同步、时间同步和比特同步。

3. 单频网网络规划

单频网的网络规划是指如何通过网络中发射机的数目、位置、辐射功率、天线高度、辐射方向图、极化方式、工作频率，以及其他与服务有关的参数的设置和优化，从而完成覆盖的任务要求。

实际设计时，可以根据具体的应用环境，首先利用信道传播损耗模型来对覆盖效果进行粗略估计，然后可以利用信道传播仿真软件来对实际的覆盖效果进行预测，并对发射机位置、天线高度、辐射方向图等参数进行优化，最后还需要结合实际路测的信号情况进行网络设计优化，以获得最佳的网络覆盖效果。此外，在单频网设计中，还需要重点考察多个发射机之间重叠覆盖区的性能。在基于OFDM技术的多载波系统中，小于保护间隔的多径延时信号虽然在理论上可以视为有用信号，但目前大部分国内外单频网现场实验的结果都表明，单频网覆盖重叠区仍然存在一些接收效果不理想的区域。另外，接收效果与各发射机的位置、功率、天线高度、辐射方向图，各发射点信号的相对延时，以及接收机性能等因素，都存在密切的关系。因此如何通过合理的网络规划来获得理想的单频网覆盖效果，也是单频网设计中的一项关键技术。

4. 节目分配技术

基于射频信号分散产生的地面数字电视单频网是目前普遍采用的组网方式。来自复用器的TS流需要首先送入单频网适配器，完成码率适配，并插入用于发射机实现时间同步的SIP(Second Frame Initialization Packet，秒帧初始化包)。插入SIP的TS流要经过节目分配网络传送到各个发射点，经过调制器同步处理后转换成射频信号进行发射。为了保证分配到各个发射点的TS流完全相同，单频网中的节目分配网络必须实现透明传输。在节目分配过程中，除了同样需要保证严格的时间同步以外，还需要保证信号质量。根据传输媒介的不同，节目分配网络主要包括光纤网络和数字微波等。如果节目分配网络达不到单频网的要求，将无法建立起单频网同步系统。在单频网的建设过程中，应该根据实际条件，选择适合本地区的节目分配网络。

8.2.2　单频网同步原理

单频网组网中，最首要的问题是网内发射机的同步问题。由于节目传输网络的差异性，传输的 TS 流从单频网适配器到各个调制器的时间可能并不相同，并且由于网络传输环境的时变性，同一网络在不同时刻的传输延时也会相差很多。完全意义上的单频网发射机同步，应当包含频率同步、时间同步和工作模式的同步。

发射机的同步(包括时域和频域)是通过在网络前端插入一些特殊的定时信息，每个发射机收到这些信息后进行自动调整发射参数来实现的。为了实现同步，系统增加了单频网适配器和 GPS 等关键设备。GPS 所提供的信号包括 1pps 信号和 10 MHz 的时钟参考信号。

1. 频率同步

概括来讲，单频网中的频率同步是指网络中各发射机应该以相同的频率进行发射。具体来讲，由于 OFDM 信号是由成百上千个并行子载波组成的，“单频”可以理解为各发射机对应的子载波频率是相同的。如果到达接收机的多个信号存在频率偏移，OFDM 系统会产生子载波间干扰，从而使系统性能严重下降。因此，OFDM 系统中能够允许的频率偏移取决于子载波的频率间隔，也就是相邻子载波之间的频率差。我们将子载波间隔表示为 Δf，将 f_n定义为第 n 个子载波的频率，那么理想的频率精度为$\pm(\Delta f\ /100)$。为了使发射系统中的中频和射频级联后的精度仍然满足这一精度要求，通常的做法是将单频网所有发射机中的上变频本振都同步到一个参考时钟，一般用 GPS 提供的 10 MHz 信号作为此参考时钟。GPS 参考时钟的稳定度可以达到 10^{-12}量级，失锁 24 小时内频率稳定度仍可达到 10^{-10}以上。

2. 时间同步

单频网中的时间同步是指同一码流在不同的发射机中，以相同的时刻(或者具有准确控制的延时)进行发射。从理论上讲，只要延时处于保护间隔内的多径信号，在 OFDM 系统中都是可以进行利用的。但前提是不管节目分配网络带给不同位置的发射机的额外传输延时是多少，不同位置的发射机必须以相同的时刻发射相同的信号。OFDM 对多径干扰的抵抗能力，取决于系统中合适的保护间隔插入和发射机布局的合理设计。这也要求发射机在时间上实现同步，即同一信号必须同时从所有发射机进行发射。由于时间同步的要求，相邻发射站之间的距离有一定限制。从理论上讲，只要采用合适的保护间隔，合理设计发射塔间的距离，OFDM 调制是可以抵抗多径干扰的。由于保护间隔中存在帧头序列，所需的时间同步精度可以不是很高，时间精确度通常采用$\pm 1\ \mu s$ 。

在单频网中，时间同步是由单频网适配器和 GPS 共同完成的，GPS 提供精确的

1pps。在实际应用当中，当多径信号的延时接近或大于保护间隔时，系统的性能会明显下降。因此，一个单频网的实际覆盖面积与时间同步子系统的性能密切相关，也可以通过有针对性地调整一些发射机的延时来调整系统的覆盖区域。

3. 比特同步

单频网中的比特同步是指各发射机在相同的时刻应该发送相同的 OFDM 信号帧，也就是说不同发射机在同一时刻发送的信号帧应该完全一致。比特同步要求所有信号帧在各个发射机中被完全一样地调制，即各个发射机中调制一个信号帧的数据逐比特对应相同。因此，同一比特需要调制在同一个子载波上。在单频网中，不同的调制器可能通过不同的传输分配网与前端相连，要求它们都是透明传输，从而使传送到发射机的比特流逐比特对应相同。

为保证比特同步，除了要保证输入到单频网中各激励器的码流逐比特对应相同外，还要求各个激励器对输入码流的分组相同，使得对一个信号帧调制的数据逐比特对应相同。此外，各激励器中的随机化过程还需要同步进行，以保证经随机化后的数据仍然逐比特对应相同。GB20600—2006 规定在调制每个信号帧的数据的第一个比特处进行扰码器复位，以保证各激励器中随机化过程的同步。

4. 同步区长度

单频网中对于单载波系统，站点之间的同步区长度由其时域自适应算法决定，与保护间隔没有必然联系。对于多载波系统，OFDM 符号的保护间隔则决定了单频网中相邻站点的最大间距。如果两个站点之间的实际距离大于允许的最大间距，来自这些站点的同频信号就会互相干扰，导致用户无法正常接收数字电视节目。因此，为了减少发射站点的数量，应选用尽可能大的保护间隔参数。为保证单频网中不同发射站点信号交叠覆盖区内不产生同频干扰，要求相邻发射站点的距离不大于同步区长度。对于多载波系统，其理论同步区长度＝保护间隔长度（s）× 空气中电磁波传输速度（3×10^8 m/s）。

8.3 单频网传输系统

8.3.1 单频网传输系统概述

图 8.4 所示为由一个主发射台和三个分布式发射台构成的单频网传输系统示意图。由节目播出中心送往主发射台的 TS 流，再经过光纤、微波或电缆链路传送到各个分布式发射台。每个发射台周围的阴影表示其覆盖范围。

8.3.2 单频网传输系统构成

多种基于 OFDM 技术的多载波系统标准都给出了包含单频网适配器的单频网组成

图 8.4　单频网传输系统示意图

结构示意图，我们以 GY/T 229.1－2008《地面数字电视广播单频网适配器技术要求和测量方法》所给出的单频网结构方框图为例进行说明（如图 8.5 所示）。

这是一种基于射频信号分散产生的地面数字电视单频网构建模式，这种模式已被国际上普遍采用。与单点发射系统相比，构成单频网还需要增加的设备包括单频网适配器、单频网 TS 流信号分配网络、接收同步系统和 GPS 接收机等。

为了使每个发射机都能实现时域和频域的同步，需要在传送到各个发射机的串行 TS 数据流中插入一些额外的时间参考信息，每个发射机的 OFDM 调制器利用这些时间参考信息来计算本地延时，从而获得时间同步。

GPS 系统可以为单频网各发射机的同步提供一个很好的时钟源，通过 GPS 接收机，很容易达到 100 ns 级的定时精度。比如一个 8K 的 OFDM 系统的保护间隔有几十毫秒，对单频网来讲已经够用。有了参考时钟源以后，还要给各个发射机提供一些额外的信息来实现同步。这项工作一般由单频网适配器来完成，单频网适配器向 TS 流中插入各个发射机所需要的所有同步信息。此外还可以插入一些可选信息，包括延时传输量、增加频偏等，不同的标准中（DVB－T/H、DTMB、DVB－SH…）这些可选信息的种类可能会略有不同。

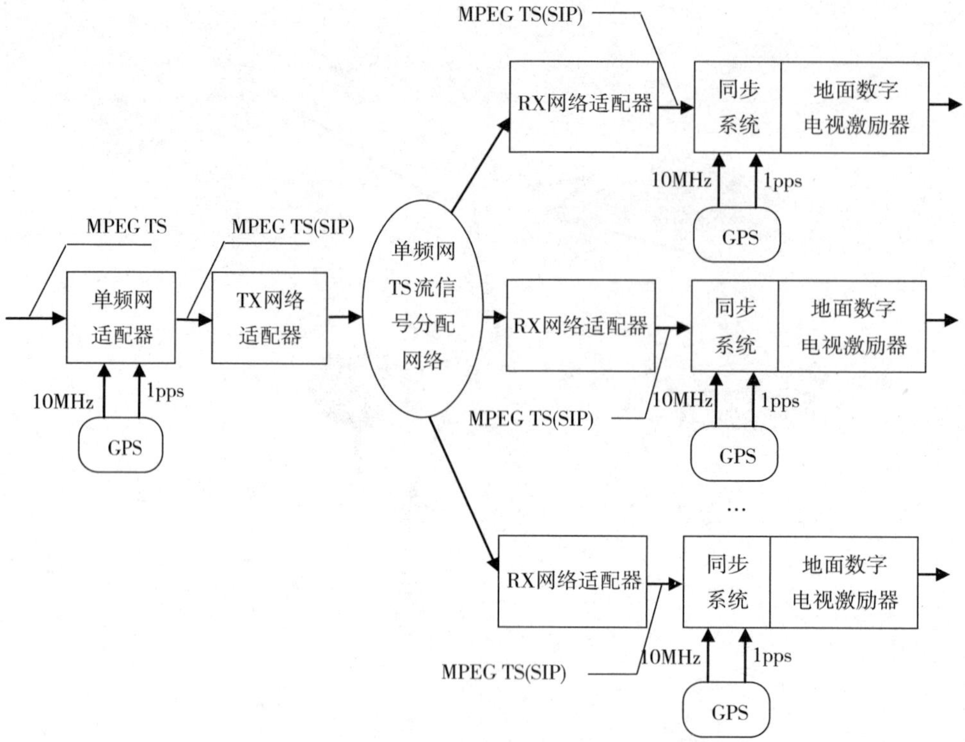

图 8.5　地面数字电视广播单频网结构方框图

节目源 TS 码流通过单频网适配器插入 SIP 和码率适配等功能，形成单频网 TS 码流，经过节目分配网络（一般采用光传输网络或微波传输网络作为载体）传输至各个发射站点，经激励器同步处理、上变频和功率放大，最后将射频信号发送出去。下面，分别介绍这些模块的主要工作原理。

1.单频网适配器

单频网适配器的位置在网络前端，是地面数字电视实现单频网组网的关键设备之一（如图 8.5 所示）。其主要功能是向复用器输出的 TS 流中插入 SIP，形成秒帧。在 DVB－T 中也有类似的定义，称为 MIP（Mega－Frame Initialization Packet，兆帧初始化包）。SIP 和 MIP 的作用是相似的，我们以 SIP 为例进行介绍。

SIP 包是一个 MPEG－2 传输流包，其中包含用于各个发射机的同步和传输信息，主要包括：

①传输参数：TPS 主要指调制参数设置（保护间隔、带宽、FFT 模式等）数据。

②同步信息：STS（Synchronization Time Stamp，同步时间标签）和时间预算，比如最大网络延时等。

从单频网适配器输出的 TS 流经 TX 网络适配器及分布式信号分配网络传送到各个发射站，其中发送和接收 RX 网络适配器的作用是实现 MPEG－2 TS 流的透明传输。由于各个发射站与电视节目制作中心的距离通常是不一样的，所以该码流到达各个发射站的时间可能是不同步的。在各发射站，同步系统提取 SIP 中的相关信息并计算出各发射站同步发射所需的附加延迟。将码流延迟上述的附加延迟时间之后，传送给各个调制器。其中 GPS 接收机用来提供一个全局可用的 10 MHz 的频率参考和 1pps 时间参考。单频网适配器借助 10 MHz 时钟调整 TS 码流速率，借助 1pps 这一时间基准，周期性地向 TS 码流中插入 SIP。因此，在一般情况下，单频网适配器除了有传输码流的输入、输出接口外，还有 10 MHz 时钟和 1pps 信号输入接口。

2. 秒帧的定义

地面数字电视单频网适配器的基本数据帧为秒帧，1 个秒帧的时间长度为 1s，包含 GB 20600—2006 中 4.5 节规定的 8 个超帧所含的全部信息比特。在不同的调制方式、帧头模式、编码效率下，1 个秒帧中包含的 TS 包数量见表 8.1。

表 8.1　各种工作模式的秒帧所包含的 TS 包数量

调制方式	帧头	编码效率	净码率(bps)	TS 包率(包/秒)
4QAM—NR	420	0.8	5414400	3600
	595	0.8	5197824	3456
	945	0.8	4812800	3200
4QAM	420	0.4	5414400	3600
		0.6	8121600	5400
		0.8	10828800	7200
	595	0.4	5197824	3456
		0.6	7796736	5184
		0.8	10395648	6912
	945	0.4	4812800	3200
		0.6	7219200	4800
		0.8	9625600	6400
16QAM	420	0.4	10828800	7200
		0.6	16243200	10800
		0.8	21657600	14400
	595	0.4	10395648	6912
		0.6	15593472	10368
		0.8	20791296	13824
	945	0.4	9625600	6400
		0.6	14438400	9600
		0.8	19251200	12800

续表

调制方式	帧头	编码效率	净码率(bps)	TS包率(包/秒)
32QAM	420	0.8	27072000	18000
	595	0.8	25989120	17280
	945	0.8	24064000	16000
64QAM	420	0.4	16243200	10800
		0.6	24364800	16200
		0.8	32486400	21600
	595	0.4	15593472	10368
		0.6	23390208	15552
		0.8	31186944	20736
	945	0.4	14438400	9600
		0.6	21657600	14400
		0.8	28876800	19200

3. SIP 插入及处理

地面数字电视单频网适配器每 1s 向输入的 TS 码流中插入 1 个 SIP，插入时刻与 GPS 的 1pps 对齐。1pps 可以确保地面数字电视单频网适配器和数字电视发射机的激励器之间具有统一的时间基准。

根据需求不同，SIP 的插入方式可以选择 1pps 持续期的上升沿或者下降沿时刻，其工作流程如图 8.6 所示。

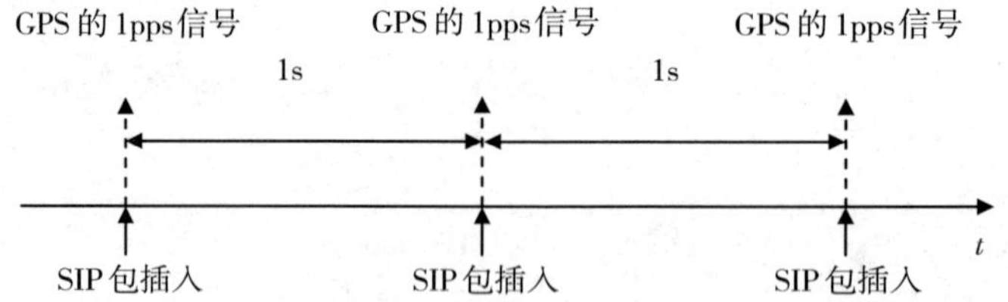

图 8.6 SIP 插入示意图

地面数字电视单频网中的各发射机通过网络适配器接收到 TS 流中的 SIP，获得最大延迟时间 T_{delay_max}，根据接收到 SIP 的时间和 1pps 得出分配网传输延迟时间 $T_{delay\_transmitted}$，然后由式(8.1)求出激励器附加延迟时间 T_{delay_add}。

$$T_{delay\_add} = T_{delay\_max} - T_{delay\_transmitted} \tag{8.1}$$

其中，T_{delay_max}是最大延迟时间，指各发射机中 TS 流相对于 1pps 的统一发送时延。$T_{delay_transmitted}$是分配网传输延迟时间，指 TS 节目流由单频网适配器发出后经过分配网络传输的时间。T_{delay_add}是激励器附加延迟时间，是指为了满足各发射机在同一时刻发射相同比特，各激励器所需要单独调整的延迟时间。GB 20600—2006 规定地面数字电视单频网的延迟时间最大可设置为 0.9999999 s。

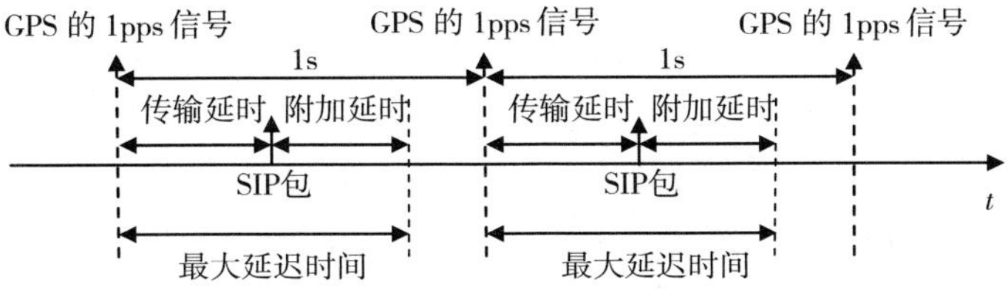

图 8.7　SIP 处理示意图

地面数字电视单频网 TS 码流中插入的 SIP 包与 MPEG2－TS 包格式相同，由 4 字节的包头和 184 字节的数据字段组成。

1	2	3	4	5–6	7–9	10–11	12–14	15–17	18–19	20–188
0x47	0x40	0x15	0x10	SI_SIP	最大延迟时间	广播寻址	独立调整延时	频偏设置	功率控制	填充字节

图 8.8　SIP 结构示意图

SIP 中各字段定义如下：

①SIP 头：由 32 比特组成，符合 GB/T 17975.1－2000 的有关规定，其中 PID 号为 0x0015。

②SI_SIP：由 16 比特 P_0－P_{15}组成，各比特定义见表 8.2。

③最大延迟时间：由 24 比特组成，设置范围 0x000000～0x98967F，单位为 100 ns，最大延迟时间范围为 0～0.9999999s。最大延迟时间设置值应大于节目分配网传输延迟时间。

④广播寻址：用于寻址单频网中某一个发射机，由 16 比特组成，可寻址范围0x0000～0xFFFF，其中 0x0000 表示寻址网络内的所有发射机。

表 8.2　SI_SIP 定义比

比　特	用　途	定　义
[P_0:P_1]	帧头模式	00:PN420 01:PN595 10:PN945 11:保留
[P_2]	载波数	0:C=1 1:C=3780
[P_3:P_5]	映射方式	000:4QAM－NR 001:4QAM 010:16QAM 011:32QAM 100:64QAM 101～111:保留

续表

比 特	用 途	定 义
[P_6:P_7]	编码效率	00:0.4 01:0.6 10:0.8 11:保留
[P_8]	交织模式	0:240 1:720
[P_9]	双导频	0:不加 1:加
[P_{10}]	PN 相位	0:不旋转 1:旋转
[P_{11}:P_{15}]	无	保留

⑤独立调整时延:由 24 比特组成。在最大延迟时间的基础上,通过广播寻址为特定发射机添加独立调整时延,保证单频网中各发射机发射信号满足一定的延时关系。

⑥频偏设置:由 24 比特组成,通过广播寻址为特定发射机添加频偏值。准确的频偏值是相对于使用的 RF 信道的中心频率而言,单位是 1Hz,设置范围是[-8388608, 8388607]×1Hz;

⑦功率控制:由 16 比特组成,通过广播寻址控制特定发射机的发射功率。最高位比特为功率开关,比特"1"表示开,比特"0"表示关;低 15 位比特数据为功率控制字,单位是 0.1dBm,范围是[0,32767]×0.1 dBm。

⑧填充字节:共 169 字节,每个字节均为 $0xFF$。

8.4 单频网同步原理实现举例

下面,我们以具有三个发射机的单频网为例,对其同步原理进行说明。图 8.9 所示为单频网中时域同步的过程。对于每个从单频网适配器输出的秒帧,单频网适配器收到来自于 GPS 的 1pps 时间参考信号和 10 MHz 的时钟参考以后,计算 STS。STS 是一个由单频网适配器根据最后一个收到的 1pps 信号计算的参考时间,然后形成 SIP。单频网适配器把 SIP 插入到 MPEG-2 TS 流中,并重新计算每个节目的 PCR (Program Clock Reference,节目时钟基准)信息。

图 8.10 以由三个发射机 Tx_1、Tx_2 和 Tx_3 构成的单频网为例,描述了同步时间参数及计算过程示意图。

每个发射机的调制器在接收到传输的 TS 流时,首先识别其中的 SIP,并提取其中的最大延时数据,根据接收到 SIP 的时间和 1pps 得出分配网传输延迟时间,再由公式(8.1)计算得到附加延时,使同一秒帧在不同发射机中实现同步发射。

从图 8.10 中,我们也可以看到,由于每个发射机到达单频网适配器的传输距离不

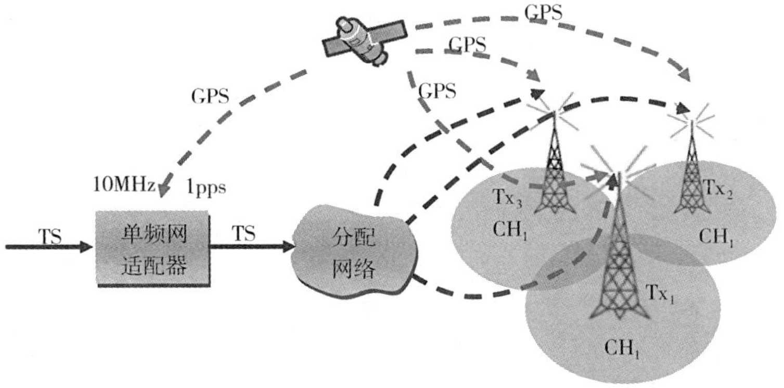

图 8.9　单频网同步原理示意图

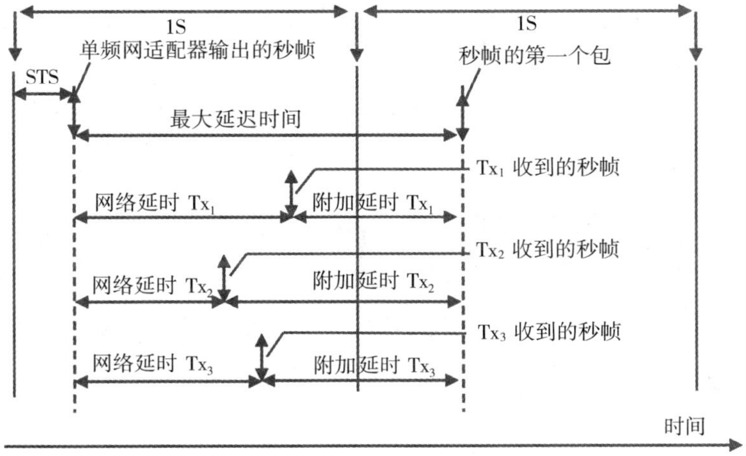

图 8.10　单频网同步时间参数描述示意图

同,它们会产生不同的网络延时,但它们不会大于系统中允许的最大延迟时间(网络延时),否则单频网将无法正常工作。经过不同的附加延时后,来自各个发射机的信号实现同步发射。表 8.3 所示为计算上述时间参数的例子。

表 8.3　发射机同步时间参数列表

	STS(ms)	最大延时(ms)	秒帧发射时间(ms)	到达时间(ms)	附加延时(ms)
Tx_1				800	600
Tx_2	400	1000	400+1000	600	800
Tx_3				700	700

8.5　单频网设计的基本原理

单频网建设是一项复杂的、具有一定难度的系统工程。在设计某个地区的地面数字电视或多媒体广播单频网之前,首先要对其覆盖需求进行分析,并要充分考虑和利用现有网络资源,对现有的网络覆盖情况、基站、天线等资源进行调查,避免重复投资。此外,还要对当地的地形、地貌以及经济发展状况等进行考察，合理规划每个发射台站的位置、发射天线方向图、发射机输出功率，以平衡各个发射台站的覆盖区域。更重要的是，还要经过大量的现场信号测量和调试，来对设计方案进行调整和优化，并保证网络的开放性、可靠性以及可扩展性。

8.5.1 需求分析与效果预测

1. 单频网的覆盖需求分析

单频网的覆盖需求分析中，首先要明确单频网系统建设的目标和要求。主要是了解单频网系统传输节目的数量、信号服务对象、覆盖范围、覆盖质量、建设经费以及建设周期等方面的因素。

首先要考察给定的覆盖区域范围和覆盖区域的地理环境类型，主要包括城市建筑物密集地区，建筑物分布较为稀疏的边缘城镇，或以平原、丘陵、湖泊和农田等为主的农村地区等。在确定地理环境类型后，就可以确定其信道传播损耗模型。然后要结合覆盖的地点概率和时间概率，并要考虑接收机的类型，主要有室外固定接收、室内便携接收或高速公路上的移动接收等类型。然后形成初步的单频网技术方案，预测单频网信号覆盖范围内的射频信号质量、估算建设经费和建设周期等，再根据预测和估算结果修改完善初步的单频网技术方案，并形成最终的单频网技术方案。单频网技术方案主要包括单频网的系统建设目标和要求、频率规划、节目源选择、站点选择、发射站点的规划和建设、项目实施、覆盖测试和优化调整等部分。

2. 覆盖效果预测

在初步制定单频网技术方案后，需要对其覆盖效果进行理论预测，便于网络参数的调整和优化，为工程调试和实施提供参考依据。对于某个地区单频网覆盖效果的粗略预测，可以根据当地的地貌数据、工作频率等，首先确定合适的电波传播模型(比如，人口建筑稠密的城市常用 Okumura－Hata 模型)，并结合发射天线方向图、增益和高度等相关参数，对覆盖区域中各个接收点的场强进行理论计算。在此基础上，进行干扰分析，以便确定接收地点的信干比是否满足用户终端的接收需求，预测单频网覆盖目标能否基本实现。但这种理论分析一般是比较粗略的，为了更详细、准确地对覆盖区内的场强进行预测，需要使用专用的仿真软件，比如法国 ATDI 公司设计的地面数字电视网络规划设计仿真软件 ICS Telecom NG。

单频网的组网过程一般需经过发射站点勘察、理论分析和覆盖预测、实际接收效果测试、覆盖预测结果与实际接收效果对比、单频网网络优化与调整、发射站点重新选择以及回归性测试等主要阶段的工作。

8.5.2　单频网参数的选择

在设计基于 OFDM 多载波标准的单频网时，需要确定的参数包括符号载波模式、星座映射模式、纠错编码效率、交织模式、保护间隔长度等，以对应不同的码率和鲁棒性。比如 DTMB 单频网系统通过对这些参数的组合，理论上存在 330 种系统模式、33 种传输码率（4.8 Mbps～32.486 Mbps）可供选择。单频网的覆盖范围、信号接收方式（移动接收或固定接收）、网络综合性能、单频网系统自身抗多径干扰的能力，都与这些工作参数的选择密切相关。在实际系统的设计中，要根据具体的信号传播环境和性能要求，进行合理选择。

在这些参数中，最重要的两个参数是工作模式和保护间隔。

1.工作模式

多载波系统中的工作模式是指 OFDM 调制的子载波数。DVB－T 标准的工作模式有 2K 和 8K 两种，GB 20600－2006 的子载波数为 3780 或 1（单载波系统），CMMB 中也有 2K 和 4K 两种。选定某个标准后，我们该选择哪一种工作模式呢？这主要取决于我们所设计的单频网的覆盖范围和接收机移动的速度。

以 DVB－T 为例，2K 模式中子载波数较少，其优点是快速傅立叶变换的运算块较小，因此 2K 模式同步速度较快。此外，2K 模式还具有较大的子载波间隔，使其抗多普勒效应的性能较强。这样 2K 模式支持高速移动接收的能力较强，因此 DVB－T 的移动数字电视基本都选择了 2K 模式。但是由于 2K 模式的符号时间较短，使得对长延时的多径干扰的抵抗能力较弱，导致单频网中发射机距离不能过远，从而造成单频网覆盖范围受限，因此 2K 模式适用于组建高速、小范围覆盖的网络。而 8K 模式的特点是子载波数较多，傅立叶变换的运算块较大，同步速度稍慢。此外，8K 模式中的子载波间隔较小，因此抗多普勒效应所导致的子载波间干扰的能力较弱，因此在高速移动情况下的接收性能较差。但由于 8K 模式具有较长的符号时间，对长延时多径干扰的抵抗力较强，因此 8K 模式适用于组建低速、较大规模的单频网。

一般来讲，OFDM 符号中的子载波数并不影响系统的数据净负荷码率，在构建单频网时，选择 2K 还是 8K 模式的关键在于单频网规模的大小，以及系统的抗多普勒干扰和抗多径干扰能力的取舍。

2.OFDM 符号保护间隔

（1）保护间隔的作用

虽然在多载波系统中，通过延长符号周期可以在很大程度上改善多径信号造成的影响，但地面数字电视和多媒体广播信道传输条件十分恶劣，为了进一步消除多径信号所产生的符号间干扰，DVB－T、DTMB、ISDB－T 和 CMMB 等标准都在相邻的 OFDM 符号间插入了保护间隔。只要多径延时不大于保护间隔，多径传输就不会带来符号间干扰。由于单频网中多径延时扩展的大小与发射机间的距离密切相关，因此保护间隔的大小是决定单频网中发射基站最大间距的重要因素。

DVB—T、DTMB 和 CMMB 等标准都采用了不同方式的保护间隔，其中 DVB—T 和 CMMB 都使用 CP 作为保护间隔，而 DTMB 的保护间隔为 PN 序列。

保护间隔的长度决定了系统所能处理的最大多径延时，如果接收机中的多径延时大于保护间隔，在 OFDM 系统中则会产生 ISI，使系统性能下降。因此保护间隔越大，能抵抗的多径信号的最大延时就越大，对应于相邻发射机间的距离就可以越大，但是系统的传输效率就越低，因为保护间隔内并不能传输有效的信号。

(2)DVB—T 中保护间隔与发射机最大间距

DVB—T 给出了保护间隔长度的四种选择：分别是 OFDM 符号长度的 1/2，1/4，1/8，1/16。表 8.4 所示为 DVB—T 标准中不同保护间隔能处理的最大延时与最大发射机间距。

表 8.4 DVB—T 标准中不同保护间隔所允许的发射机最大间距

模式	8K				2K			
保护间隔 (μs)	1/4	1/8	1/16	1/32	1/4	1/8	1/16	1/32
	224	112	56	28	56	28	14	7
相邻发射机间最大距离(km)	67.2	33.6	16.8	8.4	16.8	8.4	4.2	2.1

在 DVB—T2 标准中保护间隔有更多的选择，在 DVB—T 的基础上增加了 1/128，19/256 和 19/128 三种，使系统的设计更加灵活。

(3)DTMB 中保护间隔与发射机最大间距

我国数字地面电视国家标准中广播信号的保护间隔(帧头)由 PN 序构成，由于 PN 序列具有较强的自相关性，同步时间很短，因而系统在同步方面的性能更加优异。表 8.5 所示为 DTMB 中保护间隔长度与单频网中发射机最大间距的关系。

表 8.5 DTMB 标准中不同保护间隔所允许的发射机最大间距

模式	4K		
保护间隔(μs)	1/4	1/6	1/9
	125	78.7	55.6
相邻发射机间最大距离(km)	37.5	23.6	16.7

(4)CMMB 中保护间隔与发射机最大间距

CMMB 标准采用 CP 技术来实现保护间隔，其时间长度为固定的 51.2 μs。因此，从理论上分析，CMMB 单频网相邻发射机之间的最大距离不大于 15.36 km。

8.6 单频网建设实例

单频网作为一种高频谱效率的地面数字电视和多媒体广播网络的组网方案，经过十几年的发展，已经进入实用和成熟阶段。目前，已经被世界上很多国家和地区所采用。

在欧洲，瑞典于1999年采用了多频网和区域单频网混合的组网方式开播地面数字电视，德国于2002年在柏林组建了基于DVB—T的两点单频网广播网络，西班牙5个全国性的广播频道在各自的覆盖区内分别建立了大范围的单频网，葡萄牙也建成了由100多个发射机构成的覆盖全国的单频网。其中，芬兰是第一个使用DVB—T2标准建设单频网的国家，到2011年已经建成覆盖全国80%用户的网络。

由美国和加拿大等北美洲国家所提出并采用的单载波ATSC标准，在其设计之初并没有考虑单频网和移动接收等问题，因此这些国家的地面数字电视多采用多频网。目前，ATSC接收机中自适应均衡器对抗单频网中人工多径干扰的能力进一步加强，也可以支持单频网。此外，在ATSC的基础上进行了一些修改所产生的ATSC—M/H标准，也可以很好地支持单频网。

在亚洲的新加坡、日本和中国台湾等国家和地区都较早地进行了单频网实验，其中新加坡于2001年开播地面数字电视，采用一个主发射站和若干低功率辅站相结合的单频网方式。随着地面数字电视单频网技术的日益成熟，将会有更多的国家和地区进行单频网建设。

目前我国已有北京、上海、广州和深圳等百余个城市成功建设了国标地面数字电视单频网以及CMMB移动多媒体广播单频网。其中，深圳的地形较为复杂，同时又要考虑对中国香港的干扰问题，因此，深圳地区的单频网建设具有一定的代表性。我们以深圳CMMB单频网作为实施案例，对单频网设计的原理做进一步说明，主要包括单频网站点规划、天线方向图的选择、单频网站点建设及参数调试等方面。

8.6.1 深圳 CMMB 单频网发射点的选址

深圳市位于珠江三角洲东岸，是我国第一个经济特区，经济发展迅速。深圳市一般被分为“关内”和“关外”两块，其中“关内”东西狭长，南北窄，依山傍海，地势平坦，高楼林立，是典型的人口、建筑密集的都市。“关内”以外的区域称为“关外”，“关外”的地形复杂，以山地和丘陵为主，城市错落分布在其中地势相对平坦的地方。复杂的地形和建筑、人口分布，向城市的全面覆盖提出了挑战。此外，深圳毗邻中国香港，在对深圳地区进行有效覆盖的同时也要充分考虑到“粤港协议”，尽量减小从深圳发射的无线信号对香港的影响。

深圳市于2003年较早地开始了基于DVB—T标准的地面数字电视实验，用722

MHz 频点播出 4 套移动数字电视节目，后来改为 DTMB 标准。到 2007 年，深圳市已经建成由罗湖、福田、南山、盐田站、龙岗站、宝安和大南山 7 个站点组成，可以覆盖整个深圳市的地面数字电视单频网，其中“关内”信号覆盖率为 98%，“关外”信号覆盖率为 80% 以上。

此外，深圳市还于 2008 年开始了 CMMB 单频网的建设，到 2010 年，已经建成“关内”4 个发射点、“关外”7 个发射点的 CMMB 单频网。各发射点均采用中心频率为 634 MHz 的第 28 频道、最大功率为 1kw 的发射机进行发射。

2008 年 8 月，根据覆盖要求和地形特点，深圳市首先规划建设了 4 个大功率发射站点的 CMMB 单频网，以梧桐山为节传站点，4 个发射站点分别是围岭山、鑫竹苑大厦、南山软件园大厦和宝发大厦。各发射点均采用 1 kw 发射机、DS－28 频道发射。对这 4 个发射站点的单频网覆盖效果的测试结果是，“关内”区域室外接收良好，但一些楼宇密集区达不到室内深度覆盖的要求。此外，“关外”大部区室外信号较弱，尤其是在西北区域仍存在信号覆盖不良的问题。因此在 2010 年，深圳市将梧桐山站点建成主发射点，新规划建设了 7 个单频网站点，目前已经建成共 11 个发射点的单频网。

这 11 个发射点的位置分布情况如图 8. 11 所示。其中，“关内”4 个：大南山、围岭山、南山软件园大厦、鑫竹苑大厦，“关外”7 个：莲花山、龙华后山、桐基山、坪山石场、梅沙山、盐田沙头角、梧桐山。

图 8. 11　深圳 CMMB 单频网站点分布示意图

各发射点均采用垂直极化天线，其具体高度和构成情况见表 8. 6。

表 8.6　深圳 CMMB 单频网天线高度和构成

基站#	基站地点	天线高度（m）	天线构成
1	梧桐山	780	4 层 8 面
2	盐田沙头角	120	2 层 2 面
3	围岭山	230	3 层 4 面
4	鑫竹苑大厦	142	2 层 3 面
5	南山软件园大厦	138	3、2、1、2 层 4 面
6	梅沙山	174	2 层 2 面
7	坪山石场	110	2 层 4 面
8	桐基山	234	4 层 4 面
9	龙华后山	140	4 层 4 面
10	莲花山	650	4 层 2 面
11	大南山	340	4 层 2 面

8.6.2　深圳 CMMB 单频网天线方向图选择

确定发射点位置以后，还要根据发射台站位置、天线参数、覆盖区域地形等因素，确定天线辐射方向图，工程上也称为场型图。

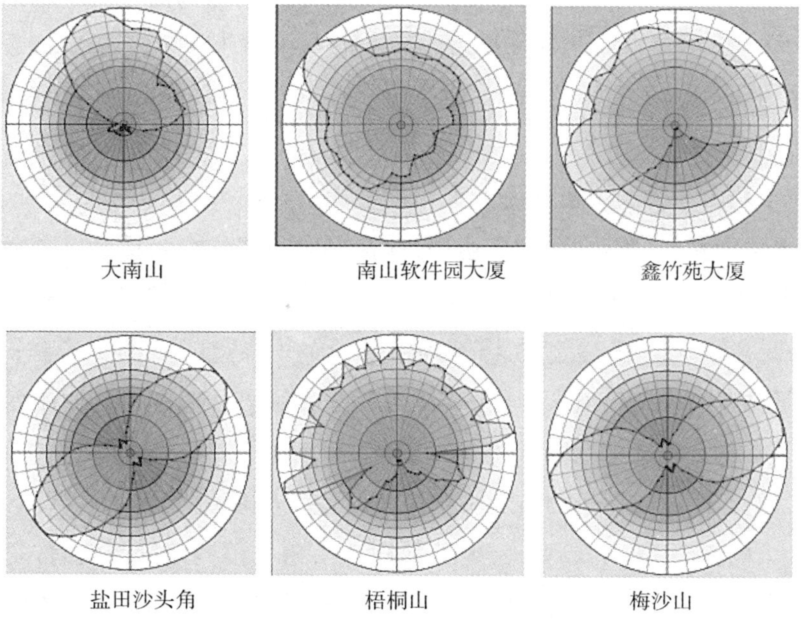

图 8.12　部分发射站点的辐射方向图

“关内”的 4 个单频网站点中，大南山站点、南山软件园大厦和鑫竹苑大厦站点都要考虑面向中国香港一面的天线的场型和发射功率控制，保证信号不越界。“关外”的 7 个单频网站点中龙华后山、桐基山、坪山石场站点均使用全向天线。莲花山站点地处东莞，只需覆盖朝向深圳的一面即可，由于海拔相对城镇很高，为保证山脚下地区的信号覆盖，天线下倾角由一般的 1.5°调整到 5°。梧桐山、梅沙山、盐田沙头角 3 个站点也涉及此类问题，发射天线场型也做了特殊处理。图 8.12 中所示为这 11 个发射点中部分非全向天线的方向图。

8.6.3 深圳 CMMB 单频网发射点延时调整

在单频网建设中，为了避免多径干扰，需要实现发射信号的同步，要求发射站点之间的距离不能大于保护间隔所决定的最大距离。在 CMMB 网中，保护间隔是固定的 51.2 μs，因此最大间距为 15.36 km。

深圳市的具体情况是，"关内外"由于有山体阻挡，基本不会相互干扰，可以不用考虑保护间隔的问题，这为单频网建设提供了方便。在"关内"4 个点同时采取了场型控制和发射功率控制，尽量保证只有距离最近的两个点才有覆盖重叠区。但因为存在重叠区的任意两个点之间的距离都没有大于保护间隔决定的最大距离，理论上只要保证发射同步就不会产生干扰。此外，"关外"的沙头角和梅沙山仅仅覆盖周边的小块区域，而且地处山地中间，只需考虑与梧桐山的发射信号同步即可。桐基山与梧桐山之间的距离没有大于保护间隔决定的最大距离，理论上与梧桐山同步发射也不会产生干扰。坪山石场与桐基山之间的距离没有大于保护间隔决定的最大距离，但与梧桐山的信号也会产生一些重叠区。由于梧桐山的信号传过来也会产生很大衰减，对坪山石场的信号来讲，可以把梧桐山的信号当成噪声，影响较小。因此，在组网时暂时考虑坪山石场与桐基山同步。

其中龙华后山与梧桐山相距约 22 km，明显大于 CMMB 单频网的保护间隔决定的最大距离，而且两个发射站点之间没有遮挡，存在很大面积的覆盖重叠。考虑到梧桐山是主站，其他所有站点均以梧桐山为基准，只能考虑调整龙华后山的发射时间，初步估算需要延迟 30 μs 发射。此外，对莲花山天线做了很大的下倾，覆盖范围只考虑松岗、沙井、公明地区，而且又有凤凰山一道天然屏障，使得莲花山的信号基本与其他任何站点没有交叠区，所以基本不必考虑莲花山与其他站点的干扰问题。

综上考虑，最终决定以梧桐山发射为基准，大南山、围岭山、南山软件园大厦、鑫竹苑大厦、莲花山、桐基山、坪山石场、梅沙山、盐田沙头角与梧桐山同步发射，龙华后山延迟 30 μs 发射。图 8.13 所示为深圳地区由这 11 个发射点组成的 CMMB 单频网的场强覆盖效果。

通过对深圳 CMMB 单频网建设的简单介绍，我们可以看到，相邻发射基站距离、高度、功率和天线方向图等，对单频网中的同频干扰都会产生一定影响。在具体的单频网设计中，需要根据覆盖目标，考察覆盖区域的具体地形、地貌条件，合理规划单频网的参数配置，并根据实际测试情况进行调整和优化，才能得到满意的覆盖效果。

从上面的介绍中，我们可以看到，地面数字电视和多媒体广播单频网建设并不仅仅是简单的工程项目，而是融合了基础理论研究、系统仿真、工程设计与实现的一项复杂的系统工程，并需要结合客观测试数据和主观评价结果来进行网络的优化与调整。其主要技术手段包括调整发射机的输出功率、天线辐射方向图、站点位置和发射延时等。此外，网络优化与调整不能仅仅考虑单个发射点的覆盖情况，而要从整体覆盖效果的角度来进行综合考虑。

参考文献

[1]ETSI. 300744, Digital Broadcasting Systems for Television, Sound and Data Services, Framing Structure, Channel Coding and Modulation for Digital Terrestrial Television, European: ETSI, 1999 - 1.

[2]ETSI. TS 101191, DVB Mega - Frame for Single Frequency Network (SFN) Synchronization, European: ETSI, 1997 - 4.

[3]ETSI. TR 101190, Implementation Guidelines for DVB Terrestrial Services: Transmission Aspects, European: ETSI, 1997 - 12.

[4]H. Parviainen, P. Kyosti, X. Zhao, H. Himmanen, P. H K. Talmola, and J. Rinne, "Novel Radio Channel Models for Evaluation of DVB - H Broadcast Systems," 2006 IEEE 17th International Symposium on Personal, Indoor and Mobile Radio Communications, pp. 1 - 5, Sep. 2006.

[5]GB 20600 - 2006《数字电视地面广播传输系统帧结构、信道编码和调制》，中华人民共和国国家质量监督检验检疫总局、中国国家标准化管理委员会，2006 年 8 月 18 日。

[6]GB/T 26666 - 2011《地面数字电视广播传输系统实施指南》，中华人民共和国国家质量监督检验检疫总局、中国国家标准化管理委员会，2011 年 6 月 16 日。

[7]GY/T220.1 - 2006《移动多媒体广播　第 1 部分：广播信道帧结构、信道编码和调制》，国家广播电影电视总局，2006 年 10 月 24 日。

[8]GY/T229.1 - 2008《地面数字电视广播单频网适配器技术要求和测量方法》，国家广播电影电视总局，2008 年 2 月 28 日。

[9]杨知行等：《地面数字电视传输技术与系统》，人民邮电出版社 2009 年版。

[10]海霞、刘晓蓉等：《单频网工程规划技术与工程实践》，中国广播电视出版社 2011 年版。

[11]林华明：《地面数字电视单频网覆盖方法研究》，浙江工业大学 2008 年硕士学位论文。

[12]肖晓初:《北京地面数字电视单频网远程监控系统》,北京邮电大学 2012 年硕士学位论文。

[13]邓国华:《国标地面数字电视广播单频网技术的研究与应用》,南昌大学 2012 年硕士学位论文。

[14]孙宁:《地面数字电视单频网组网模式及节目分配网络研究与分析》,北京邮电大学 2010 年硕士学位论文。

[15]冯标彪:《单频网适配器的研究与开发》,浙江大学 2006 年硕士学位论文。

[16]王劲涛、潘长勇、杨知行:《数字电视广播的单频网实现及场地实验》,《清华大学学报》2005 年第 10 期,第 1385～1388 页。

[17]杨杰、崔竞飞、刘廷军等:《北京 U 频段 20 频道 CMMB 单频网组网调试札记》,《广播电视信息》2008 年第 8 期,第 47～56 页。

[18]刘锴、谷茂、宋绍懿:《深圳 CMMB 单频网组网研究与实现》,《广播电视信息》2010 年第 12 期,第 67～69 页。

[19]韦斌:《深圳地面数字电视单频网建设出现的一些问题讨论》,《卫星电视与宽带多媒体》2011 年第 16 期,第 62～66 页。

[20]冯景锋、刘骏、李国松:《国家地面数字电视标准单频网技术研究》,《广播与电视技术》2008 年第 6 期,第 23～26 页。

图书在版编目(CIP)数据

地面数字电视与移动多媒体广播/韦博荣，朴大志，张乃谦编著.
—北京：中国传媒大学出版社，2015.8

（网络工程专业“十二五”规划教材）
ISBN 978-7-5657-1139-8

Ⅰ.①地…　Ⅱ.①韦…　②朴…　③张…　Ⅲ.①数字电视－高等学校－教材
②移动通信－应用－多媒体－数字广播系统－高等学校－教材
Ⅳ.①TN949.197　②TN934.3

中国版本图书馆 CIP 数据核字（2014）第 184931 号

地面数字电视与移动多媒体广播

编　　著	韦博荣　朴大志　张乃谦
主　　审	李　栋
责任编辑	李艳华
装帧设计指导	吴学夫　杨　蕾　郭开鹤　吴　颖
设计总监	杨　蕾
装帧设计	刘　鑫
责任印制	阳金洲
出 版 人	王巧林

出版发行	中国传媒大学出版社
社　　址	北京市朝阳区定福庄东街 1 号　邮编：100024
电　　话	86－10－65450528　65450532　传真：65779405
网　　址	http://www.cucp.com.cn
经　　销	全国新华书店
印　　刷	北京中科印刷有限公司
开　　本	787mm×1092mm　1/16
印　　张	14.5
版　　次	2015 年 8 月第 1 版　　2015 年 8 月第 1 次印刷
书　　号	ISBN 978-7-5657-1139-8/TN·1139　**定　价**　45.00 元

致力专业核心教材建设　提升学科与学校影响力

中国传媒大学出版社陆续推出

我校15个专业“十二五”规划教材约160种

播音与主持艺术专业（10种）
广播电视编导专业（电视编辑方向）（11种）
广播电视编导专业（文艺编导方向）（10种）
广播电视新闻专业（11种）
广播电视工程专业（9种）
广告学专业（12种）
摄影专业（11种）
录音艺术专业（12种）
动画专业（10种）
数字媒体艺术专业（12种）
数字游戏设计专业（10种）
网络与新媒体专业（12种）
网络工程专业（11种）
信息安全专业（10种）
文化产业管理专业（10种）

传媒人书店（For IOS）　传媒人书店（For Android）　微博关注我们　微信关注我们　访问我们的主页

本书更多相关资源可从中国传媒大学出版社网站下载
网址：http://www.cucp.com.cn
责任编辑：李艳华　　意见反馈及投稿邮箱：liyanhua2001@sina.com
联系电话：010-65783654